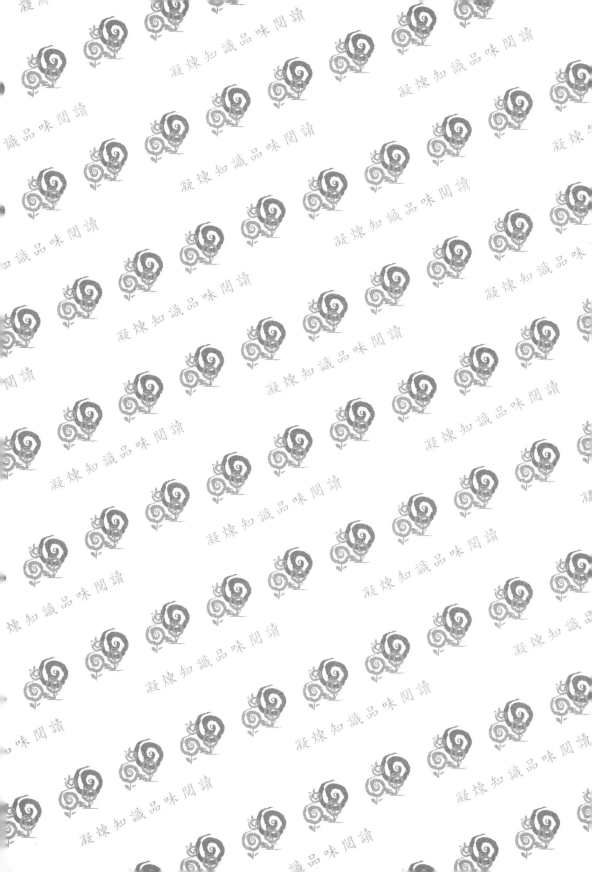

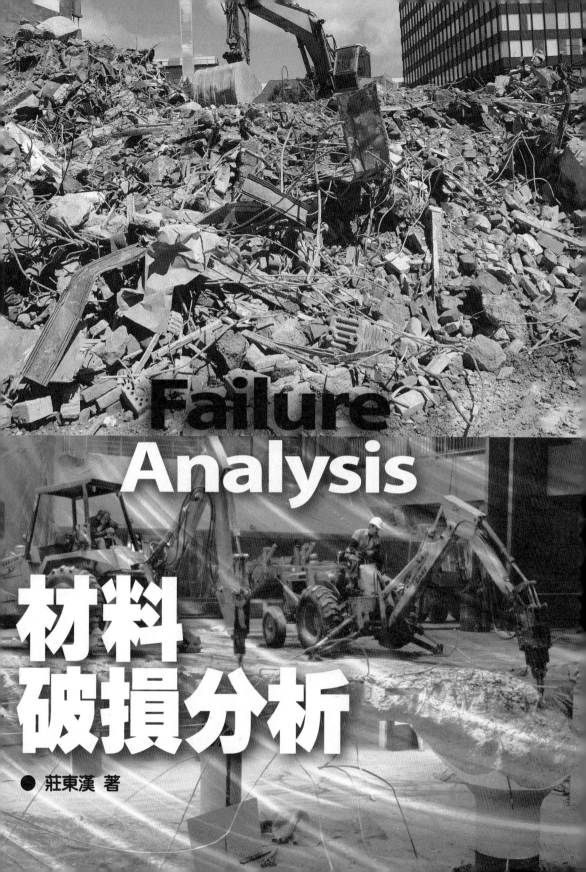

Failure Analysis

材料破損分析

● 莊東漢 著

序 言 ★

　　人類文明的進步帶動材料使用的多元化，相對的，材料使用的條件卻是日益嚴苛，所造成的材料破損也更加複雜嚴重。「材料破損分析」（Failure Analysis）相當於「材料診斷學」，也就是當材料發生破損時，利用各種儀器及方法，從破損的形貌觀察及破損成份分析，推斷破損的機制，並藉此尋求破損原因，以便對症下藥，或者避免重蹈覆轍。

　　基本上，材料破損形式可歸納為機械力破損、腐蝕性（化學力）破損及高溫（熱力）破損。機械力破損主要涵蓋恆力破損、疲勞破損及磨耗，其中恆力破損再細分為延性破損、脆性破損與準劈裂破損；腐蝕性破損則包括均勻腐蝕、粒間腐蝕、孔蝕、隙縫腐蝕、伽凡尼腐蝕、去合金等類型；此外，機械力與腐蝕亦會共同作用形成機力力腐蝕破損，包括應力腐蝕、疲勞腐蝕、磨耗腐蝕、氫脆裂、液態金屬脆裂等；高溫破損主要分為高溫腐蝕破損與高溫強度破損，其中高溫腐蝕破損涵蓋高溫氧化與高溫熱鹽腐蝕，高溫強度破損則包括潛變、凝固熱脆、回火脆裂、硬化脆裂、磨裂及熱震破裂。針對這些材料破損種類，本書將詳細說明其破損特徵與破損機制。

　　「工欲善其事，必先利其器」，從事破損分析工作，有許多分析儀器與檢測技術可以利用，這些破損分析的工具大致區分為破損形貌觀察工具與破損成份分析工具，前者包括宏觀觀察、微觀觀察及電子束觀察相關儀器，後者則涵蓋表面分析、次表面分析及本體分析之各種儀器；此外，非破壞性檢測（染色探傷、渦電源檢測、磁粉探傷、放射線透視及超音波檢測）亦為破損分析必須了解的技術。另外，從材料破損分析的角度，殘留應力量測及破壞力學理論亦是重要的輔助方法。本書針對這些破損分析工具亦將作一介紹。

　　身為材料工程師或者使用材料的各工程領域人員（機械、土木、化工、電子、醫學等），除了要熟悉材料性質，正確選用材料，一旦材料發生破損，更要懂得利用材料破損分析的各種技術與原理，即時判斷破損肇因，從而尋求補救對策。本書將作者在台灣大學材料所開授「材料破壞學」課程以及在經濟部專業人員訓練中心擔任「材料破損分析對策班」輔導長近二十年的心得，整理彙編成冊，提供材料與各工程領域系所學生相關知識以及材料使用人員在面對破損案例時的處理方針。

莊東漢　謹識

2007 年 2 月

★ 目　錄 ★

CHAPTER 11　機械力與腐蝕共同作用破壞

CHAPTER 12　高溫破壞

CHAPTER *1*
材料破損分析總論

>>>>>>>>>>>>>>>>>>>>>>>>>>>>>>>>>>>>>>

一、導言

二、材料破壞實例

三、材料破壞與材料加工

四、破損分析原理

五、破壞分析程序

六、總結

　　一個材料工程師除了要熟悉材料性質，正確選用材料，一旦材料發生破壞，更要懂得如何判定破壞肇因，從而尋求補救對策；針對此需要，「材料破損分析」（failure analysis）成為一個從事材料工作者必需的知識與工具。

一、導言

　　材料破損分析相當於「材料診斷學」，也就是當材料發生破壞時，利用各種儀器及方法，從破壞形貌觀察及破壞成分分析，推斷破壞進行機制，並藉此尋求破壞原因，以便對症下藥，或者避免重蹈覆轍。

　　因此「材料破損分析」可以從兩方面著手：㈠破壞形貌觀察（fractography）；㈡破壞成分分析（fracture chemistry）；就分析原理而言，破壞形貌觀察著重於特徵的判斷，亦即從破壞形貌特徵，根據學理推導及經驗歸納所得的資料，去判定破壞形成的原因，通常對於材料破壞的診斷，這是第一步工作，一個有經驗的材料工程師可能從這初步的破壞形貌觀察可以約略的判斷破壞的肇因；破壞成分分析是進一步的診斷工作，因為破壞形貌可能錯綜複雜，或破壞特徵不夠明顯，或者單憑破壞形貌仍無法確定破壞的成因，此時可藉著破壞面的成分分析，尋求造成破壞的直接因子。有時為了更深入了解破壞的機制，以便確實掌握破壞肇因，必須對材料進行應力分析，因此應力分析為材料破壞診斷的輔助方法。

　　不論破壞形貌觀察或破壞成分分析，均須借助各種材料分析工具，了解各種分析工具的特性與分析原理，可以使破損分析工作事半功倍。破壞形貌觀察常用的儀器主要包括一般常用的低倍放大鏡、光學顯微鏡（OM）、掃描電子顯微器（SEM）或穿透電子顯微鏡（TEM）；有時為了整體觀察材料表面或內部破壞裂紋及其他缺陷之大小、形狀、位置及方向，須借助各種非破壞性檢驗（NDT）工具，包括：超音波檢測（UT）、音洩檢測（AET）、渦電流檢測（ET）、磁粉探傷檢測（MT）、液滲檢測（PT）、輻射透視檢測（RT）等。

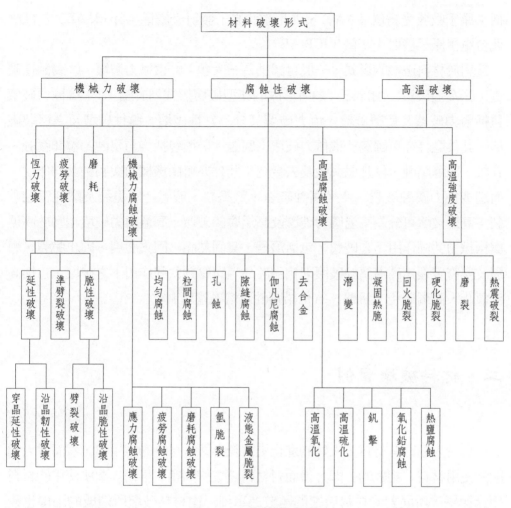

圖 1.1　材料破壞分類

　　破壞成分分析則是利用一些「表面分析」工具，例如：歐傑光譜儀（AES）、光電子化學分析儀（ESCA）、二次離子質譜儀（SIMS）；以及一些「次表面分析」工具，例如：電子微探分析儀（EPMA）、X 射線螢光分析儀（XPF）、X 射線繞射儀（XRD）、拉塞福背向散射儀（RBS）。近年來，雷射的應用，更使得雷射拉曼光譜儀（LRS）成為一極具潛力之破壞成分分析工具，比起以上各種分析儀器，雷射拉曼光譜儀是唯一能進行臨場（in-situ）直接分析之工具。有些必要情況，還須使用一些「本體成分分析」工具，包

括：原子吸收光譜儀（AA）、火花激發原子發射光譜儀（Spark-AE）及感應偶合電漿原子發射光譜儀（ICP-AE）。

對於材料破壞的形式，一般可歸納為三大類：㈠機械力破壞；㈡腐蝕性破壞；㈢高溫破壞，由此三大類所形成的典型破壞形式列於圖 1.1；機械力破壞包括恆力破壞及疲勞破壞，恆力破壞又分為延性破壞、脆性破壞及準劈裂破壞，此外磨耗亦可歸屬於機械力破壞；腐蝕性破壞包括均勻腐蝕、粒間腐蝕、孔蝕、隙縫腐蝕、伽凡尼腐蝕及去合金；此外亦可由機械力與腐蝕共同作用，而造成應力腐蝕破裂、疲勞腐蝕破裂、氫脆裂、液態金屬脆裂及磨耗腐蝕破裂；高溫破壞可分為高溫應力破壞及高溫腐蝕破壞，高溫應力破壞相當於高溫與機械力共同作用下之破壞，包括潛變、凝固熱脆、回火脆裂、硬化脆裂、磨裂及熱震破裂，高溫腐蝕破壞則相當於高溫與腐蝕共同作用下之破壞，包括高溫氧化、高溫硫化、釩擊、氧化鉛腐蝕及熔融鹽腐蝕。

二、材料破壞實例

自有人類即有材料，人類的進化史實際上即是材料的應用史，然而當人類開始使用材料，相對的，即必須面對材料破壞的問題，早期人類所使用的材料極為簡單，所面對的材料破壞問題較為單純，由材料破壞所造成的困擾也較少，或許只是生活上的微小不便；但是隨著科技進步，材料使用日趨多元化，使用條件也日漸嚴苛，如此所產生的材料破壞問題不僅極為複雜，由材料破壞所造成的損害也往往極為慘重。

1998 年 6 月 3 日上午由德國漢諾威開往漢堡的高速火車（ICE）在 200 公里的時速下突然出軌（圖 1.2a），造成近百人死亡，300 多人輕重傷，一年後鑑定報告完成，推斷肇事原因是火車輪箍發生疲勞破損（圖 1.2b），而從車輪鬆脫並卡在輪對上，列車繼續行進至一處轉撤器時終於出軌，釀成此一德國有史以來最嚴重的交通事故。

(a)事故現場

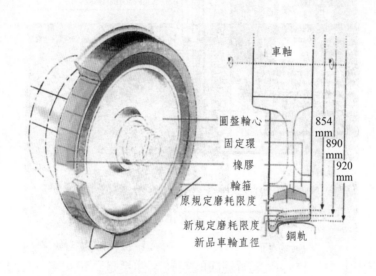

圓盤輪心
固定環
橡膠
輪箍
原規定磨耗限度
新規定磨耗限度
新品車輪直徑

車軸
854 mm
890 mm
920 mm
鋼軌

(b)鑑定原因為火車輪箍疲勞破損

圖 1.2　1998 年德國高鐵出軌事故

　　1985 年美國挑戰者號太空梭在升空幾秒後爆炸，造成 6 名太空人罹難，最初有人懷疑事故肇因在於太空梭兩側的固態火箭推進器發生氫脆破裂造成燃燒，最後調查的原因為此火箭推進器下方的密封橡皮環在火箭點火待命發射前因為需要冷卻而產生低溫硬化脆裂（圖 1.3），使氫氣洩漏，在太空梭升空後引發爆炸。

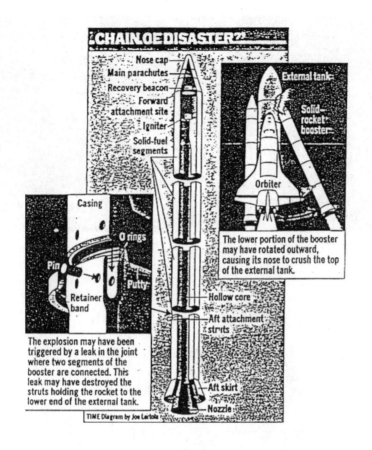

圖 1.3 挑戰者號太空梭在升空幾秒後爆炸
（左下角為肇事的低溫硬化脆裂密封橡皮環）

　　在航空史上由於材料破壞所造成的空難事件更是班班可考，二次大戰前後約有 20 架英國威靈頓號重轟炸機接連出現疲勞破壞，從 1951 年到 1954 年又陸續發生美國馬丁 202 運輸機、F-86 戰鬥機、英國鴿式、維金式及彗星式噴射機因疲勞破壞所致之數十起空難事件；1978 年寒冬甚至發生一架美國華盛頓機場起飛之 DC-10 噴射客機因機翼引擎之固定螺桿脆斷而全機墜毀造成 275 人罹難（圖 1.4）；1988 年 4 月一架波音七三七型客機在飛行中機身斷裂導致美國民航局建議各航空公司在 3 年內更換所有波音七三七型客機機身上 7,200 根接合鉚釘，在這項建議宣布三週前，美國大陸航空公司在對一架機齡 19 年的波音七三七型客機進行機身去漆維修中，發現了 30 處以前從未檢查出來的裂縫，

其中甚至有一處裂縫深達 12 英吋。1991 年 12 月 29 日中華航空公司一架波音
七四七型全貨機於台北起飛後不久發生墜毀，分析肇因為其機翼下之「派龍」
（圖 1.5）中樑固定螺桿斷裂使得兩具引擎掉落且拉扯下機翼，導致飛機失速
墜落；此一「派龍」固定螺桿斷裂造成引擎掉落之空難肇因，隨後接連發生於
1992 年 3 月奈及利亞一架波音七〇七型貨機及 1992 年 10 月 4 日以色列航空公
司一架波音七四七型貨機，這三次類似之空難事件導致 1992 年 10 月 6 日波音
公司全球緊急通報檢查七四七型飛機的「派龍」固定螺桿。由於一個關鍵零件
材料的破損引發致命的空難事件其實並不罕見，圖 1.6 為一民航機因為尾翼控
制聯動盤索破損造成飛機墜毀的失事鑑定。

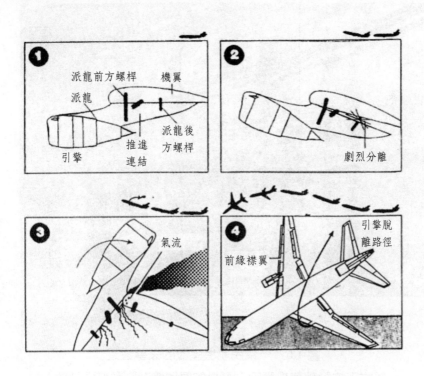

圖 1.4　1978 年華盛頓機場起飛 DC-10 客機墜毀過程分析

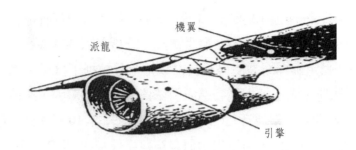

圖 1.5　造成 1991 年及 1992 年三次波音七四七貨機空難事件的機翼「派龍」零件部位

圖 1.6　一架民航機墜毀的失事鑒定
（右下方說明肇事原因為飛機的尾翼控制聯動盤索破斷）

　　此外，二次大戰期間盟軍自由輪經常於北大西洋寒冬夜晚停泊在港口時斷裂為二（圖 1.7），更是材料破壞著名之實例，此一教訓導致 1956 年後美國造船鋼板規格之含碳量由 0.23% 降至 0.21%，而含錳量由 0.75% 增加至 0.95%，以使其延性脆性轉換溫度由 0℃ 降至零下 14℃；同樣之事件亦發生在 1943 年

美國一艘 T-2 郵輪於奧瑞岡州之波特南附近氣溫零下 3℃時斷裂為二，造成大批乘客死亡；此種金屬冷脆破壞事件亦發生在歐洲幾個大鐵橋，甚至 1985 年西歐寒冬，夜間溫度達到零下 20 至 30℃，使許多家庭煤氣管凍裂造成多起爆炸慘劇；1979 年 3 月美國賓州三哩島核電廠，由於反應爐上一個小活塞斷裂，導致機件損壞，輻射塵外洩，此一事件迄今仍為國際反核人士之主要抗爭依據；其他之材料破壞個案，例如蒸氣鍋爐爆炸（圖 1.8 及圖 1.9）、高樓電梯墜毀（圖 1.10）、汽車機件損壞（圖 1.11 及圖 1.12）、建築鋼架或高架吊車因材料斷裂而倒塌（圖 1.13）……其嚴重性均可由照片中看出。

圖 1.7　二次大戰期間盟軍自由輪寒冬脆裂（K. Kusmaul, Schadenskunde）

PICEC
MISSING

DISRUPTED AIR RECEIVER

圖 1.8   工廠蒸氣鍋輪爆炸（D. Holt and M.I.Mech.E. in Source Book in Failure Analysis）

圖 1.9   火車頭蒸氣鍋爐爆炸（K. Kusmaul, Schadenskunde）

(a)破壞前　　　　　　　　　　　　　　　(b)破壞後

圖 1.10　高樓電梯因材料破壞而墜毀（K. Kusmaul, Schadenskunde）

圖 1.11　汽車曲軸斷裂（British Enging Technical Report）

圖 1.12　汽車前輪之彈簧軸座斷裂（K. Kusmaul, Schadenskunde）

圖 1.13　高架吊車因材料斷裂而倒塌（J. C. Brown, in: Source Book Failure Analyiss）

　　在國內，1981 年遠航客機在三義上空墜毀，全部乘客罹難，其原因亦歸咎於材料破壞；1991 年國內自製的 IDF 戰機試飛失事，導致一位國寶級飛行員之犧牲，經分析亦歸因於機翼材料疲勞破壞；另外，1985 年核三廠奇異公司之汽機葉片斷裂事件，造成重大損失，經鑑定為奇異公司葉片設計不當產生共振，進而在正常運轉時發生疲勞破壞。1987 年核三廠汽機葉片再度出現裂縫，雖因即早發現，未釀成事故，但同樣造成停機損失及國內恐核心理加重；1987 年台北翡翠水庫擋水閘門之吊門機鋼軸斷裂，由於換修時須將水庫中之存水放空，嚴重影響大台北地區之供水與安全問題；台灣由於地處亞熱帶，又為海島環境，由腐蝕所造成之材料破壞更是舉目可見，澎湖跨海大橋即是最顯著之一例，該橋於 1971 年通車，使用三年後即陸續發現腐蝕，1984 年基於行車安全，將低橋位部分改建為路堤，高橋位部分以 3,000 萬元進行防蝕處理，然而整修一年後，又持續發現銹蝕，實際上國內類似之橋樑腐蝕實例觸目皆是。另外針對能源問題開發大屯山地熱，亦由於水質鹽份酸性太高造成管路材料嚴重腐蝕，而使這些原本熱效率極高之地熱井淪為僅供農作物加工用途。此類管路腐蝕破壞問題 1995 年更造成台北板橋的瓦斯爆炸大火（圖 1.14），其肇因鑑定為地下瓦斯鋼管長期遭受其上方橫過之污水管路腐蝕，造成管壁局部變薄而無法承受正常瓦斯壓力，終告發生洩漏及爆炸。

圖 1.14　1995 年台北板橋地下瓦斯管路因為腐蝕破損造成爆炸大火。（中國時報）

三、材料破壞與材料加工

　　材料破壞在工程上並非僅具負面意義，實際上，「材料加工」可視為「在控制下之材料破壞」；一般對「材料加工」之定義為：「對選定之材料賦予能量，使成為具有所需要尺寸、形狀及表面狀態之成品」，亦即從「材料」至「成品」是藉著「加工」以達成，而定義中之加工行為「改變材料尺寸、形狀及表面狀態」本質上即屬於材料破壞，例如：金屬切削是藉著工具前緣之工件材料塑性滑動產生切削以完成，而陶瓷切削是利用材料裂紋形成及擴展以進行，金屬的輥軋、鍛造、擠形、深引等更為典型之塑性變形行為，而研磨、拋光、抹磨等表面加工亦完全為材料之磨耗現象，此外化學或電化學加工是利用材料之腐蝕性破壞，而電解研削等複合加工則更是機械力與腐蝕力共同作用破壞，即使是部分之非傳統性加工，例如超音波加工、水刀加工，亦以磨耗領域之沖蝕及泡蝕為其主要機制，而微細加工如離子蝕刻、電漿蝕刻之原理亦相似於噴砂磨耗破壞機制。

　　為了進一步說明材料破壞與材料加工之關聯，圖 1.15 分析各種材料加工之「加工因子」（即加工執行之最小材料單元）及此加工因子參與作用之「加工尺寸」，針對其與材料破壞之關聯，此「加工因子」與「加工尺寸」可相對於材料之「破壞因子」與「破壞尺寸」。

　　圖 1.15 之領域(Ⅰ)為原子級之加工尺寸，例如：化學及電化學蝕刻、離子蝕刻、離子濺射、電漿蝕刻等加工方式，其材料均是以原子形式進行除去加工，亦即其材料破壞範圍亦限於原子之尺度；領域(Ⅱ)為晶格受到局部破壞而產生之加工行為，例如：機械拋光、抹磨，以及超音波加工、水刀加工等均為材料表面於晶格尺度範圍內發生破壞而完成之除去加工；領域(Ⅲ)為利用材料內部差排運動所進行之加工方式，例如：輥軋、鍛造、擠形、深引等均為差排運動之塑性變形加工；領域(Ⅳ)則為材料形成裂紋，並藉著裂紋擴展以達到材料除去加工目的，例如：切削、研磨等粗加工，其中尤以陶瓷等硬脆材料之切削或研磨加工主要均為裂紋形成並擴展而使材料除去。

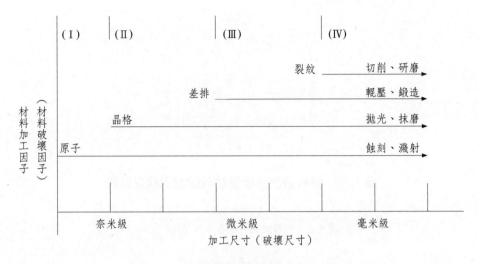

圖 1.15　材料破壞與材料加工之關連

　　由上述說明，材料之加工性主要決定於材料之破壞參數（強度、硬度、破壞韌性等），而材料加工之精度則取決於材料破壞之尺度以及對材料破壞之控制。

四、破損分析原理

　　材料破損分析實際上即為材料破壞過程之回溯，圖 1.16 說明此材料破損分析與材料破壞過程之關係，就材料破壞過程而言，首先材料遭受各種破壞原因（製造錯誤、設計錯誤或使用錯誤），開始產生破壞，破壞進行之步驟即為材料之破壞機制，經歷此破壞步驟即形成破損之材料物件；而材料破損分析工作是在回溯或反推此一材料破壞過程之因果關係，亦即由破壞之結果（破損材料物件），觀察其破壞特徵，並作必要之破壞成分分析，再藉此推斷其破壞之進行機制，而判定造成材料破壞之原因。簡單而言，材料破損分析之基本原理即是經由鑑定「何物」及於「何種狀況」下破壞？（What？）其次推斷「如何」破壞？（How？）最後判定「為何」破壞？（Why？）見圖 1.17。

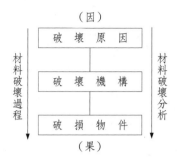

圖 1.16　材料破損分析與材料破壞過程之關係

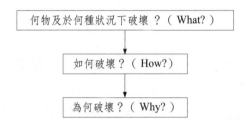

圖 1.17　材料破損分析基本原理

五、破壞分析程序

　　根據前述之破損分析基本原理，對於一般材料破壞個案可遵循一個原則性的分析步驟，此一分析步驟以圖 1.18 之流程圖說明，首先以肉眼檢視破壞物件之整體外觀及破壞部位形貌，並勘驗破壞物件之存在系統及現場關係，此階段之檢視及勘驗結果應照相存證，並應視需要對破壞前之歷史進行調查，包括：材料製造及加工歷史，使用操作紀錄以及現場人員對破壞過程之描述。

　　其次對破壞面進行觀察，亦即利用放大鏡、光學顯微鏡、電子顯微鏡等工具觀察破壞面之形貌及特徵，並照相存證，觀察應先針對原始破壞面，並於已確定完成原始破壞面觀察工作及充分照相存證之後，始可將原始破壞面之雜物、碎片及銹蝕等清理，進一步觀察此清理後破壞面之形貌及特徵。

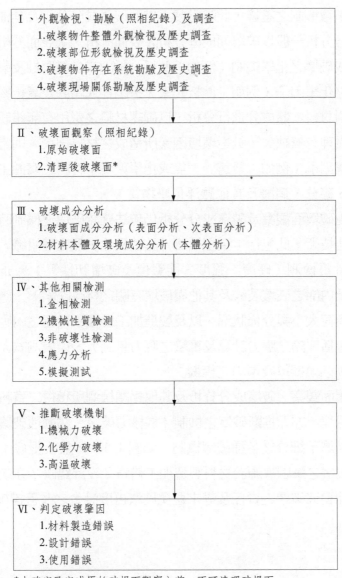

I、外觀檢視、勘驗（照相紀錄）及調查
　　1.破壞物件整體外觀檢視及歷史調查
　　2.破壞部位形貌檢視及歷史調查
　　3.破壞物件存在系統勘驗及歷史調查
　　4.破壞現場關係勘驗及歷史調查

II、破壞面觀察（照相紀錄）
　　1.原始破壞面
　　2.清理後破壞面*

III、破壞成分分析
　　1.破壞面成分分析（表面分析、次表面分析）
　　2.材料本體及環境成分分析（本體分析）

IV、其他相關檢測
　　1.金相檢測
　　2.機械性質檢測
　　3.非破壞性檢測
　　4.應力分析
　　5.模擬測試

V、推斷破壞機制
　　1.機械力破壞
　　2.化學力破壞
　　3.高溫破壞

VI、判定破壞肇因
　　1.材料製造錯誤
　　2.設計錯誤
　　3.使用錯誤

*未確定已完成原始破損面觀察之前，不可清理破損面

圖 1.18　材料破損分析步驟

　　在許多較單純或經常性之破壞個案，或者對於一個經驗極為豐富之材料破損分析人員，往往由破壞面形貌之觀察及破壞特徵之歸納即可判定其破壞機制，並尋找出破壞之肇因；然而，對一些較複雜之個案，破壞面之觀察仍不足

以作為判定破壞機制之證據，此時常須再借助破壞成分分析及其他相關檢測，其中破壞成分分析一般以破壞面成分分析（表面分析、次表面分析）為主，由此可確認形成破壞之化學機制（例如：偏析、析出或各種腐蝕及氧化反應）以及導致破壞之化學因子（例如：偏析元素、析出物或腐蝕及氧化物質）；在少數情況，須對材料本體成分進行分析，以確認材料之選用有無錯誤，以及材料之製程及後處理有無缺失，針對環境因素所造成之材料破壞，則常須分析環境中之可能破壞因子（例如：暴露於大氣或化學環境中材料之腐蝕主要決定於環境中之鹽分、硫分、硝酸及其他懸浮化學物質）。

　　如果經由破壞面觀察及破壞成分分析仍無法確認破壞之機制時，可再輔以其他相關檢測技術，此包括：金相檢測（晶粒尺寸、熱處理組織、微結構變化等）、機械性質檢測（硬度、強度、衝擊值及破壞韌性等）、非破壞性檢測（材料表面及內部之破壞裂紋及其他與破壞有關之材料缺陷）、應力分析（包括使用時之負荷大小與分佈狀況，以及製造加工過程所殘留之內應力，此處之應力分析亦包括理論之應力計算及實驗之應力量測）、模擬測試（包括受力狀況之靜態與動態模擬以及環境之模擬）。

　　綜合破壞面觀察、破壞成分分析及其他相關檢測所獲得之資料，即可推溯破壞之進展過程，亦即推斷破壞之機制（機械力破壞、腐蝕性破壞、高溫破壞及此三大類破壞下細分之各種破壞機制，如圖 1.1），最後根據所推斷之破壞機制，判定破壞之肇因導源於材料製造加工錯誤？設計錯誤？亦或操作使用之錯誤？並由此追究破壞之責任及尋求避免破壞再度發生之改善措施。

六、總結

　　人類文明的進步帶動材料使用的多元化，使用的條件更是日益嚴苛，所造成的材料破壞也更加複雜嚴重。材料破壞形式基本上可歸納為機械力破壞、腐蝕性破壞及高溫破壞，並細分為各種破壞類型。材料破損分析主要利用各種儀器進行破壞形貌觀察與破壞成分分析，再經由學理上推斷破壞進行的機制，從

而尋找出破壞發生的肇因。

參考資料

1. ASM Metals Handbook, Vol.10, Failure Analysis and Prevention (1975)

2. AMS Metals Handbook, Vol.9, Fractography and Atlas of Fractographs (1974)

3. Prok. K. Kusmaul, Schadenskunde, Lehrstuhl fur Materialprufung, Univ. Stuttgart (1983)

4. The Appearance of Cracks and Fractures in Metallic Materials, Verlag Stahleisen mbH, Dusseldorf (1983)

5. L. Engel and H. Klingele, An Atlas of Metal Damage, Wolfe/Hanser (1983)

6. V. J. Colangelo and F.A.Heiser, Analysis of Metallurgical Failures, John Wiley & Sons (1989)

7. Systematische Beurteilung technischer Schadensfalle, ed.G. Lange,DGM (1983)

8. E. Kauczor, Metqllographie in der Schadenuntersuchung, Springer-Verlag (1979)

9. F.K. Naumann, Das Bruch der Schadensfalle, Dr.Riederer-Verlag (1980)

10.Gefuge und Bruch, ed. K.L.Maurer and H. Fischmeisster, Gebruder Borntraeger Berlin, Stuttgart (1977)

11.Metallography in Failure Analysis, ed. J.L.McCall and P,M,French, Plenum Press (1978)

12.SEM/TEM Fractography Handbook, Metals and Ceramics Information Center, McDonnell Douglas Astronautices Company, MCIC-HB-06 (1975)

13.Source Book in Failure Analysis, Metal Progress, ed.H.Grover, (1963)

14.Failure Analysis:Techniques and Applications,ed. J.I.Dickson, E.Abramovici, and N.S.Marchand, ASM Internationd (1992)

CHAPTER 2
破壞形貌觀察

>>

一、宏觀破壞形貌
二、微觀破壞形貌
三、電子束觀察破壞形貌
四、總結

　　破損分析工具主要針對「破壞形貌觀察」（fractography）與「破壞成分分析」（fracture chemistry），另外包括「非破壞性檢測」（nondestructive testing）。「破壞形貌觀察」事實上應從肉眼開始，至於使用儀器觀察可分為：一、宏觀破壞形貌（放大倍率小於15倍）；二、微觀破壞形貌（放大倍率小於2000倍）；三、電子束觀察破壞形貌（放大倍率小於2,000,000倍）。表2.1將這三類破壞形貌觀察工具的特性歸納比較。

一、宏觀破壞形貌（Macroscopic Fractography）

　　使用之工具為一般低倍率放大鏡，有時肉眼觀察亦可歸於此類；其放大倍率為實體尺寸至15倍，解析度至6.5μm，景深最小250μm，優點為價格低廉、操作容易、攜帶方便且樣品準備簡單，甚至可直接觀察；缺點為放大倍率低，使解析度受到限制，無法作細微之觀察；由於功能簡單且價廉，一般無法特別外加附件，至多配備刻度或加裝照明光源。實際上，一般材料破壞分析實體拍照所使用之照相機（附有近照鏡頭及具備較大之焦距深度）即可算是宏觀破壞形貌觀察工具。

　　利用此最簡單之工具可約略判定破壞類型，並可由破壞起源點及破壞路徑初步推斷破壞機制甚至破壞肇因。

表 2.1　破壞形貌觀察工具之特性比較

破壞觀察類型	宏觀破壞形貌	微觀破壞形貌	電子束觀察破壞形貌	
工具	肉眼、低倍率放大鏡	光學顯微鏡	掃描電子顯微鏡	穿透電子顯微鏡表面複製膜觀察
放大倍率	X 1～X 15	X 5～X 2,000	X 5～X 2,000,000	X 200～X 10,000,000
解析度	6.5 μm	6.5μm～0.15μm	6.5μm～15 nm	15μm～0.5 nm
景深	250 μm	250μm～0.08μm	1,000 μm～10 μm	500 μm～0.2 μm
優點	1. 設備低廉操作簡易可攜帶 2. 極少或不須樣品準備	1. 設備低廉、操作簡易 2. 解析度尚可	1. 場深極大，最適於破損面觀察 2. 涵蓋宏觀與微觀破損形態觀察 3. 解析度極佳 4. 樣品準備工作極小	1. 解析度最佳 2. 複製膜可攜帶 3. 場深佳
缺點	1. 解析度差	1. 對大多數破損表面場深太小 2. 設備不可攜帶	1. 設備昂貴、操作較複雜、不可攜帶	1. 設備昂貴、操作複雜 2. 樣品準備工作繁雜 3. 無法作低倍率觀察 4. 複製膜可能出現假相
可裝設附件	1. 照明燈 附註： 一般照相機鏡頭亦屬此類觀察	1. 照相機 2. 閉路電視攝影機 3. Hot stage 4. Stress stage 5. 測孔洞深度	1. X 光成分分析（EDX） 2. Hot stage 3. Stress stage	

二、微觀破壞形貌（Microscopic Fractography）

使用之工具即為一般之光學顯微鏡（Optical Microscope，簡稱 OM，圖 2.1），光學顯微鏡之觀察原理是利用可見光聚焦後在觀察面反射並經物鏡及目

鏡放大至肉眼觀察，或以照相機記錄，並可放大至投影幕或加裝電視收放系統以利解說及討論（表 2.1）；光學顯微鏡之放大倍率為 5 至 2,000 倍，解析度可達 0.15μm，景深為 250μm 至 0.08 μm；光學顯微鏡主要用於金相觀察，亦即樣品經化學浸蝕後，可觀察粒界及材料微結構，在材料破損分析上，一般用以觀察裂縫及夾雜物的位置、分佈、形狀及方向，此時樣品一般不需經化學浸蝕，但視觀察需要常需先作表面研磨拋光，如配合化學浸蝕，可由裂縫傳播路徑與粒界之關係判定沿晶或穿晶破壞，並可探討裂縫與材料內部組織結構之關係；由於景深較短，無法觀察破壞表面，但利用此特性，成為可量度孔洞深度之「焦距顯微鏡」，亦即藉著變更聚焦位置於孔洞表面及底部，由其景深差異換算成孔洞深度，對於產生孔洞特徵之材料破壞（例如孔蝕或磨耗孔穴），極有助於探討其破壞機制；光學顯微鏡可附裝樣品加溫裝置（hot stage），以直接觀察溫度對破壞形貌及破壞行為之效應，圖 2.2 為此種附裝樣品加溫裝置之特殊光學顯微鏡及其構造圖，溫度可達 1,750℃，此外亦有加裝臨場應力機制（stress stage），以觀察材料受力當時之破壞行為，並可模擬材料破壞過程裂縫的傳播。

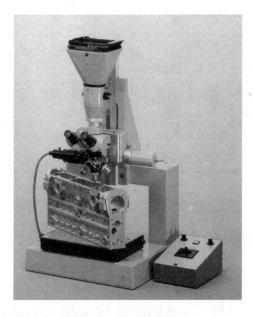

圖 2.1　光學顯微鏡

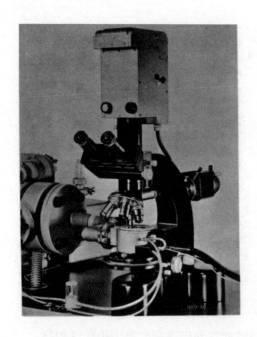
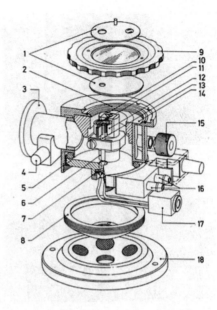

圖 2.2　Leitz 1750°C 高溫光學顯微鏡及其構造圖

（構造說明：1.輻射阻隔版 2.密封環 3.抽氣管 4.熱流連通管 5.底座 6.電極支柱 7.熱電偶凸緣 8.螺旋半球 9.附石英窗之上蓋 10.卡緊鎖 11.樣品 12.加熱及屏蔽板 13.熱電偶套管 14.真空室 15.保護氣體閥門 16.冷卻水管 17.熱電偶套筒 18.附緊固磁鐵之球底座）

　　對於大多數材料破壞機制，裂縫是由材料表面向內部傳播，亦即裂縫起源在材料邊緣，如以光學顯微鏡觀察，由於材料邊緣拋光較深，而使邊緣形成弧面，無法聚焦觀察，且在研磨拋光過程可能破壞此位於材料邊緣之裂縫形狀，此時可先在材料邊緣鍍上一層保護金屬，一般常用無電鍍鎳，再連同此保護鍍層一齊鑲埋及研磨拋光，再進行光學顯微鏡觀察，圖 2.3 為此種使用案例，圖中純鐵在零下 70°C 衝擊試驗脆斷後，表面先鍍上鎳金屬保護層，鑲埋後研磨拋光，於光學顯微鏡中可觀察到劈裂除了發生在主要之｛100｝結晶面，並在｛112｝結晶面產生附屬劈裂，此附屬劈裂使裂縫傳播方向局部偏折；圖 2.4 為一焊接低碳鋼管件發生應力腐蝕破裂的截面觀察，經由表面鍍鎳金相保護可以顯現出破斷面的冶金脆裂特徵。

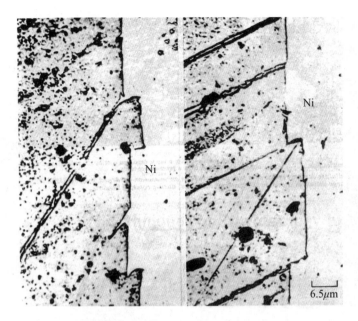

圖 2.3　純鐵低溫衝擊試驗劈裂破壞截面利用邊緣鍍鎳金相保護觀察
（Klier E. P., Trans. ASM, 43, 1951, P.935）

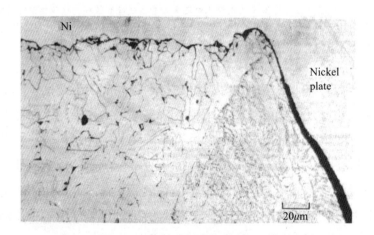

圖 2.4　低碳鋼管件應力腐蝕破斷截面利用邊緣鍍鎳金相保護觀察
（Fractography andAtlasof Fractography, Metals Handbook, V01.9,1974）

　　對於大型之材料破壞物，無法直接觀察，或者因為各種原因無法將破壞部位切割取樣觀察，此時可利用印模複製（replica）技術，直接複製破壞面形

貌，此技術同時可對破壞部位留下紀錄，以便當材料破壞部位為了進一步分析而遭到改變時，可以追溯原來破壞形貌。光學顯微鏡觀察所使用之印模複製技術與電子顯微鏡所用者基本上類似，但複製片較厚，易於握持，且在複製完成取出觀察時變形較少；一般製作程序是先在破壞面上塗上一層薄層之乙酸纖維素與丙酮混合黏液，再以一片較厚之乙酸纖維素膠帶（厚度約 0.25 至 0.40mm）覆蓋在最初之複製薄膜表面，並緊壓約 60 秒，待與底下之複製薄膜固著後拉離破壞面，即可觀察；此外亦可利用環氧樹脂或其他液態橡膠製作光學顯微鏡觀察之印模複製材料；圖 2.5 為一感應硬化之 15B28 鋼軸在旋轉彎曲受力過程發生疲勞破壞，利用乙酸纖維素印模複製破壞面，可觀察到疲勞破壞起源點在圖中央之大夾雜物；另有一快捷而簡單之破壞面印模複製方法即是直接以石墨或二硫化鉬調成之油膏塗於材料破壞面，再以透明膠帶覆蓋其上（膠帶黏著面與油膏接觸），輕微壓按使膠帶與破壞面充分接觸後，撕下膠帶並黏貼在白紙上，此時膠帶上即留下由石墨或二硫化鉬所顯示之破壞面形態。

　　以光學顯微鏡觀察材料破壞面，有時為了增強破壞面之光反射（例如觀察銅合金之類腐蝕形成之黑色表面）、增強破壞面形貌對比（例如在前述印模複製之材料破壞面）或者定量量度破壞面輪廓高度（例如量度劈裂破壞面所形成階梯之高度），可在破壞面上預鍍一層非腐蝕性、高反射率且易於蒸鍍之重金屬薄膜（例如：金）。如針對增加破壞面光反射之需要，蒸鍍時應使破壞面各方向旋轉，以使各角度蒸鍍均勻；如針對增強破壞面形貌對比需要，則蒸鍍角度應固定，而使破壞面水平旋轉，此時金鍍膜主要形成於垂直蒸鍍方向之材料面，而可達到增強輪廓對比之目的；如針對定量量度破壞面輪廓高度，可使蒸

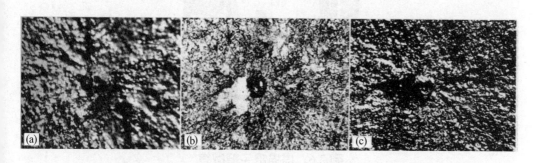

圖 2.5　以印模複製技術對材料疲勞破壞面進行光學顯微鏡觀察

鍍保持在一已知角度，由此固定蒸鍍角度（θ）及所觀察到之蒸鍍陰影寬度（b）即可得到破壞面輪廓角度（κ）：$\kappa = b \tan\theta$。

三、電子束觀察破壞形貌（Electron Fractography）

　　利用電子束觀察破壞形貌主要之工具為掃描電子顯微鏡（Scanning Electron Microscope，簡稱 SEM），圖 2.6 為典型之掃描電子顯微鏡，其構造包括電子槍、電子光學系統、真空系統及控制系統等重要組成，電子槍利用熱燈絲發射電子，並以電壓將電子加速後，由電子光學系統之數組電磁透鏡裝置加以聚焦成電子束，再經掃描裝置控制此電子束打擊至觀察材料表面，所釋放之訊號經偵檢器收集後放大，最後由陰極射線管顯像。

圖 2.6　掃描電子顯微鏡

　　當電子束打擊材料時，入射電子與材料作用而產生二次電子、背向散射電子、吸收電子、穿透電子、X 射線及陰極螢光等（圖2.7），其中取二次電子及背向散射電子作為掃描電子顯微鏡運作方式時，可用以觀察破壞面形貌；二次電子在材料與入射電子作用時，由材料表面約 10nm 範圍內所脫離之電子訊號，其能量大約 20 eV，而不超過 50 eV，在 10nm 以下材料內部所發射之二次電子無法脫離材料表面；背向散射電子是由入射電子直接自材料背向散射而來，其脫離深度大約 30nm，其能量約與入射電子相同，由於是在材料內部散射而產生，其偵測源之範圍遠較二次電子為大（圖2.8），因此以背向散射電子作為掃描電子顯微鏡運作方式之徑向解析度較二次電子運作方式為差，但由於背向散射電子之能量及速度較高，且由材料至訊號偵檢器係以直線路徑進行（圖2.9），而可產生陰影效應，因此其影像對比較二次電子運作方式為佳，對於材料破壞形貌分析，尤其破壞裂紋觀察，以背向散射電子之運作方式可發揮更優異效果，由圖2.10 之實際破壞形貌觀察個案可比較此兩種掃描電子顯微鏡常用運作方式之影像效應，圖上為一電信裝備之扣夾內彈簧經長期使用後發生疲勞斷裂，以二次電子觀察可得到較為均勻明朗之影像（圖2.10a），而以背向散射電子觀察則由於其較強之影像對比，而使破壞裂紋路徑清晰可辨（圖2.10b）。

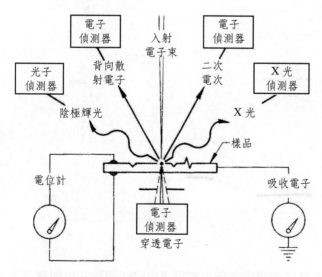

圖 2.7　入射電子與材料作用所產生之訊號

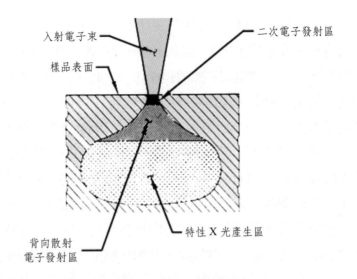

圖 2.8　入射電子在材料內部所產生訊號源之發生範圍

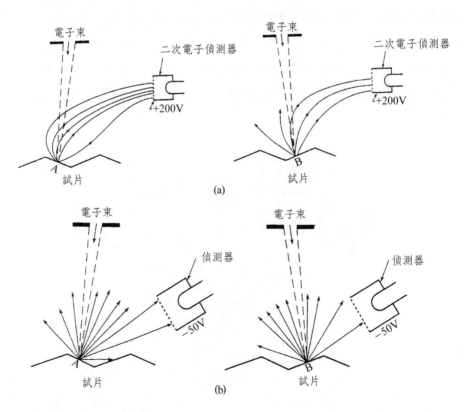

圖 2.9　掃描電子顯微鏡使用二次電子成像(a)與背向散射電子成像(b)之原理

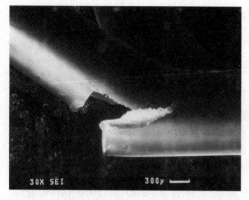
(a)二次電子影像

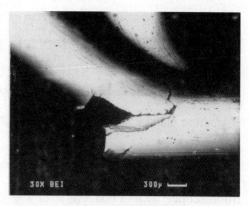
(b)背向散射電子影像

圖 2.10 扣夾彈簧長期使用後疲勞斷裂之掃描電子顯微鏡觀察

　　通常入射電子束之最佳加速電壓約為 20 至 25KV，加速電壓太低會使入射電子束產生嚴重色差，而影響解析度，加速電壓太高將因為電子束深入材料內部，使圖 2.8 之梨形內部散射區增大，而產生較多之背向散射電子，再加上較高能量之低角度背向散射電子與材料表面之突起物橫向相互作用，如此將造成觀察點徑加大，亦即徑向解析度變差。

　　利用掃描電子顯微鏡觀察破壞形貌，除非特別針對破壞裂紋檢視需要較強之影像對比，一般仍以二次電子之運作方式為主，其放大倍率為 5 至 2,000,000 倍，解析度為 6.5μm 至 15nm，景深為 1,000 至 10μm；掃描電子顯微鏡之放大倍率範圍涵蓋宏觀及微觀破壞形貌，因此可以作廣範圍觀察（低倍率）及特定微區觀察（高倍率）；其解析度遠較光學顯微鏡為高，且由於景深較大，對於粗糙或高低起伏之樣品表面均可觀察，而得到立體影像，因此特別適用材料破壞面之觀察。對於材料切面，可如同光學顯微鏡經研磨拋光後觀察其裂縫及夾雜物之位置、分佈、形狀及方向，如再經化學浸蝕，可同樣觀察裂縫與材料內部組織結構（例如：粒界及熱處理微結構等）之關係，但放大倍率較高。對於樣品邊緣之觀察（例如產生在材料表面之裂縫起源），除非樣品邊緣形貌在研磨拋光過程可能受損，否則由於掃描電子顯微鏡景深較大，可不須要如同光學顯微鏡在觀察樣品邊緣時先預鍍金相保護層（如圖 2.3 與 2.4），但如樣品為經鑲埋後觀察，此時樣品邊緣影像將受外圍鑲埋物質放電效應影響，為避免此問

題，可在鑲埋樣品表面蒸鍍一層導電之金粉或碳粉；同樣的，對於非金屬破壞樣品之觀察亦需要在表面蒸鍍導電之金粉或碳粉，並以銀膠接通及固定在樣品座上。掃描電子顯微鏡可以附加 X 光能量散光儀（EDX），分析材料內部產生的 X 射線能量，藉此得到破壞面的化學成分。此外，也可以附加拉斷裝置（fracture stage，圖 2.11）進行材料拉伸裂紋傳播之即時觀測（in situ observation）。

　　破壞形貌亦可使用複製膜，而以穿透電子顯微鏡（Transmissim Electron Microscope，簡稱 TEM，圖 2.12）觀察，其放大倍率為 200 至 10,000,000 倍，解析度為 15μm 至 0.5nm，景深為 500 至 0.2μm，以穿透電子顯微鏡配合複製膜觀察破壞形貌可獲得較掃描電子顯微鏡更高之解析度，亦即可觀察到諸如：微小疲勞條紋、氫脆撕裂稜線等較微細破壞組織，同時採用複製膜攜帶方便，並且不會傷害破壞物表面，其缺點為無法作極低放大倍率之觀察，同時對設定特殊位置之觀察亦較為困難，此外增加複製膜製備之手續亦使破壞分析工作較為繁瑣，因此就電子束觀察破壞形貌技術而言，掃描電子顯微鏡與穿透電子顯

圖 2.11　掃描電子顯微鏡附加拉斷裝置進行裂紋傳播即時觀測

圖 2.12　穿透電子顯微鏡

微鏡可擷長取短，互補不足。

　　破壞表面複製膜的製備可分為兩種：一段複製膜及兩段複製膜，圖2.13為一段複製膜之製法，亦即直接於材料破壞面覆蓋一層塑膠膜或真空蒸鍍碳膜，再將此複製膜底下之破壞面材料溶解，用作穿透電子顯微鏡觀察之複製膜厚度大約僅 100 至 150nm，對於較為粗糙之破壞面，一段複製膜由破壞面取下時容易破裂，因此一般僅適用於相當平坦之破壞面而欲獲得極高傳真性及解析度之破壞形貌觀察，例如：疲勞破壞之微細條紋；一般而言，碳複製膜較塑膠複製膜為佳，因為碳複製膜較堅固，且不易形成塑膠複製膜製程常附生之人為虛假特徵，同時碳複製膜於電子束入射時較為穩定，而可得到較高之傳真性及解析度；但是塑膠複製膜可製成較厚之形式（約 0.025 至 0.305mm），以提供掃描是電子顯微鏡或光學顯微鏡之觀察用。

　　對於一般較粗糙之破壞面觀察，均採用兩段複製膜，圖2.14為其製法，首先以類似於前述一段塑膠複製膜之製作方法，於材料破壞面覆蓋一層厚塑膠膜，溶去破壞面之材料後，以真空蒸鍍碳膜或覆蓋另一層溶解性質相異之薄塑膠膜，再溶去最初複製之厚塑膠膜，即可得到此二段複製膜。

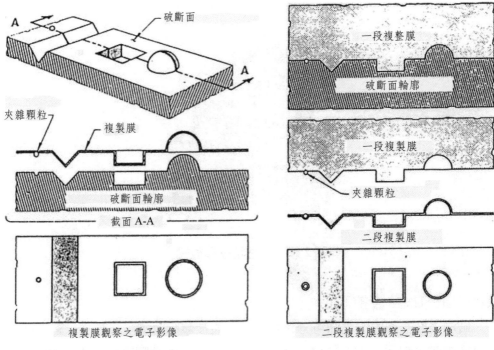

圖 2.13　一段複製膜製作技術　　　圖 2.14　二段複製膜製作技術

　　通常由上述方法所得之一段複製膜仍無法獲得最佳之破壞形貌傳真性與解析度，對於一些極微細但相當重要之破壞特徵（例如：疲勞破壞條紋）常會遺漏，同時亦無法分辨各個破壞特徵之立體高度差異，因此大部分複製膜均需再附加陰影效應，亦即如圖 2.15 於真空中斜向蒸鍍重金屬（例如：鈀、鉑、鉻、鍺及金－鈀合金等），藉著此重金屬在材料破壞面之高突或低窪部位形成方向性不均勻沉積，而增強電子束對破壞特徵輪廓之對比，以利於微細破壞形貌之觀察，並可經由陰影寬度估計各破壞特徵之立體高度或深度；一般斜鍍重金屬均採用大約 45 度，但對於極微細之破壞特徵（例如較細小疲勞條紋）可採用更斜之蒸鍍角度（15 度至 30 度）以得到較明顯之輪廓；另外如果破壞特徵具特定之本質及方位性，則斜鍍重金屬之入射方向亦應加以選擇，例如針對疲勞破壞條紋應以垂直於這些條紋之方向斜鍍重金屬，如此將使附加之陰影方向平行於疲勞裂縫傳播方向。

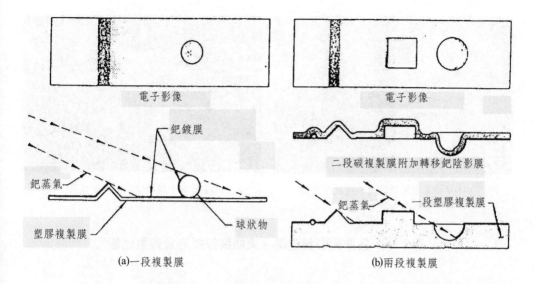

電子影像　　　　　　　　　　　　　　電子影像

鈀鍍膜

二段碳複製膜附加轉移鈀陰影膜

鈀蒸氣

鈀蒸氣　　　　一段塑膠複製膜

塑膠複製膜　　　　　球狀物

(a)一段複製膜　　　　　　　　　　　(b)兩段複製膜

圖 2.15　為增強對比，於複製膜上斜鍍重金屬，以附加陰影效應

　　為了比較前述各種複製膜之觀察效果，圖 2.16 顯示一 4335 合金鋼衝擊試片之破壞面分別以掃描式電子顯微鏡直接觀察（圖 2.16a），以掃描電子顯微鏡一段複製厚塑膠膜觀察（圖 2.16b），以穿透電子顯微鏡兩段複製碳膜無附加陰影效應觀察（圖 2.16c）及以穿透電子顯微鏡兩段複製碳膜並斜鍍鉻金屬附加陰影效應觀察（圖 2.16d）所得到之破壞面形貌，其中圖 2.16b 之一段複製厚塑膠膜為避免電子束所造成之放電現象而預先於厚塑膠複製膜真空蒸鍍具高導電性之金元素。

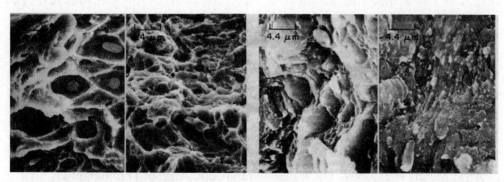

(a)掃描電子顯微鏡直接觀察　　　(b)掃描電子顯微鏡一段複製厚塑膠膜並表面鍍金觀察

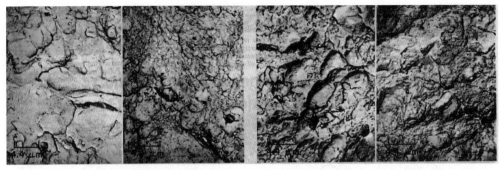

(c)穿透電子顯微鏡兩段複製碳膜無　　　(d)穿透電子顯微鏡兩段複製碳膜
　附加陰影效應觀察　　　　　　　　　　並斜鍍鉻金屬觀察

圖 2.16　各種複製膜之電子束觀察破損形貌效果比較

四、總結

　　經由破壞形貌觀察鑑定破壞特徵，可以推斷出破壞的機制，從而尋找破壞的肇因。破壞形貌觀察依其解析能力可以區分為：宏觀破壞形貌（低倍率放大鏡）、微觀破壞形貌（光學顯微鏡）及電子束觀察破壞形貌（掃描及穿透電子顯微鏡），其中掃描電子顯微鏡具有解析度佳（可觀察到相當細微的結構）、景深大（可觀察凹凸不平的破壞面）、樣品準備簡單及設備價錢不高等優點，其放大倍率範圍涵蓋宏觀及微觀破壞形貌，又可以附加 X 光能量散失分析儀（EDX），同時進行破壞面成分分析，是材料破損分析最重要的儀器。

參考資料

1. ASM Metals Handbook, Vol.9, Fractography and Atlas of Fractographs
2. ASM Metals Handbook, Vol.10, Failure Analysis and Prevention (1975)

3. SEM/TEM Fractography handbook, Metals and Ceramics Information Center, McDonnell Douglas Astronautics Company, MCIC-HB-06 (1975)

4. The Appearance of Cracks and Fractures in Metallic Materials, Verlag Stahleisen mbH, Dusseldorf (1983)

5. L.Engel and H.Klingele, An Atlas of Metal Damage, Wolfe/Hanser (1983)

6. V.J.Colangelo and F.A.Heiser, Analysis of Metallurgical Failures, John Wiley& Sons (1989)

7. E.Kauczor, Metqllographie in der Schadenuntersuchung, Springer Verlag (1979)

8. David B.Williams and C.Barry Carter, Transmission Eleitron Microscopy, Plenum Press (1996)

9. Metallography in Failur Analysis, ed. J.L.McCall and P.M.French, Plenum Press (1978)

CHAPTER 3
破壞成分分析

>>>>>>>>>>>>>>>>>>>>>>>>>>>>>>>>>>>>>

　　「破壞成分分析」包括：一、表面分析（分析深度小於 5nm）；二、次表面分析（分析深度小於 10,00nm）；三、本體成分分析（材料內部化學成分）。表面分析儀器包括歐傑光譜儀（AES）、光電子化學分析儀（ESCA）、二次離子質譜儀（SIMS）、離子散射光譜儀（ISS）及雷射拉曼光譜儀（LRS）；次表面分析儀器包括：離子微探分析儀（EPMA）、X 射線螢光分析儀（XRF）、X射線繞射儀（XRD）、拉塞福背向散射光譜儀（RBS）及梅斯堡光譜儀（MBS）；本體成分分析儀器包括：原子吸收光譜儀（AA）、火花原子發射光譜儀（Spark AE）及感應偶合電漿原子發射光譜儀（ICP-AE）。

一、表面分析

　　針對分析材料表面大約 10nm 內之成分，主要有歐傑光譜儀（AES）、光電子化學分析儀（ESCA）及二次離子質譜儀（SIMS）、離子散射光譜儀（ISS）及雷射拉曼光譜儀（LRS）。

1. 歐傑光譜儀（Auger Electron Spectrometry，簡稱 AES）

　　利用入射電子束把原子最低層電子打出，當上層電子降下來填補此空缺時，釋放的能量可再激發另一高能階電子放出，此即所謂的歐傑電子（如圖3.1），既然歐傑電子的動能與以上所提供 3 能階有關（如圖 3.1：$E_{KL1L2} = E_K - E_{L1} - E_{L2}$），而能階又是各種不同元素辨識的指標，因此由能量分析可以判定原來的成分元素，經過標準樣品校準後可作定量分析，利用外加離子濺射可同時作成分深度分佈（depth profile）。由於歐傑光譜儀入射用的是電子束，而電子束聚焦相當容易，因此歐傑光譜儀可分析非常微小的區域，亦即其徑向解析度（lateral resolution）極佳，新型歐傑光譜儀甚至可分析 0.075μm 的微小範圍，這對於破壞面上的一些微小析出物或其他微小區域的成分分析就非常有用，這是歐傑光譜儀的最主要特點。藉著入射電子束的掃描而得到成分表面分

佈（mapping），這是所謂的掃描歐傑光譜儀（SAM），圖 3.2 為一典型之歐
傑光譜儀構造圖，圖 3.3 為 Perkin-Elmer 600 型掃描歐傑光譜儀。

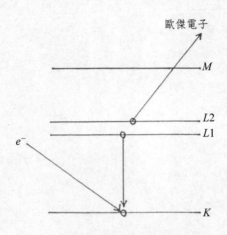

圖 3.1　歐傑光譜儀原理

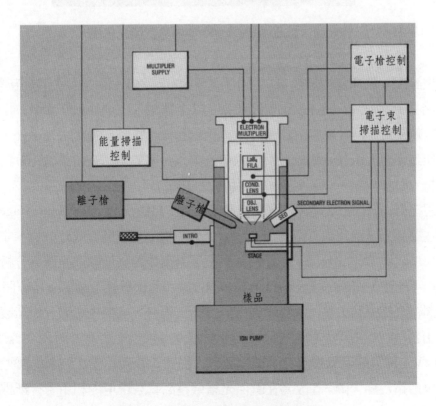

圖 3.2　典型之歐傑光譜儀構造圖

圖 3.3　Perkin-Elmer600 型掃描歐傑光譜儀

　　理論上，歐傑光譜儀也可以分析化學態或化合物，但因為歐傑能譜是由 3 個能階共同造成，各能階因化學鍵所造成化學偏移（chemical shift）相互影響，比較複雜，因此歐傑光譜儀除了氧化物和碳化物這兩種化合物之外，一般很難作為化學態或化合物的分析。歐傑光譜儀目前最常用在粒界脆化分析（粒界偏析、粒界析出）以及鈍態膜及腐蝕生成物的分析。

　　用在材料破壞分析的歐傑光譜儀必須附裝「打斷機制」（fracture stage），直接在歐傑光譜儀超高真空（10^{-10} Torr）內將樣品打斷進行成分分析，才能判定原來造成破壞的成分因子，任何經過大氣暴露後再送進歐傑光譜儀分析的斷裂面均可能產生錯誤的鑑定，以下舉一例以說明此嚴重性：圖 3.4a 是一個 3340 合金鋼在真空中回火脆化，然後在大氣打斷，再移入歐傑光譜儀分析斷裂面成分，由於來自空氣中吸附氧原子所形成的氧能譜太強，而使得氧能譜（500eV）附近的元素幾乎完全被遮蔽了，從圖 3.4b 可以看出被氧能譜遮蔽的元素包括鉻及銻；圖 3.5 改為在歐傑光譜儀超高真空環境內利用「打斷機制」

將樣品打斷直接分析，發現與未經回火脆化之 3340 合金鋼斷裂面比較（圖 3.5b），經回火脆化後的斷裂面有很強的鉻及銻元素偏析，此時氧能譜干擾很小（圖 3.5a）。對於延展性較佳之材料，為使其在歐傑光譜儀內順利打斷，一般均於歐傑光譜儀之真空內附加一冷凍機制（freeze stage），利用液態氮先行冷凍脆化樣品，再行打斷後直接分析；如果施以液態氮冷凍仍無法打斷，或特別為了探討沿晶破壞機制，須使材料粒界裸露，此時可將樣品在送入歐傑光譜儀之前，先在大氣中進行氫脆處理，亦即以電化學方法對樣品強制充氫，在置入歐傑光譜儀之真空室內打斷並分析，以下建議一個相當有效之電化學強制充氫條件：電解液為 $1n\,H_2SO_4 + 0.05g/l\,NaAsO_2$，電壓 3.2V，電流密度 $600A/m^2$，充氫時間 24 小時。

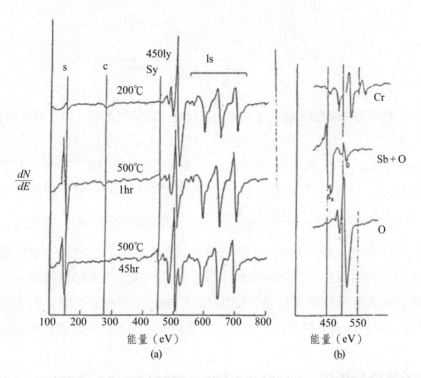

圖 3.4　3340 合金鋼回火脆化後，樣品在大氣打斷之後歐傑光譜分析能譜

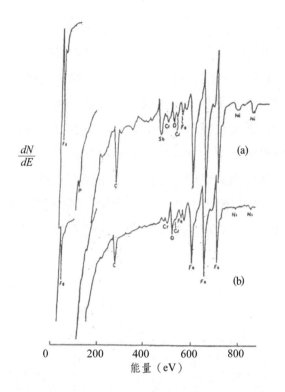

圖 3.5　3340 合金鋼回火脆化後，樣品直接置入歐傑光譜儀打斷之分析能譜

　　各種「表面分析工具」所使用之真空環境均須高達 10^{-10} Torr，主要是根據以下之估計：一般材料在壓力（P）之氣體環境中吸附一層氣體原子或分子所需要之時間約為 t（秒）$= \dfrac{10^{-6}\ (Torr)}{P\ (Torr)}$，亦即如果使用一般「次表面分析工具」之高真空環境（10^{-6} Torr），則材料表面在 1 秒內即已吸附一層氣體原子或分子，而此吸附層正是「表面分析工具」之分析深度，亦即實際待分析之破壞表面成分將為此吸附層所覆蓋，使用 10^{-10} Torr 之超高真空時，形成吸附層所須時間約 10^4 秒，在此時間內分析工作已經完成，而不致於影響分析之結果。

2. 光電子化學分析儀（Electron Spectrometry for Chemical Analysis，簡稱 ESCA）

　　光電子化學分析儀的原理比較簡單：利用一束 X 光或紫外線打擊樣品，而

把一個能階的電子激發出，同樣的分析此激發電子的動能可以鑑定元素的種類（圖 3.6），一般之光電子化學分析儀入射光是用 X 光，因此通常所指的光電子化學分析儀即本 X 光電子分析儀（X-Ray Photoelectron Spectrometry，簡稱 XPS），所用的 X 光源通常是 Al Kα或 MgKα線，圖 3.7 為一典型之光電子化學分析儀構造圖，圖 3.8 則為一 Perkin-Elmer 公司之 PHI 5000 型光電子化學分析儀與歐傑光譜儀同樣的，光電子化學分析儀之電子從表面能夠脫離的深度（escape depth）也是大約 2nm（圖 3.9），因此兩者所分析到的都是樣品表面大約 2nm 深度的原子，這是歐傑光譜儀及 X 光電子化學分析儀作為表面分析的基礎。對於化學態或化合物的分析是 X 光電子化學分析儀的最大特長，主要因為 X 光電子化學分析儀只和一個能階有關，由化學鍵所造成的化學偏移比較單純，分析上比較容易（圖 3.10）；此外，歐傑光譜儀能譜包含了 3 個能階的能量轉換，因此不同元素在相近能譜位置重疊的機會較大，而影響它的解析能力，這時候可用 X 光電子化學儀來補足歐傑光譜儀分析的結果，譬如：以歐傑光譜儀分析 TiN 表面鍍層時，Ti 和 N 在 AES 的主要能譜位置正好重疊，使得 Ti 和 TiN 很難分辨（比較圖 3.11a 與 b，其中 N 的能譜位置可由圖 3.11c 上 TaN 的 N 能譜位置看出），但是以 X 光電子化學分析儀分析 TiN（圖 3.12），Ti 和 N 的能譜不在同一位置，因此可用來補足歐傑光譜儀的分析結果。

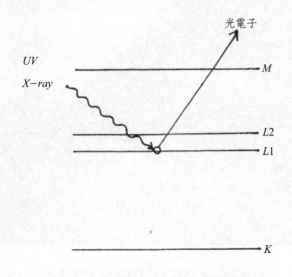

圖 3.6　光電子化學分析儀原理

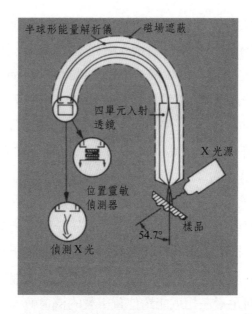

圖 3.7　典型之光電子化學分析儀（ESCA）構造圖

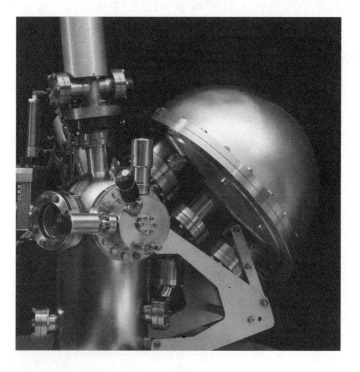

圖 3.8　Perkin-Elmer 公司 PHI5000 型光電子化學分析儀

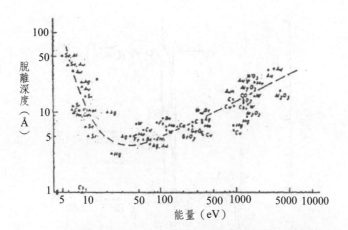

圖 3.9 歐傑光譜儀及光電子化學分析儀電子脫離深度

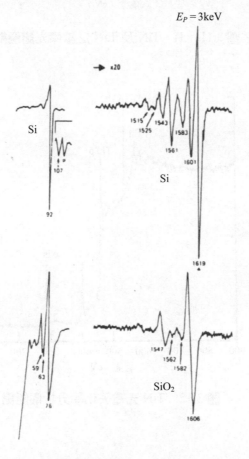

圖 3.10 金屬氧化過程歐傑電子訊號化學偏移

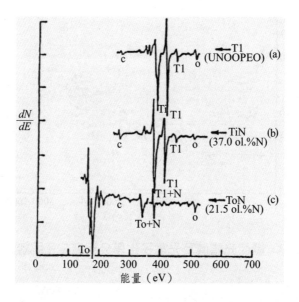

圖 3.11 Ti，TiN 及 TaN 之歐傑光譜儀能譜

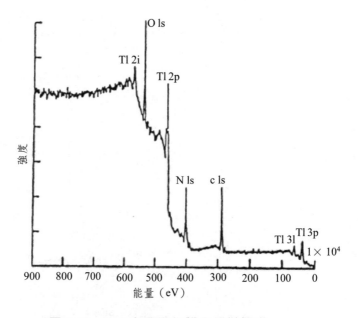

圖 3.12 TiN 光電子化學分析儀能譜

　　光電子化學分析儀因為入射使用 X 光，而 X 光基本上是無法聚焦的，當它的入射點（spot size）小於 1mm 時，X 光強度就已經變得很弱，因此光電子化學分析儀無法分析微小範圍的成分，它的徑向解析力大約 1mm，這是光電子化學分析儀與其他表面分析儀器相比的主要弱點，但是這個弱點在相對情況又使光電子化學分析儀具有一項有利的優點：那就是它在分析時對材料的破壞很小，在各種表面分析儀器中，二次離子質譜儀對材料的破壞是相當的大（尤其動態二次離子質譜儀分析後在材料表面所留下的分析點很容易就可以肉眼觀察），而 AES 隨著徑向解析力的提高（電壓提高），對材料表面的破壞也愈大，光電子化學分析儀由於入射點很大，使得能量密度很小，對材料表面也就不會造成太大破壞，這也是光電子化學分析儀的一個特點。光電子化學分析儀同樣可利用外加離子濺射來進行成分深度分佈分析，但因為 X 光無法像電子束一樣的掃描，光電子化學分析儀也就無法作表面成分分佈分析。一般而言，光電子化學分析儀的定量分析也比歐傑光譜儀困難（歐傑光譜儀定量分析取訊號峯對峯值，而光電子化學光譜儀取訊號下之面積）。光電子化學分析在粒界破壞研究上的應用比歐傑光譜儀少，但由於其對化學態及化合物的分析特長，在腐蝕表面生成物的分析略為凌駕歐傑光譜儀之上，隨著金屬間化合物在材料破壞（及材料接合界面脆化）的日益受到重視，光電子化學分析儀在未來材料研究上也將日益重要。以光電子化學分析儀分析金屬在水溶液之腐蝕，為了避免材料由腐蝕液經大氣環境移入光電子化學分析儀之過程中，腐蝕表面吸附氣體原子或分子層，一般設計在光電子化學分析儀直接附加電化學腐蝕槽（如圖 3.13），於完成電化學腐蝕極化反應後，將腐蝕液抽乾，腐蝕槽進一步抽成與光電子化學分析儀相同之超真空環境，再將材料移入光電子化學分析儀之真空室內進行腐蝕生成物分析。

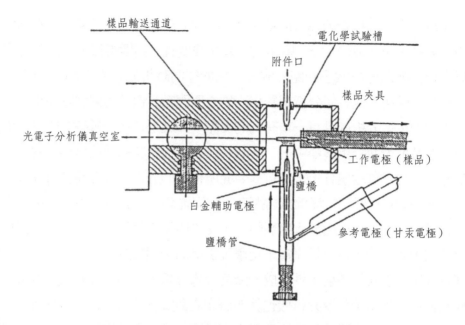

圖 3.13　光電子化學分析儀附加化學腐蝕槽

　　歐傑光譜儀及光電子化學分析儀均使用能量分析儀，常見的能量分析儀有
3 種（圖 3.14）：⑴柱狀鏡型分析儀（cylindrical mirror analyzer，簡稱CMA，
圖 3.14a），由兩個內外同心金屬圓柱筒構成，內外圓柱筒施加電壓，使得電
子運動路徑產生偏折，改變電壓即可測得不同動能的電子數目；這種能量分析
儀的訊號對雜訊比值（signal to noise ratio）最高，一般單獨歐傑光譜儀或歐傑
光譜儀／電子化學分析儀合併時，最常採用此種能量分析儀。⑵半球狀扇型分
析儀（hemispherical sector analyzer，簡稱 HSA，圖 3.14b），由一組同心半球
構成，同樣的改變半球之電壓，可以測得不同動能的電子數目；這種能量分析
儀的能量解析度（E/ΔE）最高，一般單獨光電子化學分析儀常採用此分析儀。
⑶減速場分析儀（retarding field analyzer，簡稱 RFA，圖 3.14c），利用一系列
接至電壓調節器之金屬濾網，篩選各個不同動能之電子加以記錄，方法較為簡
單方便，但是能量解析度較差，一般歐傑光譜儀或光電子化學分析儀均很少使
用，但是此種能量分析儀可兼作低能量電子繞射（low energy electron diffrac-
tion，簡稱 LEED），用以分析材料表面的結晶構造，換句話說，低能量電子
繞射儀可同時進行表面化學成分及結晶構造的分析工作。

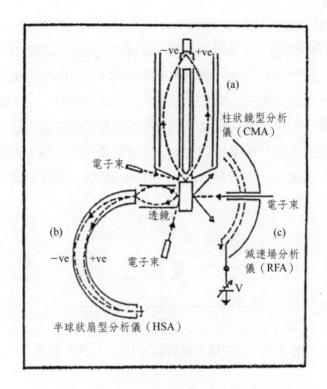

圖 3.14　各種能量分析儀

3. 二次離子質普儀（Secondary Ion Spectrometry，簡稱 SIMS）

　　二次離子質譜儀的原理和歐傑光譜儀及光電子化學分析儀不同，它是利用氬或氧離子束打擊樣品表面，濺射出來的二次離子利用質譜儀加以分析（圖 3.15），圖 3.16 為一典型之二次離子質譜儀構造圖，圖 3.17 則為一 CAMECA 公司 IMS-3F 型二次離子質譜儀。基本上二次離子質譜儀可分為兩種，第一種是動態二次離子質譜儀，也稱作離子微探質譜儀（Ion Microprobe Massenanaly-ser，簡稱 IMMA），動態二次離子質譜儀是把入射離子聚焦到入射點大約 0.03 至 0.3mm 直徑，電流大約 100nA，電流密度大約 0.1 至 10 mA/cm^2，這種方式之二次離子質譜儀具有很強的濺射作用，大約 1 至 10^8Å/sec，相當於利用離子束把一大塊材料鏟出來，利用質譜儀加以分析，因此它所分析的深度是幾個原

子層厚度，分析後會在材料表面留下大約 0.1mm 直徑的凹痕，另一種模式（mode）是所謂的靜態二次離子質譜儀，此種二次離子質譜儀的入射離子是不加以聚焦的，入射點大約 3mm 直徑，電流大約 1 至 10nA，電流密大約 10^{-5} 至 10^{-4} mA/cm^2，比動態二次離子質譜儀小了大約 10^5 倍，在這種情況下，它的濺射作用就很小，也就是它所鏟出來分析的只是樣品表面一個原子層厚度的物質，嚴格來說，表面分析用的二次離子質譜儀是指這一種，因此動態二次離子質譜儀也稱作表面二次離子質譜儀（Surface SIMS，簡稱 SSIMS）。

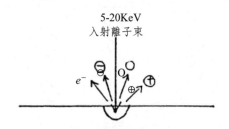

圖 3.15 **二次離子質譜儀（SIMS）分析原理**

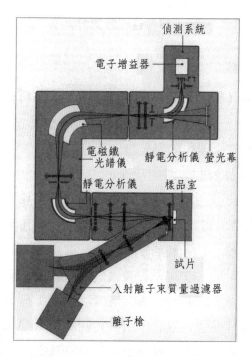

圖 3.16 **典型二次離子質譜儀（SIMS）構造圖**

圖 3.17　CAMECA 公司 IMS-3F 型二次離子質譜儀

　　二次離子質譜儀的最大特點是靈敏度最高，並且可以分析氫，因此對於氫脆化破壞，二次離子質譜儀是最有利的工具，對於極微量的破壞因子成分分析，也必須藉助二次離子質譜儀，譬如分析磷（通常極微量）造成粉末燒結材料的脆性破壞。但是二次離子質譜儀在定量分析上比較困難，這是因為各種元素的離子產生率（ion yield，也就是一個原子被打擊到後，濺射出來的二次離子數目）差異很大。二次離子質譜儀和歐傑光譜儀及光電子化學分析儀一樣可以作成分深度分佈分析，對於動態二次離子質譜儀因為本身就有濺射作用（1 至 10^8 Å/ sec），所以直接就可進行成分深度分佈分析，靜態二次離子質譜儀則類似歐傑光譜儀及光電子化學分析儀還須外加離子濺射，有時先用動態模式打擊一段時間，再用靜態模式分析。

　　二次離子質譜儀亦可利用離子成像（Ion Image）而得到成分表面分佈資料。

4. 離子散射光譜儀（Ion Scattering Spectrometry，簡稱 ISS）

　　離子散射光譜儀是利用加速電壓大約 0.4 至 4KeV 的離子束打擊材料表面，與材料表面原子發生彈性碰撞，再利用能量分析儀偵測彈性碰撞後離子束的能量（圖 3.18），經由能量不滅定律與動量不滅定律可以得知材料表面與加速離

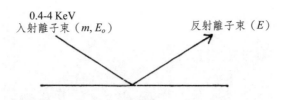

圖 3.18　離子散射光譜儀（ISS）分析原理

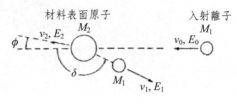

圖 3.19

子碰撞的原子質量，由此分析材料表面成分（圖 3.19）。

5. 雷射拉曼光譜儀（Laser Raman Spectrometry，簡稱 LRS）

　　利用入射光與原子的非彈性碰撞，部分入射光子能量傳給原子或自原子得到能量，光子的頻率因此被降低或提高（圖 3.20），而可在入射光頻率（彈性碰撞的 Rayleigh 譜線）左右測到較弱的拉曼散射譜線（Raman Scattering），Rayleigh 譜線與 Raman 譜線的差稱為拉曼偏移（Raman Shift），因為拉曼偏移即相對於分子的能階差，因此可藉以鑑別分子的成分及構造，從散射光強度可進行定量分析，但是靈敏度較差，利用拉曼效應所設計的分析儀器稱為拉曼光譜儀。實際上，拉曼效應早在十九世紀初即由印度物理學家 Raman 所發現，但因為當時所使用之入射光源為紫外光，能量較低，產生之拉曼效應太弱，不易偵測，而缺乏分析應用上之意義，直到雷射光發明後，由於雷射光具有單色性、平行性及高功率等特性，這些都有助於拉曼效應的分析，使得拉曼光譜儀在分析應用上重新受到重視，現今之拉曼光譜儀均使用雷射光源，最常使用的是氬離子雷射，其波長為 5145Å，但必須了解：實際分析所得之拉曼光譜位置是與所使用之雷射光源種類（波長）無關的。

　　雷射拉曼光譜儀之分析深度大約 10nm，亦即介於表面（2 nm）及次表面

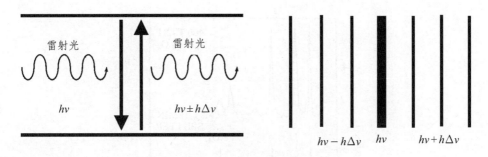

雷射光　雷射光

hv　　$hv \pm h\Delta v$

$hv - h\Delta v$　hv　$hv + h\Delta v$

圖 3.20　拉曼光譜儀分析原理

（1000nm）分析工具之探測深度，在此將其歸類於表面分析工具內。雷射拉曼光譜儀之徑向解析度包括兩種，在宏區雷射拉曼光譜儀（macro Raman spectroscopy）其雷射光束未經聚焦，徑向解析度約為 1mm，一般使用之雷射功率為 50mW 至 500mW，另一種微區雷射拉曼光譜儀（micro Raman spectroscopy）使用一 40 倍顯微物鏡將雷射光束聚焦，而可得到大約 $2\mu m$ 之徑向解析度，但此時為避免對分析材料表面之損傷，其雷射功率一般限制在 20mW 以下。此種微區雷射拉曼光譜儀可經由將分析樣品置於一步進馬達載台（如圖 3.21）而得到線狀掃描或面狀掃描之成分分佈。此外經由離子濺射方式，亦可同樣進行成分深度分佈（depth profiling），圖 3.22 為一純鐵薄片經 400℃，2 小時氧化後，以一電壓 1keV、電流密度 $18\mu A/cm^2$ 之氬離子束濺射不同時間後，所得到之拉曼光譜，由圖中可證實其氧化層在較外層為 Fe_2O_3，較內層為 Fe_3O_4。

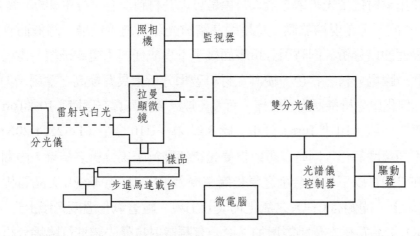

圖 3.21　雷射拉曼光譜儀進行成分分佈掃描分析之示意圖

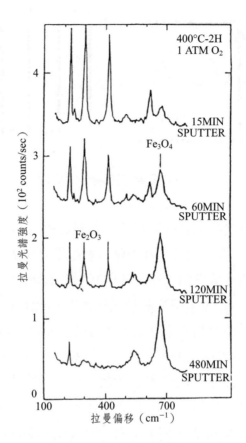

圖 3.22 純鐵之氧化層經不同濺射時間所得之拉曼光譜

　　使用雷射拉曼光譜儀之最大特色是可以在材料反應過程中即進行臨場（in-situ）分析，可作現場監測，這是因為雷射光源可透過玻璃、溶液而直接到達樣品表面加以分析，同時對分析表面幾乎不造成任何干擾或破壞。雷射拉曼光譜儀此一臨場分析之特色，使其在材料破損分析上具有極高之應用潛力，因為其他任何化學分析儀器均須取樣，而大多數需要在高真空環境（10^{-6} Torr）甚至超高真空環境（10^{-10} Torr）分析。圖 3.23 為一 310 合金（Fe-25Cr-20Ni）於空氣爐不同溫度氧化，同時以雷射拉曼光譜儀進行臨場分析之結果，由圖中可看出，在 350℃以下，此合金之氧化層主要為α-Fe_2O_3 及 Fe_3O_4 尖晶石相，而在 460℃以上，開始有Cr_2O_3 之氧化物成分出現，隨著氧化溫度繼續上升，Cr_2O_3 與 Fe_3O_4 尖晶石相之量相對增加；另一有關雷射拉曼光譜進行臨場分析之應用

例為：探測金屬表面在水溶液中腐蝕所形成之氧化膜成分。圖 3.24 為純鐵在
1M KOH 電解液中利用恆電位儀變化電位後形成氧化膜之拉曼光譜分析結果，
顯示在第一極化循環後氧化膜為 δ-FeOOH（圖 3.24a），經過多次循環極化後，
δ-FeOOH 轉化為 Fe_3O_4（圖 3.24b），在一次慢速循環極化後形成非晶態 δ-
FeOOH（圖 3.24c），相反的在多次高速循環極化後形成可剝落的 δ-FeOOH
（圖 3.24d）。

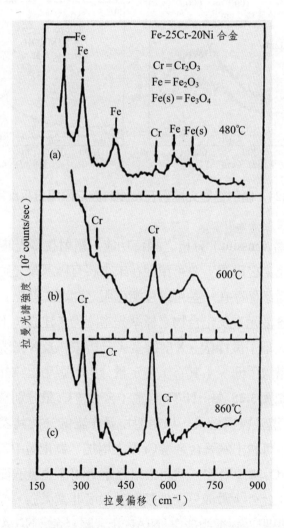

圖 3.23　雷射拉曼光譜儀在金屬氧化之臨場分析應用例

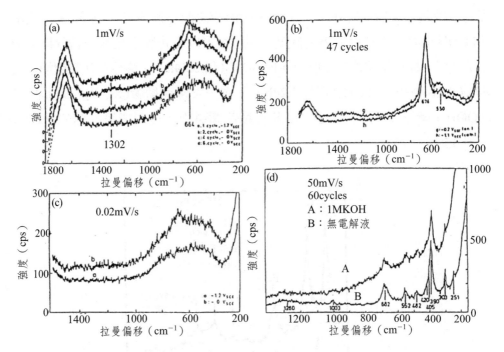

圖 3.24　雷射拉曼光譜儀在金屬腐蝕之臨場分析應用例

　　由於具有臨場（in-situ）分析之獨特功能，雷射拉曼光譜儀在材料破損分析工作上以受到相當之重視，並可預期在未來將有極深厚之應用潛力。在現階段，雷射拉曼光譜儀仍存在一些可以逐漸克服之問題：首先，由於在分析應用上的歷史尚短，各種元素及化合物之標準光譜圖仍未建立（不若歐傑光譜儀、光電化學分析儀、電子微探儀、X射線螢光分析儀以及X光繞射儀等均已有相當完整之標準光譜線手冊）；其次，在定量分析的應用上雖然大致可行，但仍有一些困難，例如圖 3.25 為一 Ni/Cr 合金（合金含 Cr 量分別為 2, 5, 10, 15, 20，及 30wt.%）經高溫熱鹽腐蝕後，以雷射拉曼光譜儀分析其表面氧化層所得之拉曼光譜圖，圖中可看出隨著合金含 Cr 量之增加，氧化層中之 NiO 譜線減弱，而 Cr_2O_3 及 $NaCrO_4$ 譜線增強，然而嚴格之定量關係並無法從這些拉曼光譜線之強度比較得到；此外少數成分之拉曼散射強度非常微弱，亦可能造成分析之困擾，以一實例說明：兩種組成之 NiAl 介金屬合金（$Ni_{77}Al_{21}Zr_1B_{0.2}$ 及 $Ni_{73}Al_{18}Cr_8Zr_1B_{0.2}$）經高溫空氣中氧化後，以雷射拉曼光譜儀分析（氬雷射、波長

5145Å，雷射功率 500mW，頻率掃描速率為 100cm^{-1}/min）發現 Ni$_{77}$A1$_{21}$Zr$_1$B$_{0.2}$ 合金之氧化層有極明顯之 NiO 拉曼譜線（圖 3.26a1），而 Ni$_{73}$Al$_{18}$Cr$_8$Zr$_1$B$_{0.2}$ 合金氧化層之拉曼光譜非常微弱（3.26b1），光電子化學分析儀（XPS）分析顯示 Ni$_{77}$A1$_{21}$Zr$_1$B$_{0.2}$ 合金氧化層表面主要為 NiO 成分（圖 3.26a2），而 Ni$_{73}$Al$_{18}$Cr$_8$Zr$_1$B$_{0.2}$ 為 Al$_2$O$_3$ 及少量 NiO（圖 3.26b2），配合 X 射線繞射儀分析可歸納出 Ni$_{77}$A1$_{21}$Zr$_1$B$_{0.2}$ 合金之氧化層構造如圖 3.26a3 所示，而 Ni$_{73}$Al$_{18}$Cr$_8$Zr$_1$B$_{0.2}$ 合金之氧化層構造則如圖 3.26b3 所示，綜合上述各種分析結果，可以證實氧化層中的 Al$_2$O$_3$ 成分以拉曼光譜儀分析不易偵測到，這是由於 Al$_2$O$_3$ 的拉曼散射效應特別微弱。然而上述有關雷射拉曼光譜分析現階段仍存在之困難，應可隨著目前全世界投入之大量相關基礎研究，而逐漸對此分析技術之物理現象深入了解後，獲得具體改善，可以預期雷射拉曼光譜儀將成為材料氧化及腐蝕破壞最具潛力之分析工具。

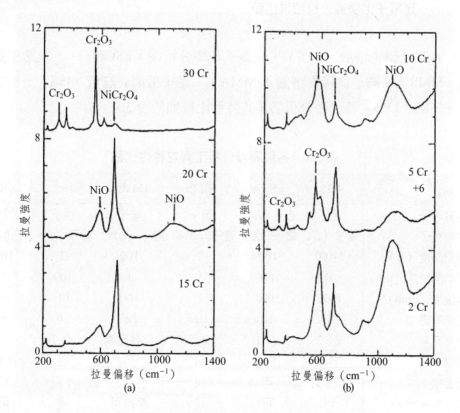

圖 3.25　Ni/Cr 合金高溫熱鹽腐蝕後氧化層之雷射拉曼光譜

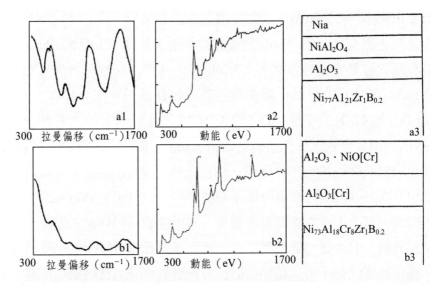

圖 3.26 $Ni_{77}Al_{21}Zr_1B_{0.2}$ 與 $Ni_{73}Al_{18}Cr_8Zr_1B_{0.2}$ 合金氧化層之雷射拉曼光譜儀分析與X光電子化學儀分析結果比較

　　有關歐傑光譜儀（AES）、光電子化學分析儀（ESCA）、二次離子質譜儀（SIMS）、離子微探質譜儀（IMMA）、離子散射光譜儀（ISS）及雷射拉曼光譜儀（LRS）等表面分析儀器的特性比較列於表 3.1。

表 3.1　各種表面分析工具之特性比較

特性 ＼ 工具	AES	ESCA	SIMS	IMMA	ISS	LRS
入射粒子	電子	光子（hu）	離子	離子	離子	雷射光
檢測粒子	電子（E）	電子（E）	離子（e/m）	離子（e/m）	離子（E）	雷射光
探測深度（Å）	5-100	100	2	100	2	100
徑向解析度（μm）	<0.1	1000	1	1	100	2
靈敏度（ppm）	1000	1000	1	100	10^3	—
元素辨識力	10	10	10^5	10^5	10	—
分析元素	$Z>2$	$Z>1$	所有元素	所有元素	$Z>1$	—
同位素	不可	不可	可	可	可	不可
化合物	部分可	可	可	可	不可	可
成分深度分佈	可	可	可	直接可	可	可
表面成分分佈	可	不可	可	可	可	可

二、次表面分析

可分析材料表面數千 nm 深度內之成分，主要有電子微探分析儀（EPMA）、X 射線螢光分析儀（XRF）、X 射線繞射儀（XRD）以及較為特殊的拉塞福後向散射光譜儀（RBS）、梅斯堡光譜儀（MBS）等。

1. 電子微探分析儀（Electron Probe Microanalyzer，簡稱 EPMA，又稱 Electron Microprobe）

這是目前配合掃描電子顯微鏡（SEM）使用非常廣的一種分析儀器，利用入射電子束把原子最內層電子打出，當上層電子降下來填補空位時，能階差可以激發 X 光放出（圖 3.27），根據 Mosley（1913）理論，此 X 光之波長（λ）或能量（E）與被打擊原子之原子序有關，因此可用以分析原子成分。由於波長與能量有關：$E = \dfrac{hc}{\lambda}$，X 光的分析可用波長色散法（Wavelength Dispersive X-ray Spectrometry，簡稱 WDX）或能量色散法（Energy Dispersive X-ray Spectrometry，簡稱 EDX）。WDX 的裝置如圖 3.28 使用繞射晶體，根據 Bragg 原理，將不同波長之 X 光散射，並將訊號加以檢測，由於電子束入射點很小，激發之 X 光呈球狀發散，因此繞射晶體必須使用羅蘭圓弧（Rowland circle，圖 3.29）。WDX 的基本構造示於圖 3.30，圖 3.31 為一 JEOL 公司 JXA8600SX 型電子微探分析儀。

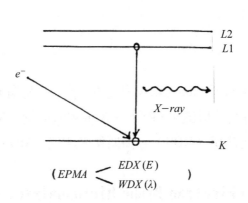

圖 3.27　電子微探分析儀原理

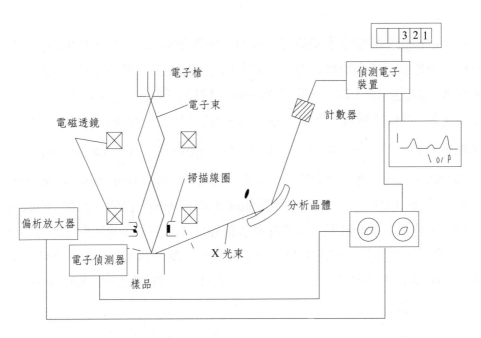

圖 3.28　波長色散法之電子微探分析儀（EPMA-WDX）

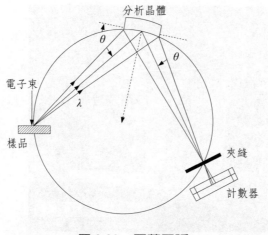

圖 3.29 羅蘭圓弧

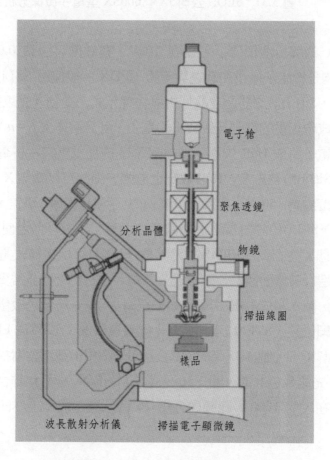

圖 3.30 波長色散法（WDX）電子微探分析儀構造

圖 3.31　JEOL 公司 JXA8600SX 型電子微探分析儀

　　WDX 的解析度極佳，可達到 10eV，靈敏度可達到 0.01 wt.%，此外，WDX 能夠分析原子序小如碳之類元素，EDX 一般使用 Si(Li)偵測器，其構造如圖 3.32，Si(Li)偵測器為矽晶片內摻雜鋰元素，受到 X 光束撞擊時，Si(Li)晶片會分解成帶正電的電洞及帶負電的電子，其分解能量 $E = n \times 3.8eV$，所形成的電洞與電子將依 Hall 效應分別向圖 3.33 施加電壓的左右電極遷移，X 光能量愈高，Si(Li)解離愈多，Hall 效應也愈強，由此可以檢測 X 光能量。EDX 的能量解析度約為 150eV，靈敏度 0.1 wt.%，均比 WDX 略差，可分析由 Na 至 U 之元素，Si(Li)偵測器為防止 Li 離子之遷移，須在極低溫使用，因此 EDX 均可見一液態氮容器筒。EPMA（尤其是 EDX）可與掃描式電子顯微鏡合併使用，同時進行破壞面觀察及破壞成分分析，是材料破壞非常實用的工具（SEM +EDX），圖 3.34 為掃描式電子顯微鏡附加 X 光能量色散儀；也可以在掃描穿透電子顯微鏡（STEM）附加 X 光能量色散儀（STEM+EDX），可得到更佳之徑向解析度，圖 3.35 為 JEOL 公司 JEM2010F 型場發射掃描穿透電子顯微鏡附加 X 光能量色散儀，圖 3.36 是 STEM+EDX 分析鋁鋅合金片狀析出物內成分，可在大約 1000Å 範圍內分析 10 個位置之成分，亦即最小分析範圍約 100Å。

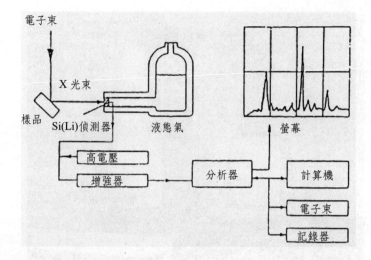

圖 3.32　能量色散法之電子微探分析儀（EPMA＋EDX，亦即 SEM＋EDX）

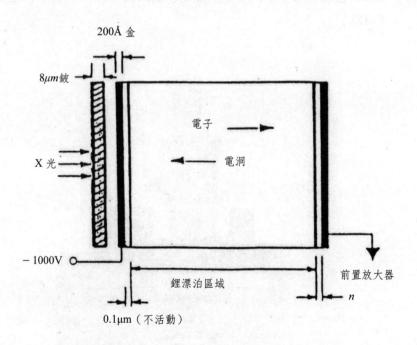

圖 3.33　X 光能量色散儀的 Si(Li)偵測器受到 X 光束撞擊所產生 Hall 效應

圖 3.34 JEOL 公司 JSM-840/EDS 型掃描電子顯微鏡（SEM）附加 X 光能量色散儀（EDX）

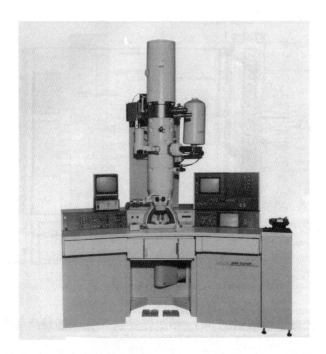

圖 3.35 EOL 公司 JEM2010F 型掃描穿透式電子顯微鏡附加 X 光能量色散儀（STEM ＋EDX）

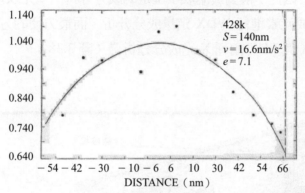

圖 3.36 STEM＋EDX 分析鋁鋅合金粒界片狀析出物內成分分析

　　一般光能量散射儀（EDX）無法分析原子序小於 Na 的元素，這對於氧化破損分析將不適用，此一限制主要是由於 Si(Li)偵測器如果直接暴露在電子顯微鏡的真空腔內，將會有來自電子束的靜電荷堆積，同時來自電子槍燈絲的可見光及 IR 光也會激發 Si(Li)晶體解離，此外由於 Si(Li)偵測器有液態氮冷卻，將造成真空腔水氣及污染物在 Si(Li)晶體表面凝結，因此在 Si(Li)偵測器前方有一厚度約 8μm 的鈹（Be）金屬膜阻隔保護，如此亦導致能量較低的較小原子序元素所釋放 X 光無法被 Si(Li)偵測器分析出，為了改善此問題，圖 3.37 提供了 2 種解決方案：

(1)無鈹窗模式（Windowless）：在 Si(Li)偵測器前端加裝一溫度低於 Si(Li)晶體的冷鐵磁塊（cold finger），使 SEM 真空腔內的水氣及污染物在此先被捕捉（contamination trap），同時游離電子也會因為此一冷磁鐵塊

而偏析（electron deflection），在這種情況，鈹窗可以被移除，而容許較輕元素（例如原子序 5 的硼元素）被 Si(Li)晶體直接偵測到。

(2)超薄窗模式（Ultra-Thin Window, NTW）：使用厚度 2 至 6μm 的 Mylar（$C_{10}H_8O_4$）高分子膜或 0.1μm 厚鋁膜取代鈹膜，使 X 光能量衰減最小，同時可維持 Si(Li)偵測器與真空腔阻隔。

WDX 在成分分析雖然優於 EDX，但如果欲分析的元素不確定，WDX 分析將極為耗時，相對的，EDX 可以在極短時間內定性分析原子序範圍很寬的各種組成元素，因此一般對於組成不確定的成分分析，須先以 EDX 定性分析，再針對特定組成元素進行 WDX 定量成分分析，而最方便的方式是在 SEM 內同時附加 WDX 與 EDX 兩種 X 光成分分析儀（圖 3.38）。

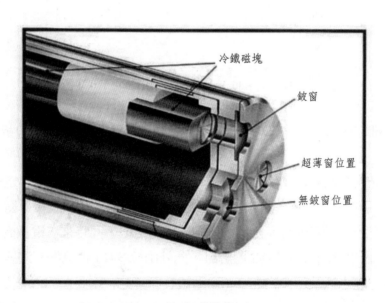

冷鐵磁塊

鈹窗

超薄窗位置

無鈹窗位置

圖 3.37　X 光能量散射儀（EDX）附加特殊裝置以分析原子序較小元素

圖 3.38　掃描電子顯微鏡同時附加 X 光能量散射儀及 X 光波長散射儀（SEM＋EDX ＋WDX）

2. X 射線螢光分析儀（X-Ray Fluorescence Analysis，簡稱 XRF）

　　X 射線螢光分析儀之原理與電子微探分析儀（EPMA）相近，但使用 X 射線為其入射源，亦即利用 X 光束把原子最內層電子打出，當上層電子降下來填補空缺時，能階差激發出 X 光放出（圖 3.39），由此可以進行成分定性分析，而 X 光的強度是由元素含量決定，因此也可以獲得定量分析結果。對於激發 X 光的能量分析一般使用波長色散分析（WDXRF）。圖 3.40 為 X 射線螢光分析儀的構造及定量分析原理，圖 3.41 則為－ JEOL 公司的 JSX603 型 X 射線螢光分析儀。XRF 因為入射使用 X 光，無法聚焦，所以徑向解析度較差，無法像 EPMA 一樣的分析微小區域成分。

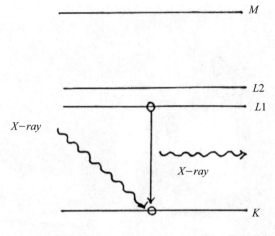

圖 3.39　X 射線螢光分析儀分析原理

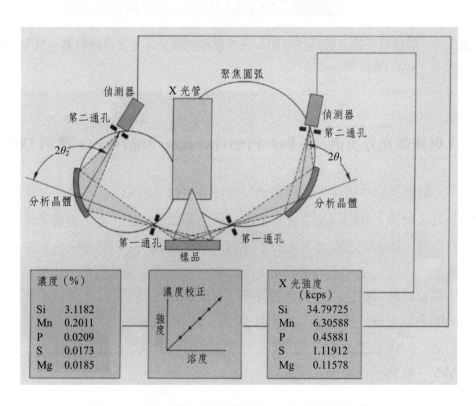

圖 3.40　X 射線螢光分析儀構造及定量分析原理

圖 3.41　JEOL 公司 JSX603 型 X 射線螢光分析儀

3. X 射線繞射儀（X-Ray Diffractometer，簡稱 XRD）

當特定波長之 X 射線入射到一塊原子排列整齊之晶體時，在特定角度將發生繞射現象，此繞射現象遵循 Bragg 定律（如圖 3.42 說明），亦即：

$$2d \sin \theta = n\lambda$$

上式中 λ 為 X 射線波長（已知），θ 為發生繞射之 X 射線入射或繞射角（實驗量測），d 為繞射晶格面之間距；根據 Bragg 定律所得到之繞射晶格面間距（d），並參考各種晶體物質之 X 射線繞射晶格面間距（已建立相當完備之資料手冊），即可鑑定出所分析之物質成分，圖 3.43 為一般 X 射線繞射儀構造，圖 3.44 則為 SIMENS 公司的 D500 型 X 射線繞射儀。

X 射線繞射儀適用於元素及化合物之分析，但僅限於晶體物質，且晶格不能有過於嚴重之變形（亦即分析材料之表面不能有過於嚴重之殘留應力或應變）。

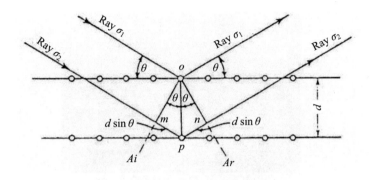

圖 3.42　X 射線繞射原理

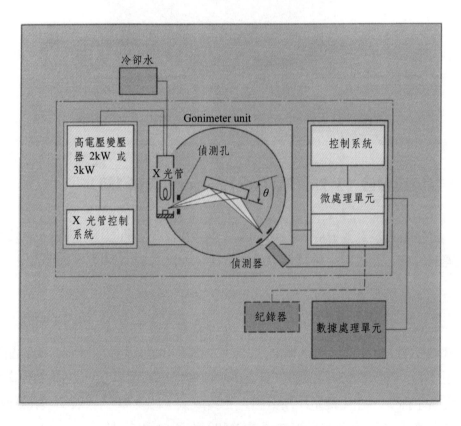

圖 3.43　X 射線繞射儀構造

圖 3.44　SIMENS 公司 D500 型 X 射線繞射儀

4. 拉塞福背向散射光譜儀（Rutherford Backscattering Spectrometry, 簡稱 RBS）

　　拉塞福背向散射光譜儀之原理與表面分析之「離子散射光譜儀」（ISS）完全相同，亦即利用離子束打擊材料表面，經彈性碰撞後，偵測散射離子之動能，根據古典力學理論可得到被碰撞材料原子之質量，由此做為元素分析之依據，然而拉塞福背向散射光譜儀所使用之入射離子束能量遠高於「離子散射光譜儀」，一般為 1 至 3MeV 之加速離子束，因此與其發生彈性碰撞之材料原子深度達數千 nm（圖 3.45），亦即其分析深度達數千 nm，而屬於次表面分析之範疇，圖 3.46 為 KOBELCO 公司之 HRBS1000 型拉塞福背向散射儀。

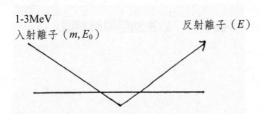

1-3MeV
入射離子（m, E_0）　　　　　反射離子（E）

圖 3.45　拉塞福背向散射儀（RBS）分析原理

圖 3.46　KOBELCO 公司之 HRBS1000 型拉塞福背向散射儀

　　拉塞福背向散射儀偵測散射離子之能量偵測器為一「矽表面能障偵測器」（silicon surface barrier detector），其構造主要是在一 N 型矽半導體基板上浸蝕氧化出一具有高密度電洞之 P 型表層，再蒸鍍金薄膜而成（如圖 3.47），其能量解析度約 10 至 20keV，偵測器常放置在散射角為 170°之位置，以獲得較佳之解析度，圖 3.48 為以 1MeV He+離子束分析 Au/Al 合金之典型拉塞福背向散射能譜圖。

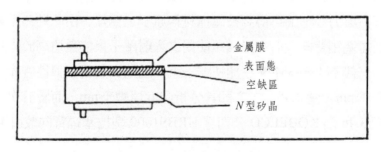

圖 3.47　矽表面能障偵測器

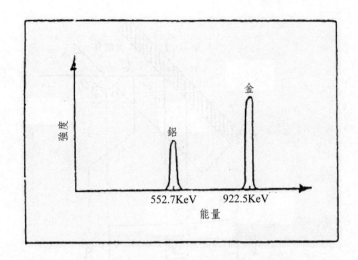

圖 3.48 Au/Al 合金之拉塞福背向散射能譜圖

　　拉塞福背向散射儀由於使用能量較高之離子源，當此入射離子束射入材料表面後，只有一小部分離子與材料表面的原子發生彈性散射，其餘離子將繼續深入材料內部，而陸續損失能量後，再發生彈性散射，入射離子穿透材料愈深，損失能量愈大，因此從不同深度陸續背向散射出來的離子具有不同能量，由此能量差異便可得到成分深度分佈資料（圖 3.49），在前述各種表面分析儀器（歐傑光譜儀、光電子化學分析儀及二次離子質譜儀）之成分深度分佈分析均利用離子濺射方式，對材料表面會造成顯著破壞，而拉塞福背向散射儀是唯一能夠非破壞性的進行材料成分深度分佈之分析，這是它的最大特點。

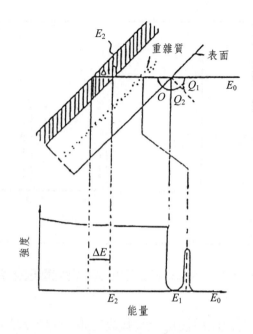

圖 3.49　拉塞福背向散射儀非破壞性成分深度分佈分析

5. 梅思堡光譜儀（Moessbauer Spectroscopy，簡稱 MBS）

　　梅思堡光譜儀是利用某些固體中伽傌射線衰變時原子核無反跳作用，而得以如同原子共振一樣的發生原子核共振現象，亦即梅思堡效應；為了增加共振效應，利用都卜勒效應使輻射源向吸收體相對運動，以改變吸收體所接受之伽傌射線頻率（能量），在適當速度時，輻射體與吸收體之能量分佈重疊而產生共振，梅思堡光譜儀可分析元素成分及化學態，且不受分析材料之結晶或顆粒大小影響（此點優於 X 光繞射法分析成分及化學態），在應用上主要限制是只能適用於能發生梅思堡效應之元素（約 30 種），但因為鐵是典型具有梅思堡效應之元素，因此梅思堡光譜儀在應用上仍有極大之發展潛力，尤其在腐蝕破壞鑑定上，對於腐蝕生成物之分析是一種極有用之工具，圖 3.50 即是純鐵經氧化後之表面以梅思堡光譜儀分析之結果。

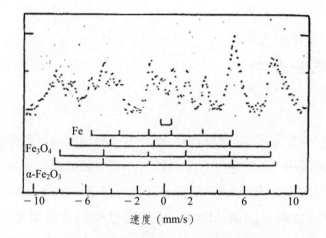

圖 3.50 純鐵氧化之梅思堡光譜圖

電子微探分析儀（EPMA）、X射線繞射儀（XRD）、X射線螢光分析儀（XRF）及拉塞福背向散射儀（RBS）等常用之次表面分析工具特性列於表3.2。

表 3.2 各種次表面分析工具之特性比較

工具 特性	EPMA (WDX)	EPMA (EDX)	XRD	XRF	RBS
入射粒子	電子	電子	X 光	X 光	離子
檢測粒子	X-光(波長)	X 光（能量）	X 光	X 光（波長）	離子
探測深度（Å）	10^*	10^4	10^4	10^4	10^4
徑向解析度（μm）	1	1	1000	1000	100
靈敏度（ppm）	100	100	—	10	—
能量解析度（eV）	10	150	—	10	10^4
分析元素	$Z > 4$	$Z > 10^*$	—	$Z > 4$	—
同位素	不可	不可	不可	不可	可
化合物	不可	不可	可	不可	不可
成分深度分佈	不可	不可	不可	不可	直接可
表面成分分佈	可	可	不可	不可	可

三、本體成分分析

本體成分分析是為了確認材料選用種類是否有誤而進行整體的成分分析，最直接的方法是採用一般的濕法化學分析，亦可以藉助原子光譜儀進行分析，主要分為原子吸收光譜儀（AA）與原子發射光譜儀（AE），原子發射光譜儀又包括火花原子發射光譜儀（Spark AE）及感應偶合電漿原子發射光譜儀（ICP-AE）。

1. 原子吸收光譜儀（Atomic Absorption Spectroscopy，簡稱 AA）

原子吸收光譜儀是利用入射一對應於材料組成原子能階差之特定頻率光線，使這些原子由低能階提升至較高能階，原先入射光的強度因而由 I_o 減弱至 I_t，入射光強度的減弱（$\log \frac{I_t}{I_o}$）與組成原子濃度成正比，因此可作為定量分析的依據（圖 3.51），為了達到原子吸收光譜的目的，材料必須先稀釋成水溶液，在利用乙炔等火焰燃燒使其原子化（Atomization），入射光能量接受原子吸收後，經過分光譜，最後以一光電管檢測入射光強度衰減量，得到定量的化學成分分析結果（圖 3.52）。由於原子吸收光譜儀針對不同組成原子須使用與其能階差對應之特定頻率燈管，一般較適用於組成單純且例行性的材料成分分析結果。

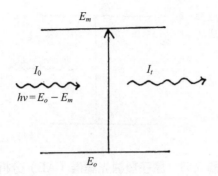

圖 3.51　原子吸收光譜儀（AA）分析原理

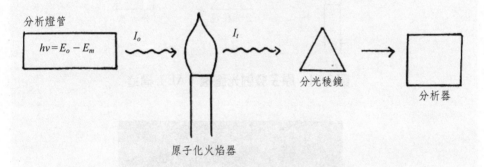

圖 3.52　原子吸收光譜儀（AA）構造

2. 火花激發原子發射光譜儀（Spark-Atomic Emission Spectroscopy，簡稱 Spark AE）

　　火花激發原子發射光譜儀利用電弧放電直接激發材料組成原子由高能階落到低能階（愛因斯坦自發放射效應），而放出具有此能階差的光譜（圖 3.53），所發射的光譜強度與材料組成原子的濃度成正比，因此同樣利用一分光儀及光電管檢測發射光譜強度即可得到材料成分的定量分析（圖 3.54）。圖 3.55 為一典型的火花發射原子光譜儀。由於不同組成原子均可同時產生發射光譜，因此可以同時分析多種成分，而無須如同原子吸收光譜儀針對不同原子成分更換不同入射光燈管。

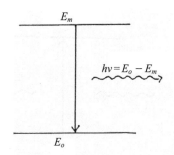

圖 3.53 原子發射光譜儀（AE）分析原理

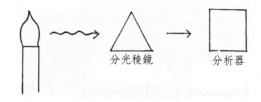

圖 3.54 原子發射光譜儀（AE）構造

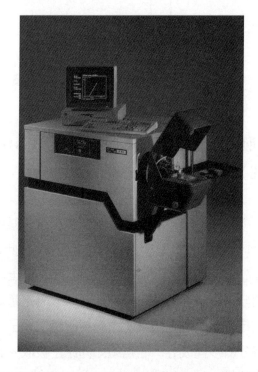

圖 3.55 JOBIN-YVON 公司 JY50E 型火花激發原子發射光譜儀（Spark AE）

3. 感應偶合電漿原子發射光譜儀（Inductively Coupled Plasma Atomic Emission Spectroscopy，簡稱 ICP-AE）

感應偶合電漿原子發射光譜儀是以高週波感應（27.12MH2，2KW）解離氬氣使成電漿狀態，利用所形成的高溫（6000℃至15000℃）激發材料組成原子發射出這些原子特定波長的光譜，再經由分光儀及光電管檢測發射光譜強度，以進行化學成分定量分析，其原理與構造類似於火花發射原子光譜儀（圖3.53 與圖 3.54），但是由於感應偶合電漿原子發射光譜儀是利用電漿高溫激發材料組成原子，材料必須先稀釋成水溶液再噴入電漿環境中，亦即分析樣品的製備反而類似於原子吸收光譜分析。圖 3.56 為一典型之感應偶合電漿原子發射光譜儀。

使用感應偶合電漿原子發射光譜儀（ICP-AE）具有一些優點：(1)可同時分析多元素成分（使用多頻分光儀可同時分析 48 種以上不同元素成分），而原子吸收光譜儀一次（一根燈管）只能分析一種元素；(2)其線性動態範圍極寬（10^5），因此可直接分析成分濃度極低至極高之樣品，可免除大量稀釋的麻

圖 3.56　JOBIN-YVON 公司 JY24 型感應偶合電漿原子發射光譜儀

煩以及所造成的誤差，尤其針對同一樣品欲分析多種元素時，無須個別稀釋，相對於原子吸收光譜儀（AA），由於其線性動態範圍只有 10^2，對於成分濃度稍高的樣品必須大量重複稀釋；(3)可分析一些耐熱元素，例如：P, B, W, Zr, S, U, Si 等，如果使用原子吸收光譜儀常受限於高溫而無法有效分析，感應偶合電漿原子發射光譜儀則無此問題；(4)由於感應偶合電漿原子發射光譜儀是高溫工作，分析所受到的化學干擾（chemical interference）極低；(5)就設備的價格而言，雖然感應偶合電漿原子發射光譜儀遠較原子吸收光譜儀為高，但因直接可作多元素分析，相形之下，原子吸收光譜儀如果用於分析複雜組成（多元素），必須再附加上多根燈管的費用（且燈管有其使用壽命），則感應偶合電漿原子發射光譜儀有可能反而更為經濟。

四、總結

　　破壞形貌觀察雖然是破損分析最直接的方法，但有時仍須藉助於破壞成分分析技術，以確定材料破壞的真正機制。破壞成分分析涵蓋表面分析、次表面分析及本體分析技術，各有其代表性的儀器，針對各種不同的破壞機制，必須正確選用適當的成分分析儀器，為了達到此一目的，材料破損分析的入門功夫要先熟悉這些成分分析儀器的原理及其功能。

參考資料

1. Oberflachenanalytik in der Metallkunde, ed. by H. J. Grabke, Deutsche Gesellschaft fur Metallkunde, 1983.
2. Mikroskopie und Mikrobereichsanalyse in der Materialprufung, ed. by H. Vetters and Hantsche, Deutscher Verband fur Materialprufung, 1984.

CHAPTER *4*

非破壞性檢測

>>>

非破壞性檢測是利用聲、光、熱、電、磁和射線等物理因子與待檢測物質相互作用，在不破壞待測檢測物的內外部結構及使用性能下，對其內部或表面缺陷的位置、大小、形狀、種類、分佈等進行偵測。常用的非破壞性探測方法包括：液滲檢測法、渦電流檢測法、磁粉探傷法、放射線透視法（χ-或γ-射線）、中子束透視法及超音波探傷法，表 4.1 為針對這些常用非破壞性檢測方法所適用材料種類、檢測缺陷種類及其優缺點作一比較。

表 4.1　常用非破壞性檢測（NDT）方法比較

方法	適用材料種類	檢測缺陷種類	優點	缺點
1.液滲檢測法（染色探傷法）Liquid Penetrant Inspection	不限	表面缺陷	成本低廉、設備可攜帶、操作簡單	須徹底清理表面、無法測知缺陷深度、對極緊密缺陷之檢測有困難
2.渦電流檢測法 Eddy Current Inspection	金屬	表面或近表面缺陷	可自動化快速檢測	檢測深度小、訊號分析需訓練
3.磁粉探傷法 Magnetic Particle Inspection	鐵磁性材料	表面或近表面缺陷	對緊密缺陷特別靈敏、檢測快速、成本低廉、設備可攜帶	只限於順磁材料、檢測後須去磁及清理磁粉
4.放射線透視法（χ-或γ-射線）Radiological Examination	不限	表面及內部缺陷	可提供永久記錄、對密度變化檢測靈敏	靈敏度隨厚度增加而降低、橫向缺陷無法檢測、具放射線、成本高
5.超音波探傷法 Ultrasonic Testing	不限*	表面及內部缺陷	檢測快速、設備可攜帶、可自動化	需使用液體介質、訊號分析須訓練、對複雜組件檢測困難

一、液滲檢測法（Liquid Penetrant Inspection）

　　液滲檢測法又稱為染色探傷法（Dye Penetrant Flaw Inspection），是利用染料對裂縫的毛細現象，使待檢測物的表面裂縫顯現出來；圖 4.1 說明液滲檢測法之毛細現象原理，對於細管形缺陷（針孔），毛細現象液體高度 $h=\dfrac{4\alpha\cos\theta}{d\rho g}$，對於平板狀缺陷（裂縫），毛細現象液體高度為 $h=\dfrac{2\alpha\cos\theta}{2\rho g}$，其中 α 為液體表面張力係數，d 為針孔直徑或裂縫間隙，ρ 為液體密度，g 為重力加速度，θ 為液體對檢測材料之接觸角，當 θ 小於 90° 為可潤濕情況（圖 4.1a），θ 大於 90° 則為不潤濕情況（圖 4.1b），液滲檢測的條件是液體必須是可潤濕。基本的檢測程序如圖 4.2 所示，首先在待檢測物的表面均勻塗上一層染料（一般為紅色），此時染料將藉著毛細作用滲透進入表面縫隙，再將表面的染料擦除，而已經滲透進入表面裂縫的染料將留存在裂縫內，接著在待測物的表面再塗上一層顯影劑（一般為白色），此顯影劑將會把留存在裂縫內的染料吸出，而以其為背景襯托出裂縫的所在。圖 4.3 為一利用 Ti 板做為中間夾層對兩塊氧化鋁陶瓷塊進行擴散接合所完成接合工件的染色探傷應用例，圖 4.3a 為接合完全工件，圖 4.3b 為接合不完全之工件，圖 4.3c 則為接合完全但因殘餘熱應力造成陶瓷本體破裂之工件。圖 4.4 則為液滲檢測法在實際工程上應用於探傷的案例。液滲檢測法亦可使用螢光滲透液，而稱為螢光探傷法（Fluorescent Penetrant Flaw Inspection），螢光滲透法必須在紫外光或波長約 3.650Å 光線下觀測，其針對裂縫顯像之效果較染色探傷法為佳。

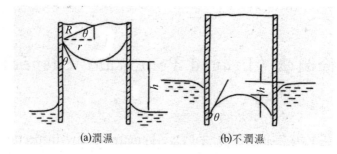

(a)潤濕   (b)不潤濕

圖 4.1   液滲檢測法基本原理（毛細現象）

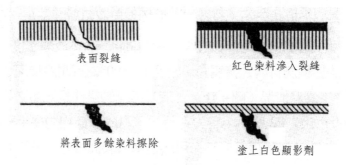

表面裂縫   紅色染料滲入裂縫

將表面多餘染料擦除   塗上白色顯影劑

顯影劑將裂縫內的染料吸出
（白底顯現出紅色裂縫影像）

圖 4.2   液滲檢測法基本程序

圖 4.3　液滲檢測法應用於氧化鋁陶瓷接合檢測實例

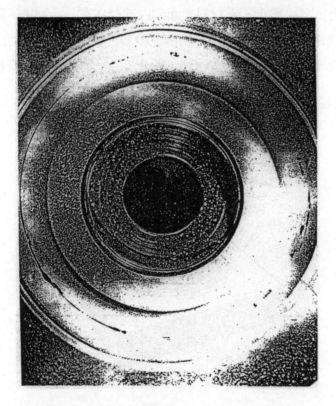

圖 4.4　液滲檢測法應用於實際工程案例

　　液滲檢測法適用於任何材料，但其檢測之缺陷限於材料表面的裂縫、孔洞等缺陷，對於材料內部的缺陷無法偵測，另外如果材料表面的裂縫間隙過於緊密，檢測上亦有困難。

二、渦電流檢測法（Eddy Current Inspection）

　　如圖 4.5 所示，當通有交流電之線圈接近金屬待測物（圖 4.5a）或套在金屬待測物外圍（圖 4.5b）時，線圈內所產生的交變磁場（Hp）將在金屬待測物內部感應一渦電流，此渦電流同樣再產生一交變之次級磁場（Hs），此一次級磁場（Hs）與原有之磁場（Hp）相互作用，而造成線圈內的磁通量改變，並導致線圈的阻抗發生變化，當材料表面或內部存在有一些裂縫、孔洞或夾雜物等缺陷時，渦電流的密度與分佈亦將隨之改變（圖 4.6），進而影響線圈的阻抗變化，此為渦電流探傷的基本原理。圖 4.7 為一典型之渦電流檢測儀。

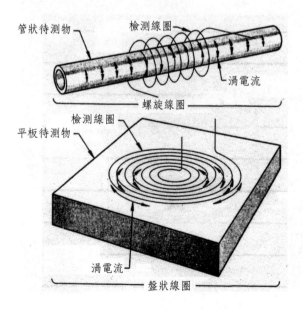

圖 4.5　渦電流檢測原理

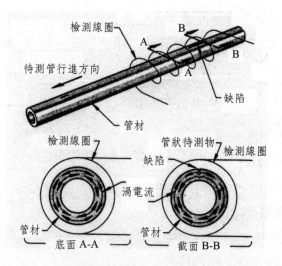

檢測線圈

B

A

待測管行進方向

B

A

缺陷

管材

檢測線圈　　　　　管狀待測物　檢測線圈

缺陷

渦電流

管材　　　　　　　管材

底面 A-A　　　　　　截面 B-B

圖 4.6　渦電流檢測材料缺陷之示意圖

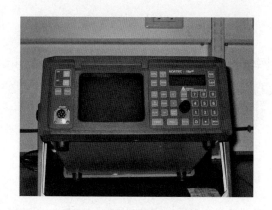

圖 4.7　渦電流檢測儀

　　渦電流的流動方向與線圈方向平行，且為一封閉曲線。其流動方向與交流磁場方向垂直並隨交流電流之磁通改變而呈反方向流動，所以其頻率與所通交流電的頻率相同。而渦電流的產生是由磁場改變所生成，故直流電源並無法生成渦電流。且能生成渦電流者，必須為能導電的導體。

　　導體感應生成的渦電流主要集中在物體表面，此現象稱為集膚效應。而渦電流密度會隨著深度的增加而遞減，當電流頻率增加時，電流在導體的透入深度會逐漸減少，在非常高的頻率下，渦電流會被限制於導體外層表皮。渦電流

密度會隨著試片深度的增加而遞減，而當渦電流密度減至表面的 37% 時，此深度稱為標準透入深度。標準透入深度為訊號頻率、材料導電率、導磁率之函數，其關係式如下：

$$\delta = 0.564 \times (f \times \mu \times \sigma)\,0.5$$

δ：標準透入深度（meter）

f：線圈頻率（Hz）

μ：材料之導磁率（Henry/meter）

σ：材料之導電率（Mho/meter）

在進行渦電流檢測時有些變數會影響其檢測之訊號結果，這些變數包含材料本身的性質及檢測時之操作條件。

1. 導電率

導電率為電阻率的倒數，單位是 $(\Omega \cdot m)^{-1}$，對於非鐵磁性材料，導電率對渦電流有很大的影響，高導電率材料會在表面生成較強的渦電流，而對於低導電率之材料，其渦電流隨深度的減低則較為緩和。

2. 導磁率

對於鐵磁性材料，表面所生成感應磁場的強度，會隨著導磁率的增加而增加。而高導磁率的透入深度則低於低導磁率材料。在檢測鐵磁性材料時，只要些微的導磁率改變就會影響到訊號的結果，故在對於鐵磁性材料的渦電流檢測時，通常會進行磁飽和的動作，將其影響減至最低。

3. 尺寸因素

試片的大小、厚度、形狀及所含缺陷將會影響渦電流的檢測訊號。

4. 檢測條件

其他影響渦電流檢測的變數還包括使用頻率、磁耦合、環境因素等。

渦電流檢測除了可應用於材料表層與次表層的缺陷檢測，另外也可以進行材料的導電率檢測、塗層厚度檢測及管件檢測等，可同時顯示被測物及參考物訊號，所以可即時作合格與不合格之比較。在檢測時，可使用雙頻操作模式，結合了 2 個不同頻率的訊號以消除不必要的訊號。此外，其使用頻率從 100Hz 到 6MHz，故可檢測從一英吋鋁板的大缺陷到超合金材料的缺陷。

以下列舉一些渦電流檢測範例說明其應用性：

(1)利用外繞式線圈以頻率 80kHz 檢測 2 種不同成分之鋼環，作為材質分選，可幫助區分同種材料及異種材料。圖 4.8 為檢測後的訊號顯示，由圖可知，對於不同材料其訊號產生之路徑將不盡相同，藉此可用來區分二種不同的材料。

(2)利用內繞式線圈以頻率 80kHz 檢驗人工管件缺陷。管件缺陷如圖 4.9 所示，共有 5 個缺孔，分別為 20%、40%、60%、80%、100%的穿孔率。其檢測後之訊號如圖 4.10 所示。

(3)利用表面探頭以頻率 80kHz 檢驗平板刻槽規塊。平板刻槽規塊如圖 4.11 所示，刻痕分別為 0.25、0.50、1.00mm。其檢驗後訊號如圖 4.12 所示。

(4)利用表面探頭以頻率 80kHz 量測不同材料之導電率。圖 4.13 為其訊號平面圖，以 Frrrite 為中心，往下依序為 304 不銹鋼、Cu-Ni 合金、鎂、7075-T6 鋁合金、7075-0 鋁合金。

圖 4.8 渦電流檢測兩種不同成分鋼圈之訊號

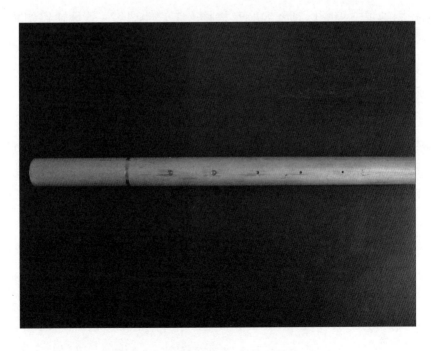

圖 4.9 渦電流檢測人工管件缺陷

20%穿孔率孔洞 40%穿孔率孔洞

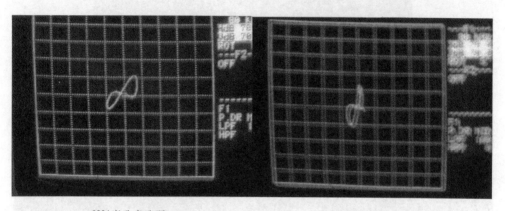

60%穿孔率孔洞 80%穿孔率孔洞

100%穿孔率孔洞 全部孔洞

圖 4.10 渦電流檢測人工管件缺陷之訊號

圖 4.11 渦電流檢測平板刻槽規塊

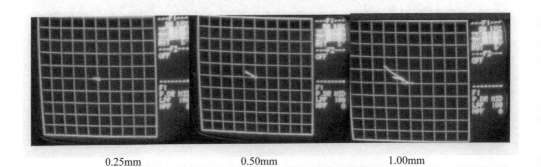

0.25mm 0.50mm 1.00mm

圖 4.12 渦電流檢測平板刻槽規塊之訊號

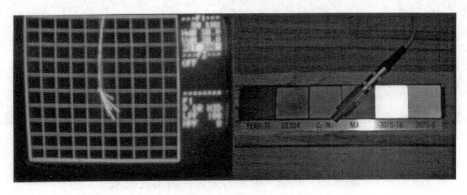

圖 4.13 渦電流檢測不同導電率材料之訊號

三、磁粉探傷法（Magnetic Particle Inspection）

當材料內部有磁力線通過時，在其表面灑上鐵粉，則鐵粉會依循著磁力線分佈而排列，而如果材料表面或近表面之內部區域存在有裂縫，磁力線會不均勻分佈，由此可以檢視材料缺陷（圖 4.14）。通常在材料內部產生磁力線的方法可以使用外加線圈感應磁場，分為直接感應與間接感應（圖 4.15）。

磁粉探傷法只適用於鐵磁性（ferromagnetic）材料，因此諸如鋁、銅、鐵、鈦等合金或奧斯田鐵系不銹鋼均不適用，圖 4.16 為一鋼鐵鍛件發生氫脆破裂的磁粉探傷實例。當裂縫位於表面時，磁粉探傷影像很清晰，但是裂縫愈深入材料內部，磁粉探傷將顯示較模糊，由此可以判斷裂縫的深度。此外，平行於磁力線方向的裂縫無法被偵測到。

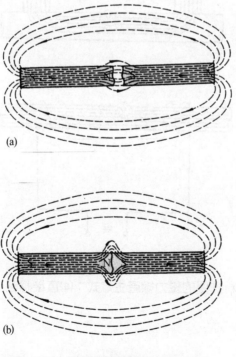

(a)

(b)

圖 4.14　磁粉探傷原理（續下頁）

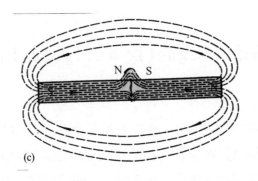

圖 4.14　磁粉探傷原理

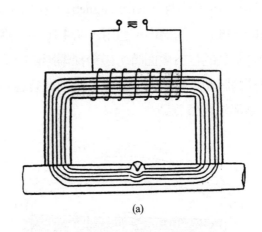

(a)

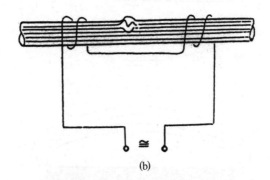

(b)

圖 4.15　磁粉探傷的磁力線產生方式：(a)直接感應；(b)間接感應

圖 4.16　磁粉探傷檢測—鋼鐵制轉齒輪裂縫

四、放射線透視法（Radiological Examimation）

　　當放射線穿透材料時，其強度會隨之衰減，此衰減程度與材料種類及厚度有關：$I = I_0 \exp^{-\mu x}$，I_0 為入射放射線強度，I 為穿透放射線強度，μ 為放射線吸收係數，x 為材料厚度。如果材料內部存在有孔洞、裂縫或夾雜物等缺陷，放射線在這些缺陷位置的衰減情況將不同於材料本身，使用底片記錄放射線穿透後影像，缺陷位置將出現陰影（圖 4.17）。常用的放射線源有 x 光及 γ 射線，其中 γ 射線是由 Co^{60} 產生，其穿透力較強，可檢測較厚材料。圖 4.18 為鋁合金鑄件縮孔利用放射線透視檢測之影像。

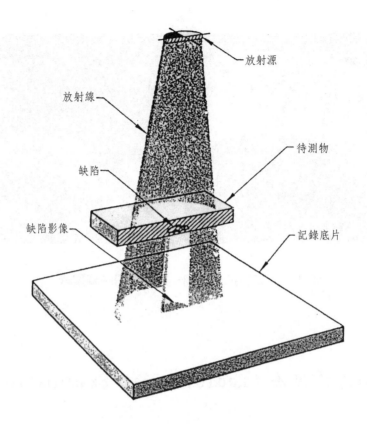

放射源

放射線

缺陷

缺陷影像

待測物

記錄底片

圖 4.17 放射線透視法原理

圖 4.18 放射線透視法檢驗鋁合金鑄件縮孔

　　放射線透視法適用於任何材料（事實上，x 光透視法常用於人體腫瘤檢查），以航太結構件探傷檢驗而言，由於其材質大多為鋁合金或鈦合金，磁粉探傷並不適用，一般採用放射線透視及超音波檢測。放射線透視法在底片上之缺陷陰影邊緣常會出現模糊輪廓，稱為非顯明度（unsharpness），其大小與放射源、檢測物體及底片之間距離有關（圖 4.19）：

$U = \dfrac{(FF')t}{d}$，FF' 為放射線源尺寸，t 為檢測物體與底片之距離，d 為放射線源至檢測物體之距離，由上式可知：如欲減少影像的非顯明度（U），除了減少放射源尺寸（FF'），更有效的方法是儘量拉長放射源與檢測物之間距離（d），同時使底片貼近檢測物（減小距離）。

　　放射線透視法也可以使用中子束（Neutron Radiological Examination），是利用直線加速器或其他核子反應產生中子束進行探傷，其透視能力更高，中子束透視也可同時檢測材料內部存在之輕元素（H、B、Li）以及 Cd、Pu 等，另方面由於其高透視力，可鑑定材料腐蝕或磨耗的薄化程度。

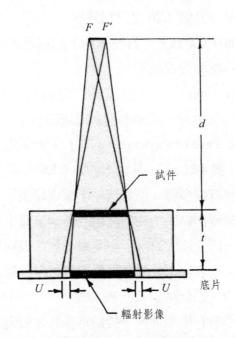

圖 4.19　放射線透視法邊緣陰影形成原因

五、超音波檢測法（Ultrasonic Testing）

一般人耳可聽到的頻率為 16KHz 至 20KHz，超過 20KHz 便稱為超音波。音波為質點的震動，在物體中傳播時，能量遇到不均勻的介質均會產生反射、折射及繞射的現象。超音波檢測便是利用此原理來偵測材料內部的缺陷。其具有以下特性：

㈠波長較短且音束指向性好

㈡反射特性強

㈢傳播特性佳

㈣波形轉換特性

超音波在彈性介質傳播時，視介質質點的震動形式與超音波傳播方向的關係，可以把超音波波動分為圖 4.20 之三種波形：

1.縱波（longitudinal waves）：質點震動方向與超音波傳播方向相同（圖 4.20a），又稱為壓縮波或疏密波。

2.橫波（transverse waves）：質點震動方向與超音波傳播方向垂直（圖 4.20b），又稱為剪力波，其速率約為縱波的一半。

3.表面波（surface wave or Rayleigh waves）：表面波主要是指超音波沿著介質表面傳遞（圖 4.20c），其速率約為 0.98 橫波速率。

超音波產生的方式有很多種，例如機械衝擊或摩擦等方式，目前最常見到的方式是以壓電材料來製作探頭，利用材料的形變來產生超音波，壓電材料的特性是沒有對稱中心，因此造成陰離子和陽離子無法表現出中和的特性，於是導致電偶極矩的存在。能表現出較強電偶極矩的材料包括水晶、鈮酸鋰、硫酸鋰、鈦酸鋇及其複合物、鋯鈦酸鉛及其複合物。

壓電材料產生的變形有很多種，一般最常見的是壓電薄片的厚薄變化，當施加某一方向之電壓於壓電材料時，其厚度變小，當電壓相反時材料則變厚。當壓電薄片以一正負交替的電壓通過時，會產生連續厚薄變化。如果將壓電薄

片置於物體表面並施予適當壓力，然後外加一正負交變的電信訊號，則其厚薄變化會造成對物體表面的連續壓縮，而這種壓縮波會由物體表面向內傳送，成為產生超音波的方式。

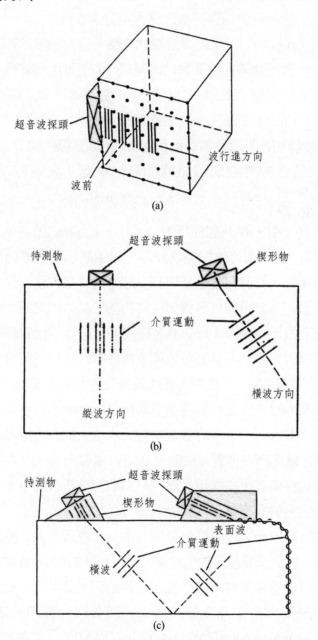

圖4.20　超音波三種波形：(a)縱波；(b)橫波；(c)表面波

　　超音波檢測的材質不限，包括金屬、陶瓷、水泥、塑膠均可適用，可以檢測的缺陷種類包括表面及內部的孔洞、裂縫及夾雜物，又沒有放射線顧慮，因此廣被採用於諸如金屬、航太、機械、建築等工程領域，甚至人體非侵入式檢驗亦常使用。一般超音波探傷的檢測模式可分為 3 種：

1. A 掃描（A-scan）：探頭與檢測物接觸，定點偵測內部缺陷的位置（圖 4.21a）。對於缺陷在檢測物內的深度（D）可由示波器上初始界面波與缺陷波的 2 倍間距（即超音波行進時間，$2t_c$）乘以波速（v）：$x = v * 2t_c$，而超音波在此檢測物的行進速率（波速）可由檢測物厚度（D）除以初始界面波與底面反射波的 2 倍間距（$2\Delta t$）：$v = D/2\Delta t$。至於缺陷尺寸主要由缺陷訊號的高低決定，大致可以由下式估計：$F = \dfrac{\lambda}{2} \dfrac{Ze}{Re} \dfrac{x^2}{D} e^{-2\alpha(D-x)}$，其中 F 為缺陷投影面積，λ 為超音波的波長，Ze 為缺陷波大小，Re 為底面反射波大小，x 為缺陷所在位置深度，D 為檢測物厚度，α 為超音波行進衰減率，可由缺陷波或底面波的第一次反射訊號與第二次反射訊號衰減得到。超音波 A 掃描檢測除了可應用於材料缺陷探傷，亦常用作材料機械性質檢驗，其中由波速可得到材料的楊氏係數及蒲松比（poison ratio），在陶瓷材料機械性質評估經常使用，由於陶瓷材料質脆，不易製作拉伸或彎曲試片，採用超音波檢測提供一個很便利的替代方法。此外，經由超音波在材料內部行進的衰減率（α）也已被報導可以得到材料的破壞韌性（Fracture Toughness, K_{IC}）。

2. B 掃描（B-scan）：一般檢測物浸於水中，探頭沿線移動，得到橫截面的影像，缺陷所在位置及約略尺寸可以顯現出來（圖 4.22b）。B 掃描在一般材料探傷較少被採用，但在材料破損分析實務中，常用以評估鍋爐等結構物內壁高溫氧化或腐蝕的情況。

3. C 掃描（C-scan）：一般也是以浸水方式進行檢測，探頭對檢測物作全面掃描，得到整體檢測物的缺陷投影（圖 4.22c）。此種檢測模式非常簡便，可以快速得到材料內部孔洞、裂縫或夾雜物的位置、分佈及約略尺寸，但缺陷所在之深度無法獲知。新發展一種超音波斷層掃描技術（Tomographic Acoustic Micro Imaging, TAMI），提高超音波壓電陶瓷探

頭之頻率及電子線路的訊號接收與數位處理頻寬以改善檢測的解析度，控制超音波聚焦深度，如此可以得到不同斷層的材料缺陷影像，目前在先進電子封裝產品的檢測上已被廣泛使用。圖 4.22 為電子封裝產業採用

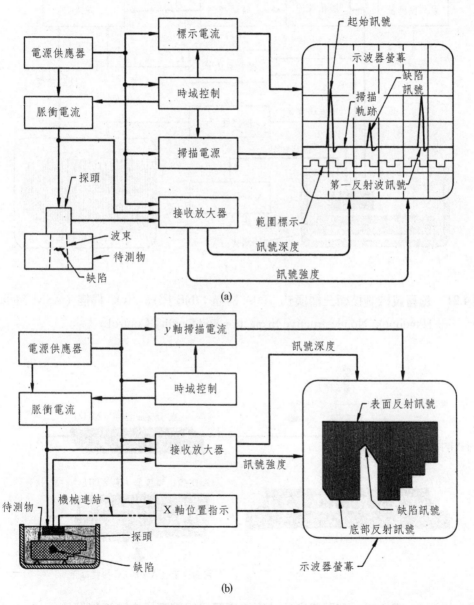

(a)

(b)

圖 4.21　超音波檢測技術三種模式：(a)A 掃描；(b)B 掃描；(c)C 掃描（ASM Metals Handbook: Nondestructive Inspection and Quality Control）（續下頁）

此種TAMI分析技術檢測覆晶封裝產品的實例，圖 4.23 為其檢測所得封裝體各
不同斷層的缺陷影像。

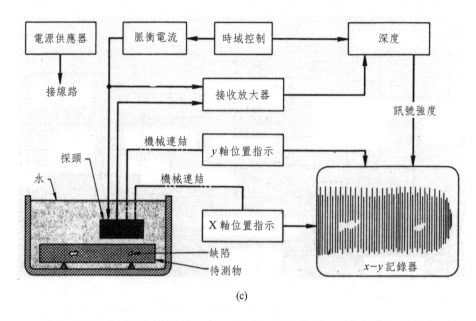

(c)

圖 4.21　超音波檢測技術三種模式：(a)A 掃描；(b)B 掃描；(c)C 掃描（ASM Metals
Handbook: Nondestructive Inspection and Quality Control）

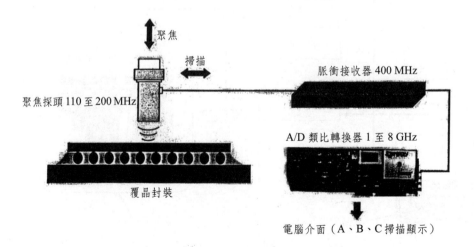

圖 4.22　利用 TAMI 技術檢測覆晶組裝產品之缺陷影像

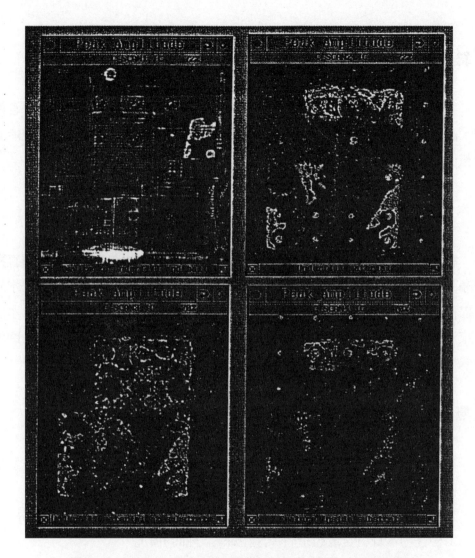

圖 4.23　利用 TAMI 技術檢測覆晶組裝產品之缺陷影像

超音波檢測的方式可分成下列幾種：

1. 直束法

對於被檢物尺寸較厚而對稱、表面平坦者，以直束換能器接觸被檢物檢驗面掃描檢驗。螢幕時間軸至少應調整能涵蓋整個檢驗距離。

2. 斜束法

對於被檢物因形狀限制、製造方法、瑕疵存在位置等關係如：鑄件、管件等，需以斜束換能器接觸被檢物檢驗面掃描檢驗。螢幕時間軸至少應調整能涵蓋整個檢驗距離。

3. 水浸法

對於被檢物因形狀限制、厚度薄、表面粗糙或大量製造等，因換能器直接接觸面受限、檢驗速度、經濟性等關係，需以水浸換能器作全水浸或局部水浸掃描檢驗。應用本方法水需乾淨且無氣泡，以防傳送損失且靈敏度降低。水浸直束法之被檢物第一次回波宜歸零，第二次表面回波要比被檢物第一底面回波還要挪後，且音束必須與檢驗面垂直。

4. 雙晶法

被檢物厚度薄、要求精度高、檢驗表面近層、衰減大，需以雙晶換能器接觸被檢物檢驗面掃描檢驗。螢幕時間軸至少應調整能涵蓋整個檢驗深度。

超音波檢測方法的選定除了要考慮規範或標準之外，需考慮下列因素：

(1)檢查物本身材質或製造時所產生缺陷分佈的情況。

(2)被檢物之表面狀況（包含形狀、清潔度）。

(3)換能器接觸面積的大小。

(4)檢驗時精密度的要求。

(5)檢驗經濟性。

(6)儀器本身的限制。

常用之超音波檢測儀如圖 4.24 所示，進行超音波檢測之前需先使用標準塊規校正，標準塊規的主要用途為：

(1)設定檢測靈敏度及檢測範圍。

(2)測定斜束換能器之入射點及折射角。

(3)評鑑斜束換能器及超音波檢測儀系統之特性。

圖 4.25 為一般超音波探傷檢測所使用之 A1 型標準塊規（STB-A1），其材質需符合 CNS2947〔焊接結構用軋鋼料〕中之 SM400 或 SM490〔細晶粒全淨鋼〕，並經正常化或淬火回火之熱處理，且不得有殘留應力影響異向性，造成超音波傳播異常。塞入塊規孔徑Φ50mm 中的合成樹脂須符合 CNS2228〔一般用丙烯酸甲酯樹脂板〕，厚度為 23mm，且其後的縱波傳遞時間應與 50mm 厚的軟鋼相同。

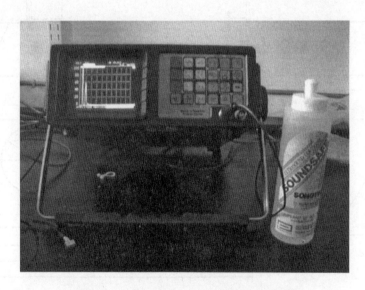

圖 4.24　實驗用超音波檢測儀及耦合劑

單位：mm

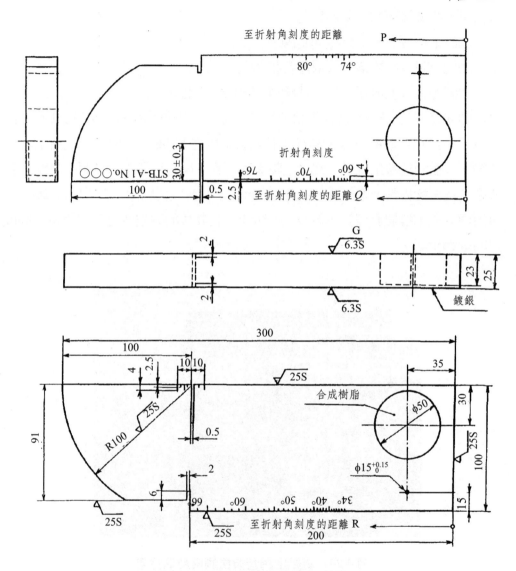

圖 4.25　A1 型標準塊規示意圖

此外，在檢測時於探頭和檢測物表面添加甘油、油脂等物質，藉以趕走空氣，避免音波能量損失而以較佳的傳送效率進入檢測物內部。常用的耦合劑及其優缺點比較如表 4.2 所示：

表 4.2　超音波檢測常用耦合劑的比較

名稱	適用範圍	優點	缺點
水	鋼板、鋼胚	1.良好的流動性、經濟性 2.常用於水浸法	1.水浸法時，需經加熱去除氣泡 2.易使受檢物生銹 3.垂直或仰吊時，檢測效果不佳
機油	機械加工後之鍛鋼品、鑄鋼品及銲道	1.適當的流動性及潤滑性 2.防銹性	1.油價較高 2.鏡面檢測時滑移不易
甘油	鋼板焊道及鋼鑄品	1.適當的流動性及潤滑性 2.音阻抗較高	1.價格昂貴 2.易生銹
油脂	粗造的鑄造面或鍛造面	1.對粗糙面附著力強 2.良好潤滑性 3.防銹性	1.價格昂貴 2.流動性差
合成漿糊	鋼板焊道、鋼胚	1.去除簡單 2.經濟 3.潤滑性佳	1.流動性差 2.易生銹
水玻璃	鑄造面、鍛造面	1.潤滑性佳 2.價廉 3.音阻抗性高	1.流動性差 2.去除困難

以下利用人工缺陷塊規說明超音波探傷的實際操作程序：

圖 4.26 之人工缺陷塊規是以 304 不銹鋼製成。縱向為缺陷的大小共三種，橫向為缺陷的深度，從 0.05 到 1.25in 共十個，總共有 30 個。

圖 4.26 人工缺陷塊規

(1)標準塊規檢測

A1 標準塊規的厚度為 25mm，寬度為 100mm，藉此來校正儀器的精確性，其中包含了一個厚度相同的合成樹脂。在探測前將耦合劑均勻塗抹在探頭和待測物之間，確定兩者之間沒有氣泡，以免影響檢測的結果。

先在螢幕上調整出 5 個回波（如圖 4.27 所示），一個回波的厚度是 25mm（兩個刻度）。量測 A1 塊規的寬度，所出現的回波有 8 個刻度，所以是 25 × 4＝100mm。這個動作是來調整儀器的精確性。以相同的條件，在合成樹脂做實驗，所以證明在不同介質中音波傳播的速率並不相同。

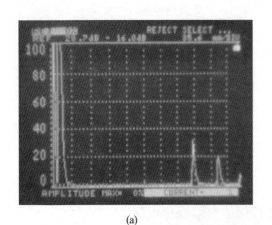
(a)

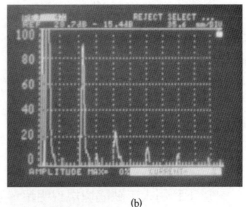
(b)

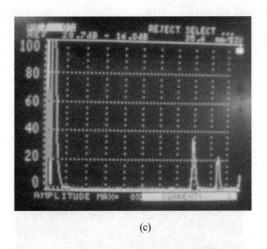
(c)

圖 4.27　A1 標準規塊檢測之超音波訊號

(2)人工缺陷檢測

以其中一個缺陷為例，測試不同缺陷的深度。其超音波的訊號如圖4.28所示，圖(a)為不含缺陷材料之超音波訊號，圖(b)至(d)顯示不同缺陷深度之超音波訊號。

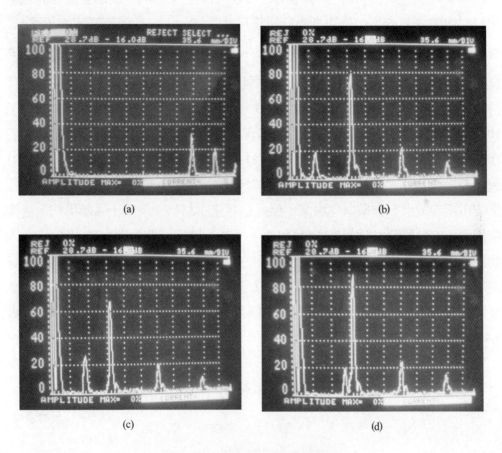

圖 4.28　超音波檢測缺陷訊號

　　超音波探傷法適用的材料雖然沒有限制，但是不同材質對缺陷的敏感性有很大差異，通常裂縫在脆性材料較容易傳播，能夠容許的缺陷尺寸也較小，因此超音波探傷必須針對這些微小缺陷也能加以檢測出，材料所能容許的缺陷尺寸（a）可由其破壞韌性（K_{IC}）估算出：$a = \left(\dfrac{K_{IC}}{\sigma_y}\right)^2 \left(\dfrac{2}{2 + K^{n+2}At\sigma^2Y^2(n-2)}\right)^{2/n-2}$，一般陶瓷等脆性材料可容忍的缺陷尺寸大約 10 至 100μm。而超音波能夠偵測出材料內部缺陷的條件是波長小於缺陷尺寸（$\lambda \leq a$），亦即超音波的頻率 f 與缺陷尺寸必須符合下列條件：$f = \dfrac{V}{\lambda} \geq \dfrac{V}{a}$，而超音波對不同材質的行進波速亦有不同，表 4.3 列舉出超音波在一些常見金屬及陶瓷材料的波速，陶瓷等脆性材料的波速大約是延性金屬材料的 1/3。以陶瓷材料所能容許缺陷尺寸 10 至 100μm，波速大約 10Km/s，估計超音波用於陶瓷探傷的頻率必須高於 100MHz。對於金屬材料可容許缺陷尺寸大約 0.1 至 1mm，波速 4Km/s，估計超音波檢測金屬缺陷的頻率大約 1 至 25MHz。而在一般土木工程結構體也經常使用超音波進行非破壞性檢測，但是這些土木材料（混凝土等結構物）必須被偵測出的缺陷尺寸通常在 1mm 以上，而超音波行進波速則大於 10Km/s，因此在營建業等土木工程使用超音波檢測的頻率均在 1MHz 以下。有趣的是超音波用於人體非侵入式檢驗的頻率大約 1 至 10MHz，與金屬材料探傷相近，這是因為超音波在人體組織的行進波速與其在金屬材料內部傳播速度相近（表 4.4）。

表 4.3　常見金屬及陶瓷材料之超音波行進波速

	銀	銅	矽	黃銅	氧化鋁	熱壓氮化矽	反應燒結氮化矽
V_L(Km/s)	3.60	4.70	8.95	4.33	10.0	11.0	8.50
V_T(Km/s)	1.59	2.26	5.34	2.05	6.0	6.3	4.50
密度	10.5	8.90	2.30	8.10	3.8	3.2	2.60

表 4.4 超音波在人體組織的行進波速、音波阻抗及吸收係數（音波阻抗＝密度 × 波速）

人體組織	波速（Km/s）	音波阻抗 （Rayls-gm/cm²*s × 10⁻⁵）	吸收係數（dB/cm）
眼球玻璃狀體液	1.52	--	--
眼睛的晶體	1.62	--	--
人體軟組織	1.54	1.63	--
腦組織	1.54	1.58	0.85
肝臟	1.55	1.65	0.94
腎臟	1.56	1.62	1.00
脾臟	1.57		
血液	1.57	1.61	0.18
肌肉	1.59	1.70	3.30
脂肪	1.45	1.38	0.63
骨骼	4.08	7.80	20.00

上述各種超音波探傷技術均採用縱波或橫波，至於表面波（又稱為 Rayleigh 波）主要是用於材料表面的缺陷檢測，圖 4.29 為利用表面波技術進行陶瓷渦輪葉片表面微小裂縫探傷的實例。

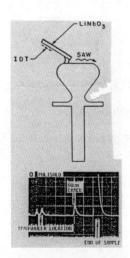
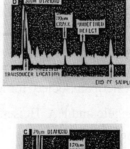
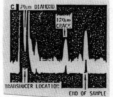

圖 4.29 利用表面波進行陶瓷渦輪葉片表面微小裂縫偵測之超音波探傷實例（Khuri Yakubet al. J. Am. Cerm. Soc., Vol.63, No. 1-2, p. 70）

六、總結

　　非破壞性檢測是在材料完全破斷前或破斷初期，利用各種物理原理偵測其裂縫的位置、大小、形狀、種類及分佈，即時採取補救措施，亦即為材料破損的預警技術，在材料破損分析領域日益重要。常用的非破壞性檢測方法包括：液滲檢測法、渦電流檢測法、磁粉探傷法、放射線透視法及超音波檢測法，其中除了液滲檢測法僅限於表面裂縫偵測，其餘方法均可用於內部缺陷檢測，渦電流檢測法適用於導電性（金屬）材料，磁粉探傷法適用於鐵磁性材料（鐵、鈷、鎳合金），放射線透視法及超音波探傷法適用於任何種類材料，且可以偵測表面及內部缺陷，超音波檢測針對材質不同及缺陷尺寸，須選擇適當頻率，通常水泥質材料使用頻率低於 1MHz 超音波，金屬材料超音波檢測頻率介於 1 至 25MHz，結構陶瓷檢測則須使用 100MHz 以上之高頻超音波。

參考資料

1. Nondestructive Inspection and Quality Control, ASM Metals Handbook, 8th ed., vol. 11, American Society for Metals, Metals Park, Ohio (1976).
2. V.J. Colangelo and F.A. Heiser, Analysis of Metallurgical Failures, John Wiley & Sons, (1989).

CHAPTER 5
恆力破壞

　　機械力作用破壞主要是由外加應力所造成，亦可能由內部殘留應力或其他應力造成，可分為恆力破壞及疲勞破壞，恆力破壞是指材料所受應力型式固定，而疲勞破壞則指材料所受應力之大小或方向不斷循環改變；除此之外，磨耗亦應歸屬於機械力作用破壞。

　　恆力破壞主要呈現兩種類型：延性破壞（Ductile Fracture）與脆性破壞（Brittle Fracture），由於一般工程材料均為多晶結構（Rolycrystalline），因此延性破壞與脆性破壞又可區分為沿晶破壞（Intergranular Fracture）與穿晶破壞（Transgranular Fracture），其中穿晶脆性破壞由於均沿著特定結晶面破裂，因此又稱為劈裂破壞（Cleavage Fracture），少數高強度鋼在斷裂時會呈現介於延性與脆性之間的破壞特徵，稱為準劈裂破壞（Quasi-cleavage Fracture）。

　　材料受到固定機械應力作用時，首先發生彈性變形，此時如將應力解除，材料可回復原狀，材料尚未產生破壞，當應力繼續增加，材料就開始破壞，此時材料可能直接斷裂，即為脆性破壞，亦可能先發生塑性變形，再逐漸延續至材料斷裂，此為延性破壞，而破壞行為介於脆性破壞與延性破壞之間，即為準劈裂破壞，圖 5.1 綜合說明此一恆力破壞的原理，其各階段的破壞機制將在以下各節詳細說明。

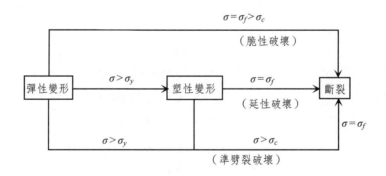

圖 5.1　固定機械力作用之材料破壞

一、彈性變形與理論強度

在最初機械力剛作用到材料時，材料均發生「彈性變形」，此時如果機械力解除，材料將恢復原狀，亦即不會產生永久變形，材料尚未發生破壞。

為了解釋此一彈性變形行為，可將材料內部原子間的鍵結假想成一組彈簧（圖5.2），當材料受到一拉伸機械力 F 時，原子由其原來穩定距離 r_o 伸長至 r，此假想原子鍵結之系統位能 U 與原子間距離 r 之關係如圖 5.3a 所示，作用於原子之拉伸機械力 F（亦即原子鍵結力）與原子間距離關係亦示於圖 5.3b：

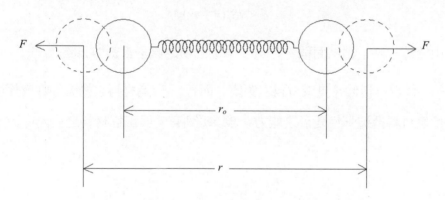

圖 5.2 假想材料內部原子鍵結

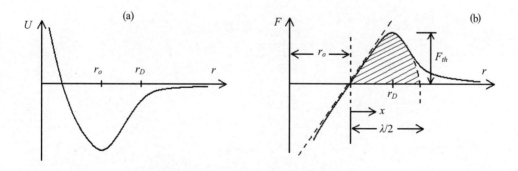

圖 5.3 (a)原子鍵結系統位能 U；(b)原子鍵結力 F 與原子間距離

　　由圖 5.3a 可見只要原子鍵結伸長距離不超過（$r_D - r_o$），一旦機械力解除，材料將自動回復到其最低位能狀態 r_o，亦即材料恢復原狀，使原子距離回復到 r_o 之力量即為此彈性變形之原子鍵結力 F，此原子鍵結力 F 隨原子間距離 r 在彈性變形範圍內之變化曲線趨近於直線（圖 5.3b），其斜率即相當於原子鍵結之倔度（stiffness）S_o：

$$S_o = \frac{dF}{dr}\bigg|_{r \to r_o} = \frac{d^2U}{dr^2}\bigg|_{r \to r_o}$$

由此可推演出虎克定律：$F = S_o (r - r_o)$

　　對於整個材料可假想其內部所有原子鍵結均由此種彈簧模型所組成（圖 5.4）。假設單位面積之原子鍵數為 N，即材料單位面積所受機械力（亦即機械應力）與其原子鍵伸長量（$r - r_o$）之關係為：

$$\sigma = NS_o(r - r_o)$$

由於每一原子鍵結面積約為 r_o^2，單位面積之原子鍵數 N 即約為 $\frac{1}{r_o^2}$，其中 $\varepsilon = \frac{r - r_o}{r_o}$ 代表材料伸長量或材料之應變，而 $E = \frac{S_o}{r_o}$ 為材料之楊氏係數或彈性係數，代表材料抵抗彈性變形之能力。表 5.1 列有一般工程材料之楊氏係數。

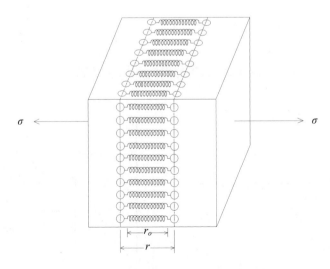

圖 5.4　材料原子鍵結彈簧模型

表 5.1 常見工程材料之楊氏係數

材　料	楊氏係數（GNm^{-2}）	材　料	楊氏係數（GNm^{-2}）
鑽石	1000	鈮及其合金	80-110
碳化鎢	450-650	矽	107
鋨	551	鋯	96
鈷／碳化鎢資金	400-530	石英玻璃	94
鈦鋯鉛的硼化物	500	鋅及其合金	43-96
碳化矽	450	金	82
硼	441	方解石大理石石灰石	81
鎢	406	鋁	69
礬土	390	鋁及其合金	69-79
氧化鈹	380	銀	76
碳化鈦	379	鈉玻璃	69
鉬及其合金	320-365	鹼性石鹽類 NaClLiF 等	15-68
鉻	289	花崗石	62
鈹及其合金	200-289	錫及其合金	41-53
苦土 Mgo	250	混凝土水泥	45-50
發泡聚合物	0.001-0.01	纖維玻璃玻璃纖維／環氣樹脂	35-45
鎂及其合金	41-45	玻璃組織補強高分十複合材料	7-45
鈷及其合金	200-248	方解石大理石石灰石	31
氧化鋯	160-241	石墨	27
鎳	214	醇酸類	20
鎳合金	130-234	頁岩油頁岩	18
碳纖維補強高分子複合材料	70-200	普通木材與木紋平行	9-16
鐵	196	鉛及其合金	14
鐵基超合金	193-214	冰	9.1
肥粒鐵鋼低合金鋼	200-207	三聚氰胺類	6-7
奧斯田鐵系不銹鋼	190-200	聚亞氨鹽	3-5
軟鋼	196	聚酯	1-5
鑄鐵	170-190	壓克力	1.6-3.4
鉭及其合金	150-186	尼龍	2-4
鉑	172	PMMA	3.4
鈾	172	聚苯乙烯	3-3.4
硼／環氣	125	聚碳酸鹽	2.6

表 5.1　常見工程材料之楊氏係數（續）

材　　料	楊氏係數（GNm^{-2}）	材　　料	楊氏係數（GNm^{-2}）
銅	124	環氧樹脂	3
銅合金	120-150	普通木材垂直木紋	0.6-1.0
莫來石	145	聚丙烯	0.9
氧化鋯	145	高密度聚乙烯	0.7
釩	130	發泡聚亞胺酯	0.01-0.06
鈦	116	PVC	0.003-0.01
鈦合金	80-130	低密度聚乙烯	0.2
鈀	124	橡皮	0.01-0.1
黃銅與青銅	103-124		

在圖 5.3b，當原子間伸長距離超過（$r_D - r_o$），原子鍵結將會斷裂，亦即原子無法再回復到原來位置r_o，而發生永久變形，此時所需之外加機械應力為σ_{th}，亦即材料之結合強度（cohesive strength）或材料之理論抗拉強度，對於一理想結晶材料，其斷裂情形如圖 5.5 所示：

為了計算此理論抗拉強度（或材料結合強度），可假設圖 5.3b 之拉伸機械力 F 與原子鍵伸長距離x（$x = r - r_o$）之變化曲線為正弦關係：

$$F = F_{th} \cdot \sin\frac{2\pi x}{\lambda}$$

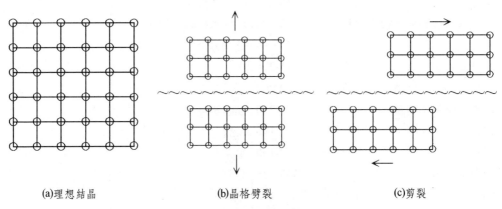

(a)理想結晶　　　　　(b)晶格劈裂　　　　　(c)剪裂

圖 5.5　材料理想斷裂模式

以機械應力 σ 表示此關係：

$$\sigma = \sigma_{th} \cdot \sin\frac{2\pi x}{\lambda}$$

當伸長距離不大時（$x < r_D - r_o$），圖 5.3b 之曲線趨近於直線，亦即機械應力之正弦關係近似於線性關係：

$$\sigma \approx \sigma_{th} \cdot \frac{2\pi x}{\lambda}$$

另由虎克定律：$\sigma = E \cdot \varepsilon = E \cdot \dfrac{x}{r_o}$ 可得到：

$$\sigma_{th} = \frac{E\lambda}{2\pi r_o}$$

依照圖 5.5，使單位面積材料斷裂所需要之能量相當於把此單位面積內所有原子鍵結打斷所需作之功，亦即圖 5.3b 之陰影面積：

$$W = \int_o^{\lambda/2} \sigma dx = \int_o^{\lambda/2} \sigma_{th} \cdot \sin\frac{2\pi x}{\lambda} dx = \sigma_{th} \cdot \frac{\lambda}{\pi}$$

此打斷所有原子鍵結所作之功相當於用以產生圖 5.5 之材料斷裂表面，亦即所作之功消耗於系統新增加之表面能：

$$W = \sigma_{th} \cdot \frac{\lambda}{\pi} = 2\gamma \qquad （\gamma 為斷裂面之比表面能）$$

由此可得到理論抗拉強度：

$$\sigma_{th} = \sqrt{\frac{E \cdot \gamma}{r_o}}$$

對於金屬材料，實驗所量度之比表面能 γ 大約為 50kg/m，楊氏係數 E 大約為 5×10^{12}kg/m^2，原子鍵結距離 r_o（結晶格子常數）約為 2.5×10^{-10}m，由此估計其理論抗拉強度約為 10^{12}kg/m^2，然而一般金屬材料之實際抗拉強度大約僅有 10^8kg/m^2，較理論抗拉強度小了大約 10^4 倍。

此一理論與實際抗拉強度值的差異導源於材料內部所存在之晶格差排（dislocation），這些晶格差排使得材料斷裂行為並非如圖 5.5 所示把所有原子鍵結一次同時打斷，而是逐步一一打斷原子鍵結，陸續完成材料斷裂過程。

下一單元將說明經由差排作用，材料可於較低應力下發生變形，此種藉著

差排作用所產生之材料變形稱為「塑性變形」，由於發生塑性變形之後，即使所施加之機械力解除，材料亦無法恢復原狀，因此可視為材料已遭受破壞。

二、延性破壞機制

1. 差排缺陷

　　一般工程材料之晶體結構中均存在有差排缺陷，差排可分為「刃差排」（edge dislocation）及「螺旋差排」（screw dislocation）兩種，另外亦可包含由兩者混合所成之「混合差排」（mixed dislocation）。

　　圖 5.6 為一含有「刃差排」之原子結晶構造，亦即在原子之結晶排列中，有半排原子被抽除，其兩邊之原子向中間靠攏，並留下上方之半排原子，此留下之半排原子底邊（在圖上以⊥……⊥符號表示）即為此刃差排線。

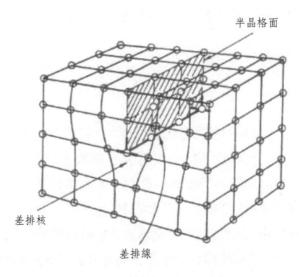

圖 5.6　刃差排原子排列

　　當此結晶受到一剪應力作用時，其刃差排將以圖 5.7a 之方式移動，亦即此刃差排可經由打斷其前排之一個原子鍵結而向前推進一個位移單位（稱為 Burgers 向量）；圖 5.7b 顯示一晶格自左側被引入一個刃差排後，經由上述之方式使此刃差排逐步向右側推進，最後在晶格右側被逐出，而造成晶格之下部分對上部分產生一個 Burgers 向量距離之滑動。藉著差排之移動，僅須將原子鍵結一個個依序打斷，較諸圖 5.5c 將全部的原子鍵結一次同時打斷，顯然所需之應力大為減小，此如同在日常生活中將一地毯在地面上移動，只要先將地毯向上摺起一個「小屋脊」（如圖 5.8），再逐步將此「小屋脊」向前推進，所需之力量遠小於將整個地毯直接在地面上拖動一同樣距離所需之力量。

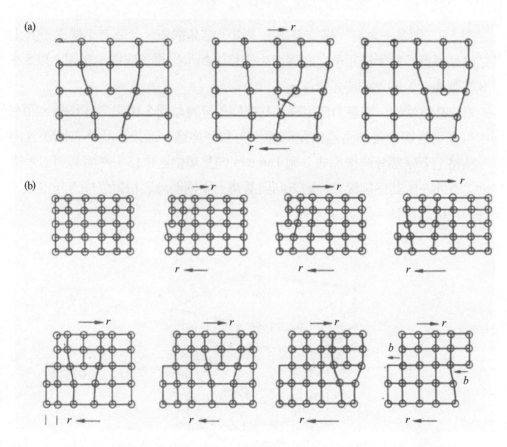

圖 5.7　(a)刃差排移動方式　(b)經由刃差排移動形成材料之變形

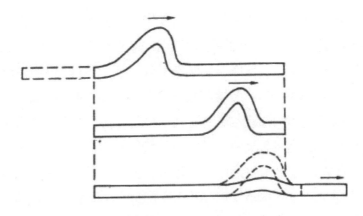

圖 5.8　以地毯移動模擬說明刃差排對材料變形之作用

　　圖 5.9　則為一含有「螺旋差排」之原子結晶構造，此時有半排原子其上下之結晶平行於此半排原子之底邊產生橫移，此半排原子底邊（在圖上以 S－－ S 符號表示）即為螺旋差排線。

　　當此晶格受到一剪應力作用時，其螺旋差排將以圖 5.10 之方式移動，而在圖中可見到當螺旋差排由晶格左側逐步向右側推進，最後於晶格右側被逐出時，晶格上下兩部分同樣形成一個 Burgers 向量單位之位移；然而其與刃差排移動之不同在於其差排線之移動方向與晶格上下兩部分之相對位移方向垂直，而在刃差排之移動，兩者方向平行。

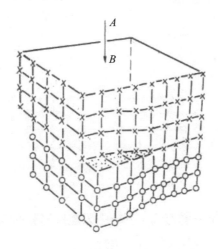

圖 5.9　螺旋差排原子排列結構

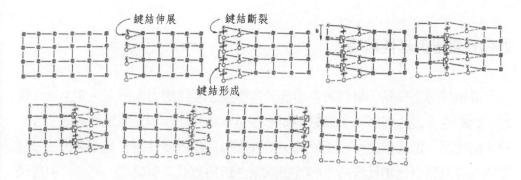

圖 5.10　經由螺旋差排移動形成材料之變形

　　由於螺旋差排之移動亦為將原子鍵結一個個依序打斷，其造成材料變形所須之應力亦如同刃差排移動之效果，亦即此應力遠較假設原子鍵結一次同時打斷所得到之材料理論強度為低，此效果同樣可用日常生活之事例加以模擬說明：如圖 5.11 欲將一排木條推移一定距離，以類似螺旋差排移動方式（圖5.10）每次移動一根所需之力量顯然遠小於將整排木條一次同時向前移動。

　　「混合差排」在本質上為刃差排與螺旋差排之組合，因此其對材料變形之作用亦為刃差排與螺旋差排之直接加成。

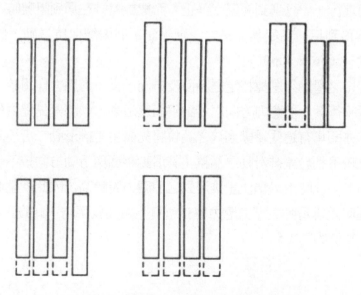

圖 5.11　以木條移動模擬說明螺旋差排對材料變形之作用

2. 塑性變形與延性破壞

經由差排之移動，材料可在遠低於其理論強度之應力作用下，產生永久變形，此即為「塑性變形」，而材料如果在完全斷裂之前，先經歷大量之塑性變形，即成為「延性破壞」，相反的，如果材料在超過彈性變形範圍之後，未經歷或僅經歷極少量塑性變形，即直接以完全斷裂方式產生破壞，則為「脆性破壞」，圖 5.1 說明此兩種破壞方式之關聯。塑性變形既為延性破壞與脆性破壞之分界特徵，則差排之是否容易移動即可作為材料延性破壞與脆性破壞傾向之具體評估指標。

在一般晶體結構中，原子排列最為緊密之晶面或方向，其上下兩排原子之距離最長，相對的，其原子鍵結最弱，因此差排移動之路徑將選擇這些較有利之晶面及方向，差排沿一平面之移動一般稱為「滑動」（slip），而其滑動較有利之晶面及方向即分別稱為「滑動平面」（slip plane）及「滑動方向」（slip direction），由滑動平面與滑動方向構成差排之「滑動系統」（slip system），表 5.2 列出一般結晶構造之差排滑動系統。通常刃差排之滑動只能固定沿著一個滑動平面進行，一旦遇到阻礙就停止，而螺旋差排在遇到阻礙時，可由一個滑動平面轉移到另一個與其交叉之滑動平面，而繼續保持滑動，此現象稱為「轉跨滑動」（cross slip）。

由於差排之滑動須選擇特定之晶面及方向，當一剪應力作用於一多晶材料時，最接近平行於此剪應力方向之滑動平面及滑動方向將優先提供作為差排滑動之路徑，亦即具有這些滑動系統之晶粒將先發生差排滑動，再逐漸蔓延至其他結晶方位較不利於差排滑動之晶粒（其滑動平面與滑動方向較不平行於外加剪應力方向），此時用以驅使差排滑動之剪應力將較高，因此就整個多晶材料而言，其驅使差排滑動之總剪應力應就所有晶粒加以平均，此修正值稱為 Taylor 因數，其值約為 1.5。

表 5.2　差排滑動系統

結晶構造	滑動平面	滑動方向	滑動系統數目
六方最密（hcp）	{0001}	<1120>	3
面心立方（fcc）	{111}	<110>	12
體心立方（bcc）	{110}{112}{123}	<111>	48

此外，實際作用於材料之機械力常為拉伸負荷方式，如圖 5.12 所示，此拉伸負荷與驅使差排滑動之剪應力成一角度，由圖中可分解出此剪力負荷為 Fsinθ，而發生此剪力作用之平面面積為 A/cosθ，由此可得到作用於此平面之剪應力（て）為：

$$て = \frac{F\sin\theta}{A/\cos\theta} = \frac{F}{A} \cdot \sin\theta \cdot \cos\theta = \sigma \cdot \sin\theta \cdot \cos\theta$$

上式之最大值發生在 $\theta = 45°$，亦即當拉伸應力軸與剪應力作用平面夾角為 45°時，可得到最高之剪應力，其值為：て＝0.56；因此差排之滑動將發生在最接近此 45°夾角之滑動平面，對於一般工程多晶材料，同樣的，差排之滑動將發生在所有晶粒內最接近此 45°夾角之滑動平面，而其平均滑動路徑與拉伸應力軸成 45°夾角。

驅使差排開始滑動之應力稱為「屈服應力」，因此「屈服應力」亦即代表材料開始產生塑性變形之應力，亦稱為「屈服強度」（Yield strength），由以上之討論，對於一般工程多晶材料，其降伏強度（σ_y）與差排剪力強度（て$_y$）之關係為：

$$\sigma_y = 2 \cdot て_y \cdot \text{Taylor 因數} = 3て_y$$

表 5.3 列出常見工程材料之降伏強度，當機械應力高於此屈服強度時，材料開始發生塑性變形。表 5.3 同時亦將這些材料的抗拉強度及伸長率列出，以資比較。

表 5.3　常見工程材料之降伏強度（σ_y）、抗拉強度（σ_{TS}）及伸長率（ε_f）

材料	降伏強度 $\sigma_y(\text{MNm}^{-2})$	抗拉強度 $\sigma_{TS}(\text{MNm}^{-2})$	伸長率 ε_f
鑽石	50,000	-	0
碳化矽	10,000	-	0
氮化矽	8,000	-	0
二氧化矽	7,200	-	0
碳化鎢	6,000	-	0
碳化鈮	6,000	-	0
氧化鋁	5,000	-	0
氧化鈹	4,000	-	0
莫來石	4,000	-	0
碳化鈦	4,000	-	0
碳化鋯	4,000	-	0
碳化鉭	4,000	-	0
氧化鋯	4,000	-	0
鈉玻璃	3,600	-	0
氧化鎂	3,000	-	0
鈷及其合金	180-2,000	500-2,500	0.01-6
低合金鋼水淬及回火	500-1,980	680-2,400	0.02-0.3
壓力容器鋼	1,500-1,900	1500-2,000	0.3-0.6
奧斯田鐵系不銹鋼	286-500	760-1,280	0.45-0.65
硼／環氧樹脂複合材料	-	725-1,730	-
鎳合金	200-1,600	400-2,000	0.01-0.6
鎳	70	400	0.65
鎢	1,000	1,510	0.01-0.6
鉬及其合金	560-1,450	665-1,650	0.01-0.36
鈦及其合金	180-1,320	300-1,400	0.06-0.3
碳鋼水淬及回火	260-1,300	500-1,880	0.2-0.3
鉭及其合金	330-1,090	400-1,100	0.01-0.4
鑄鐵	220-1,030	400-1,200	0-0.18
銅合金	60-960	250-1,000	0.01-0.55
銅	60	400	0.55
鈷／碳化鎢瓷金	400-900	900	0.02
碳纖維補強高分子複合材料	-	670-640	-

表 5.3　常見工程材料之降伏強度（σ_y）、抗拉強度（σ_{TS}）及伸長率（ε_f）（續）

材料	降伏強度 $\sigma_y(\text{MNm}^{-2})$	抗拉強度 $\sigma_{TS}(\text{MNm}^{-2})$	伸長率 ε_f
黃銅與青銅	70-640	230-890	0.01-0.7
鋁合金	100-627	300-700	0.05-0.3
鋁	40	200	0.5
肥粒鐵系不銹鋼	240-400	500-800	0.15-0.25
鋅合金	160-421	200-500	0.1-1.0
鋼筋混凝土	-	410	0.02
鹼性石鹽類	200-350	-	0
鋯及其合金	100-365	240-440	0.24-0.37
軟鋼	220	430	0.18-0.25
鐵	50	200	0.3
鎂合金	80-300	125-380	0.06-0.20
玻璃纖維補強高分子複合材料	-	100-300	-
鈹及其合金	34-276	380-620	0.02-0.10
金	40	220	0.5
PMMA	60-110	110	-
環氧樹脂	30-100	30-120	-
聚亞氨鹽	52-90	-	-
尼龍	49-87	100	-
冰	85	-	0
純延性金屬	20-80	200-400	0.5-1.5
聚苯乙烯	34-70	40-70	-
銀	55	300	0.6
ABS ／聚碳酸鹽	55	60	-
普通木材平行木紋	-	35-55	-
鉛及其合金	11-55	14	0.2-0.8
壓克力／ PVC	45-48	-	-
錫及其合金	7-45	14-60	0.3-0.7
聚丙烯	19-36	33-36	-
聚亞胺鹽	26-31	58	-
高密度聚乙烯	20-30	37	-
混凝土	20-30	-	0
天然橡皮	-	30	5.0
低密度聚乙烯	6-20	20	-

表 5.3　常見工程材料之降伏強度（σ_y）、抗拉強度（σ_{TS}）及伸長率（ε_f）（續）

材料	降伏強度 $\sigma_y(\text{MNm}^{-2})$	抗拉強度 $\sigma_{TS}(\text{MNm}^{-2})$	伸長率 ε_f
普通木材垂直木紋	-	4-10	-
超純面心立方金屬	1-10	200-400	1-2
剛性發泡聚合物	0.2-10	0.2-10	0.1-1
發泡聚亞胺鹽	1	1	0.1-1

3. 縮頸（necking）

縮頸是指一種不穩定的塑性變形，亦即在外加負荷沒有增加（甚至反而減少）的情況下，材料仍持續進行其塑性變形；本來，當材料開始塑性變形時，伸長量的增加將使其截面積減小，而使得局部作用於材料之應力提高，因此，對於一個理想的塑性變形（沒有應變硬化作用），縮頸在降伏點（塑性變形起始點）即已開始產生，但實際金屬材料隨著塑性變形的進行均有應變硬化現象，此應變硬化現象抵銷了截面積減小所造成的局部應力提高，而使縮頸現象延後發生，直到應變硬化不足以維持截面積持續減小所造成的局部應力提高，縮頸終究發生，此時隨著塑性變形的繼續，材料繼續伸長，而所需之外加負荷反而降低，因此在圖 5.12a 之工程應力（σ_e）—工程應變（ε_e）曲線上，其最高點（代表最高外加負荷）即相當於縮頸的起始點，亦即縮頸的條件為：$dP \leq 0$（P 為外加負荷）

根據定義實際應力 $\sigma_t = \dfrac{P}{A}$（A 為材料實際截面積）

合併前述縮頸條件：$dP = \sigma_t \cdot dA + A \cdot d\sigma_t \leqq 0$

而變形過程材料體積原則上保持不變，亦即

$$dV = d(A \cdot \ell) = A \cdot d\ell + \ell \cdot dA = 0$$

$$-\frac{dA}{A} = \frac{d\ell}{\ell} = \varepsilon_t \quad (\varepsilon_t \text{ 為實際應變})$$

綜合以上各方程式結果，可以得到在實際應力（σ_t）—實際應變（ε_t）曲線（圖 5.12b）縮頸條件起始點：

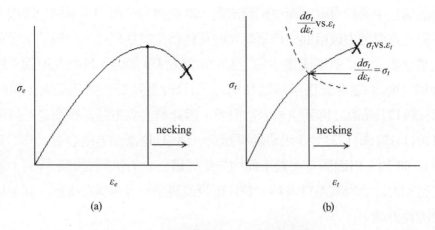

圖 5.12　以應力曲線描述縮頸之條件

$$\frac{d\sigma_t}{d\varepsilon_t} \leq \sigma_t$$

三、脆性破壞機制

塑性變形既為延性破壞之形成要件，當差排不易滑動時，塑性變形不易發生，材料即以脆性破壞方式直接打斷其原子鍵結方式而達成。

在下列情況，差排不易滑動，而使材料傾向於脆性破壞：

1. 結晶構造不利於差排滑動

在表 5.2 中可見到，六方最密排列（hcp）材料之差排滑動系統是由 1 個 {0001} 滑動平面及 3 個 <1120> 滑動方向所組成，其滑動系統只有 3 個，因此一般具有六方最密排列結晶構造之材料（例如：Zn、Cd、Mg、Co 等）有極強之脆性破壞傾向；面心立方排列（fcc）材料之差排滑動系統由 4 個 {111} 滑動平面及 3 個 <110> 滑動方向所組成，亦即具有 12 個滑動系統，因此差排在面心立

方結晶構造中易於滑動或產生橫跨滑動，其機械力破壞很少以脆性破壞方式發生，只有在腐蝕力破壞共同作用時才較可能發生脆性破壞，一般低溫管路或液態氣體容器大都以奧斯田鐵組織之 Cr-Ni 鋼或 Cu 製作，即為此原因；體心立方排列（bcc）並非緊密排列結晶構造，{110} 為其最密排列晶面，但較其他 {112} 或 {123} 晶面之排列並未緊密很多，因此體心立方結晶構造之差排滑動可在 {110}{112} 或 {123} 等 3 組滑動平面及一個 <111> 滑動方向發生，亦即其滑動系統有 48 個，但因所有滑動平面均未能如體心立方排列之緊密排列，須要較大之剪應力以造成其差排滑動，並且極少或幾乎不發生橫跨滑動，其破壞亦傾向於脆性破壞。

2. 多軸向應力

雖然一般施加於材料的應力均為單軸向，但由於設計上的凹槽或加工過程所留下的刮痕，將使單軸向的拉伸應力在材料內部分解成為多軸向應力，如圖 5.13 所示。在此種多軸向應力狀態下，差排滑動受到來自四面八方應力，很難順利沿著其最大剪應力方向進行，亦即相當於差排滑動受到阻礙，因此傾向於脆性破壞。

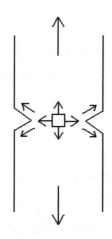

圖 5.13　表面凹槽或刮痕造成多軸向應力

3. 高應變速率

當材料變形速率太快時，差排來不及產生滑動，相對的可視為差排滑動受到阻礙，而傾向脆性破壞。

4. 低溫

差排的滑動是由部分晶格原子移動所造成，而原子的運動為一活化控制（activation control）反應，在較高溫度，原子運動較劇烈，因此差排容易滑動，相反的，在低溫狀態，晶格原子的運動受到限制，亦即差排滑動困難，因此材料在低溫狀態傾向脆性破壞。

上述四種情況會導致脆性破壞，相對的，較佳滑動系統、單軸向應力（光滑表面）、低應變率及較高溫度均可以使材料傾向於延性破壞。然而這些條件只是針對差排在晶格內的行為，亦即此一延性破壞僅限於晶粒（grain）內的情況，對於一般工程上的多晶材料，即使在差排滑動有利的條件，晶粒內部具有延性破壞特質，但是晶粒與晶粒之間的粒界（grain boundary）如果受到一些有害的效應，例如：粒界偏析（grain boundary segregation）、粒界析出（grain boundary precipitation）、粒界熔融（grain boundary melting）等，將使得粒界兩側原子的結合力減弱或喪失，材料一旦受到外力，將會沿著粒界發生斷裂，亦即沿晶脆斷（intergranular brittle fracture）。大部分粒界脆化效應都是在高溫造成，因此通常處理材料高溫破壞應從粒界鑑定著手。

延性破壞與脆性破壞的典型拉伸應力－應變曲線如圖 5.14 所示，圖中 σ_y 為降伏強度，σ_f 為斷裂強度，當溫度提高時，材料斷裂強度變化不大，但是降伏強度會因為差排較易滑動而降低，圖 5.15 說明此一溫度效應，圖上降伏強度與斷裂強度有一交叉點（T_t），當溫度低於 T_t，持續增加應力將直接越過 σ_f，亦即材料直接由彈性變形轉為斷裂，此種情況屬於脆性破壞；當溫度高於 T_t，應力增加過程先經過 σ_y，材料發生塑性變形，再繼續提高應力至 σ_f，材料才發生斷裂，屬於延性破壞情況，因此 T_t 代表材料延性破壞與脆性破壞的轉換溫度

（ductile/brittle transition temperature）。

　　在上一節已經說明增加應變速率或多軸向應力均會導致差排滑動困難，因此降伏強度（σ_y）將會提高，圖 5.16 顯示此效應造成延性／脆性轉換溫度由 T_t 上升到 T_t'，原本當溫度介於 T_t 與 T_t' 之間，材料處於延性破壞狀態，但此時已改變為脆性破壞（應力增加直接跨越 σ_f），由此可證明高應變速率與多軸向應力條件會使材料傾向脆性破壞。

　　然而，晶粒尺寸對材料破壞的影響是一個很有趣的現象。一般而言，晶粒尺寸（d）與降伏強度（σ_y）的關係遵循 Hall-Petch 方程式：

$$\sigma_y = \sigma_0 + Kd^{-1/2}$$

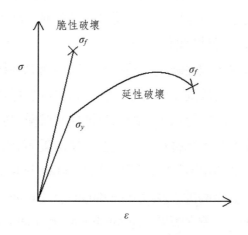

圖 5.14　延性破壞與脆性破壞拉伸曲線

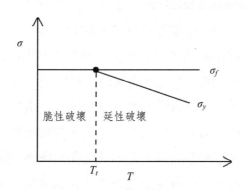

圖 5.15　降伏強度（σ_y）與斷裂強度（σ_f）之溫度效應

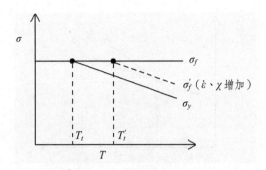

圖 5.16　高應變速率與多軸向應力使材料脆性破壞傾向增高

（$\dot{\varepsilon}$：應變速率，χ：多軸向數）

而斷裂強度（σ_f）與晶粒尺寸（d）的關係式如下：

$$\sigma_f(\sigma_f - \sigma_0) = \frac{8rG}{d}$$

這兩個關係式以 σ 對 $d^{1/2}$ 做圖，可得到圖 5.17 的兩條直線，均隨著 $d^{-1/2}$ 增加而上升，但是 σ_f 對 $d^{1/2}$ 直線較 σ_y 對 $d^{1/2}$ 直線有較大的斜率，此說明不論降伏強度或斷裂強度均會隨晶粒尺寸減小而提高，但是斷裂強度提高效應較大，這就形成了圖 5.18 的特殊情況：晶粒尺寸（d）減小，降伏強度（σ_y）與斷裂強度（σ_f）升高，但是延性／脆性轉換溫度（T_t）反而降低，亦即延性破壞傾向增大，此一結果在材料設計上有相當重要意義：通常各種強化材料的措施，包括：加工硬化、析出硬化、散佈強化、麻田散鐵強化等均會相對導致材料的脆化，惟有晶粒細化（grain refining）不但可以強化材料，同時亦改善延展性！日本過去幾年全力推動之「超鋼鐵計畫」（Supersteel Project），希望在不添加昂貴合金元素的情況下，藉助熱機處理使低成本鋼鐵材料達到「強度加倍、可靠性加倍」的目標，其基本原理即是「晶粒細化」。

當然，上述晶粒細化效應在粒界脆化情況是不成立的，此時材料粒界受到粒界偏析（grain boundary segregation）、粒界析出（grain boundary precipitation）、粒界熔融（grain boundary melting）等有害效應，降伏強度不變，但斷裂強度會大幅下降，圖 5.19 說明其延性／脆性轉化溫度上升，材料脆性破壞傾向增加。

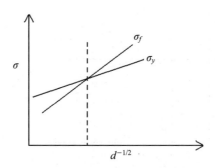

圖 5.17　晶粒尺寸對降伏強度及斷裂強度之影響

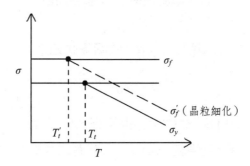

圖 5.18　晶粒細化可同時強化材料及改善延展性

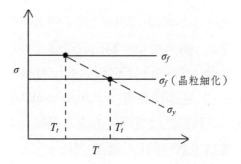

圖 5.19　粒界脆化造成延性／脆性轉換溫度上升

四、恆力破壞斷面微觀特徵

為了描述恆力破壞的破斷面形貌特徵及其形成機制，先定義 3 個應力值：㈠結合應力（cohesive stress，σ_c）：材料內部原子與原子之間的鍵結力；㈡降伏應力（yield stress，σ_y）：推動晶格內差排造成材料塑性變形所需之應力；㈢斷裂應力（fracture stress，σ_f）：材料宏觀斷裂之應力。針對脆性破壞、延性破壞及準劈裂破壞的形貌特徵與形成之機制，分別說明如下：

㈠脆性破壞（$\sigma_c < \sigma_f < \sigma_y$）

脆性破壞可區分為沿晶脆斷與穿晶脆斷兩種情況，分別說明如下：

1. 沿晶脆性破壞（intergranular brittle fracture）

材料粒界（grain boundary）由於一些有害效應，例如：粒界偏析、粒界析出、粒界熔融等，造成沿粒界兩邊原子之間的鍵結力減弱，施加壓力在尚未引發晶粒內部晶格差排滑動，粒界區域的原子鍵結已經斷裂，使得材料沿著粒界產生脆性破壞，其破斷面特徵為完整晶粒裸露形貌（圖 5.20）。典型的沿晶脆性破壞實例是鋼鐵回火脆化（temple embrittlement），此時鋼鐵內部晶格經由回火熱處理已經韌化，降伏強度（σ_f）提高，但是回火過程，一些有害元素（P、Sb 等）在粒界發生偏析，使得粒界位置的原子鍵結力（σ_c）大幅降低，構成脆性破壞條件（$\sigma_c < \sigma_f < \sigma_y$），因而形成沿晶脆性斷裂。

圖 5.20　沿晶脆性破壞形貌

2. 穿晶脆性破壞（transgranular brittle fracture）

　　由於一些脆化因素，例如：低溫、bcc 或 hcp 結晶構造，造成晶粒內部晶
格鍵結力較弱，外加應力尚未能推動晶格差排滑動就先引發晶格原子沿著特定
結晶面斷裂，其破斷面特徵即為特定結晶面裸露之劈裂（cleavage）形貌（圖
5.21），因此穿晶脆性破壞又稱為劈裂破壞（cleavage fracture）。劈裂破壞除
了主要的特徵—劈裂面，另外在每個穿晶破裂晶粒可見到圖 5.22 之河川狀條紋
（river pattern），這些河川狀條紋的成因可由圖 5.23 說明：最初，材料可在
晶格鍵結力最弱的結晶面隨機發生斷裂，此劈裂面一般為{100}面，由於初始
劈裂面為隨機形成，只要結晶方位屬於同一劈裂面，劈裂位置可以有不同落
差，因此在同一晶粒內有多數劈裂面同時形成，然而隨著破裂進展（圖 5.23 向
左方向），這些相同結晶方位不同落差之劈裂面將逐漸合併，使劈裂面數目減
少，如果晶粒夠大，最終這些劈裂面將合而為一，不同落差之劈裂面形成階
梯，這些延伸的劈裂面階梯在順著破裂方向呈現類似河川走向（亦即：許多支
流逐漸匯聚成大河），因此稱為河川狀條紋，而經由河川狀條紋走向正可以判
斷材料破裂的進展方向（fracture direction），以圖 5.23 為例：劈裂面河川狀條
紋走向（支流匯聚成大河之流向）為由右向左，此即相對於材料破裂之傳播方

向。圖 5.24 為一 IC 晶片脆裂實例，由破斷面之河川狀條紋走向可以判斷此矽晶片破裂方向是由 IC 線路正面向背面進行。

圖 5.21　典型的劈裂破壞形貌

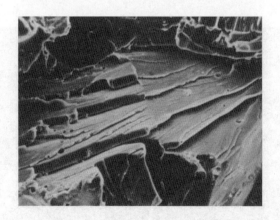

圖 5.22　劈裂破壞河川狀條紋

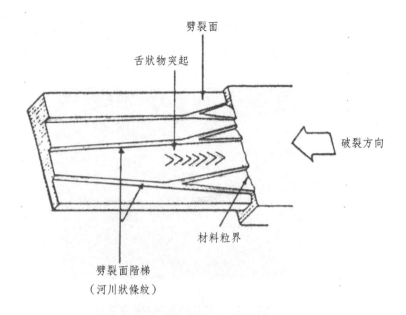

圖 5.23　劈裂破壞河川狀條紋特徵的形成機制

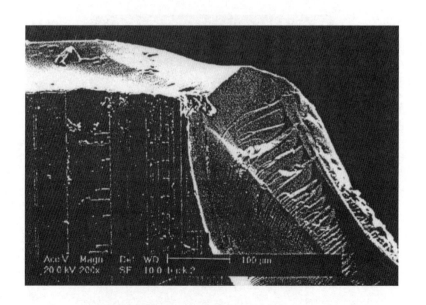

圖 5.24　積體電路的晶片脆性破壞呈現劈裂面及河川狀條紋

　　穿晶脆性破壞（劈裂）除了呈現河川狀條紋特徵，在其劈裂面常可見到圖
5.25 之舌狀物突起，這些舌狀物突起是由於劈裂進展過程，材料局部發生孿晶

（twin）變形所造成，圖 5.26 說明劈裂由左向右進展過程，晶格出現孿晶變形，使得局部劈裂面被掀起，隨後又回復到原來的劈裂面，如此產生舌狀物突起。由圖 5.26 之形成機制亦可說明材料劈裂之方向與舌狀物的掀起方向一致，亦即破裂方向是由舌狀物突起尖端向前進展（圖 5.25 及圖 5.26 之由左至右方向）。

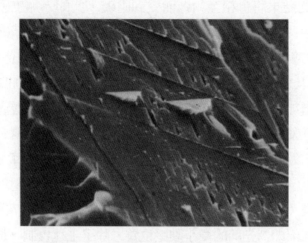

圖 5.25　劈裂面之舌狀物突起特徵

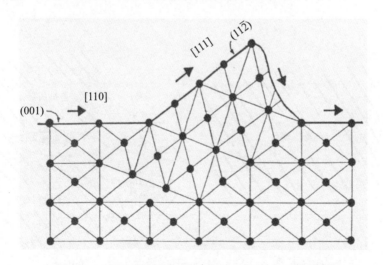

圖 5.26　劈裂進展局部孿晶變形造成舌狀物突起

(二)延性破壞（$\sigma_c < \sigma_f < \sigma_y$）

延性破壞（ductile fracture）發生在材料的鍵結力（σ_c）足夠時，外加應力先達到降伏應力（σ_y），使差排滑動，材料發生塑性變形，眾多差排沿著不同滑移系統運動的結果將會相互糾纏而受到阻礙，此即為加工硬化現象（work hardening），這些相互糾纏的差排導致後續滑動的差排堆積（dislocation pile-up），造成應力集中（圖 5.27a），累積的應力（σ_p）與剪力係數（G）、Burgers 向量（b）及差排數目（N）成正比：$\sigma_p = GbN$，隨著外加應力提高，堆積差排數目繼續增加，局部區域所累積之應力亦不斷上升至超過晶格鍵結力 $\sigma_p > \sigma_c$，而使得材料發生局部晶格破裂（圖 5.27b），應力集中隨之消除，裂縫傳播亦跟著停止，如此材料破裂只侷限在微小局部區域，亦即產生許多微小裂縫（microcracks），圖 5.28a 顯示外加應力使微小裂縫之間的材料繼續以延性材質變形方式拉長（圖 5.28b），最後整體材料以圖 5.28c 之窩穴狀（dimple）破斷，在窩穴的底部即為先前的微小裂縫位置。除了上述機制，造成微小裂縫還包括 2 個來源：(1)刃差排的下方代表晶格空缺，因此大量刃差排堆積即自然成為裂縫（圖 5.27b 左方），(2)材料內部夾雜物（inclusions）在外加應力下也會

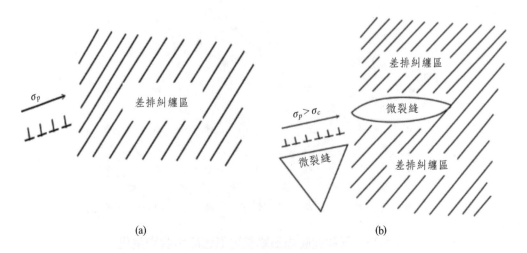

(a)   (b)

圖 5.27　延性破壞機制─微小裂縫形成

形成微小裂縫。圖 5.29 為純銅拉伸破斷的窩穴特徵，在窩穴邊緣的環狀條紋為差排滑移線，不同的應力型式會使得窩穴外觀有所差異，例如：圖 5.30a 之正向拉伸造成對稱形窩穴，圖 5.30b 之剪力拉伸造成窩穴沿剪力方向拉長。

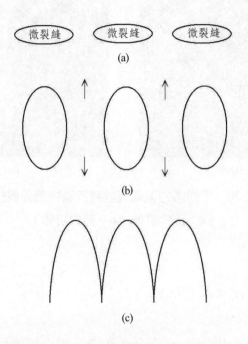

圖 5.28　延性破壞機制─窩穴特徵形成

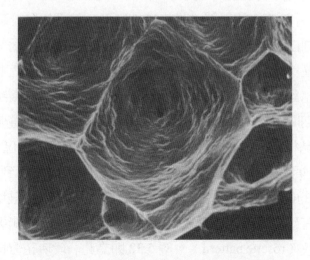

圖 5.29　純銅拉伸破斷之窩穴狀特徵

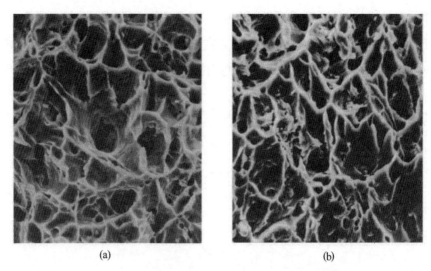

(a) (b)

圖 5.30　不同應力型式造成窩穴狀特徵外觀差異

（a：正向拉伸，b：剪力拉伸）

(三)**準劈裂破壞**（$\sigma_y < \sigma_c < \sigma_f$）

　　準劈裂破壞（quasi-cleavage fracture）為一種介於脆性破壞與延性破壞之間的機械力作用特殊破壞型式，此時材料內部具有足夠但不是很大的晶格鍵結力（$\sigma_c > \sigma_y$），外加應力使材料先進行塑性變形，並且類似於延性破壞機制經歷差排糾纏、加工硬化、差排堆積及應力集中等過程，接著累積應力（$\sigma_p = GbN$）在局部區域超過晶格鍵結力（$\sigma_p > \sigma_c$），而造成裂縫產生，由於準劈裂破壞材料的晶格鍵結力（σ_c）並非很大，一旦裂縫形成將會擴展到較大範圍，在此裂縫擴展期間，材料破壞呈現局部劈裂特徵，但隨著裂縫傳播，累積應力逐漸衰減低於晶格鍵結力，裂縫停止擴展，而形成許多劈裂區（圖 5.31a），這些劈裂區之間的材料接著以延性變形的方式被拉長直到完全破斷（圖 5.31b），呈現的破壞特徵為許多包含河川狀條紋特徵的脆性破壞劈裂區，而在劈裂區邊緣則有延性撕裂之形貌，這種兼具脆性劈裂與延性撕裂之破壞特徵稱為玫瑰花瓣條紋（rosette pattern），圖 5.32 即為此一玫瑰花瓣特徵之準劈裂破斷面。

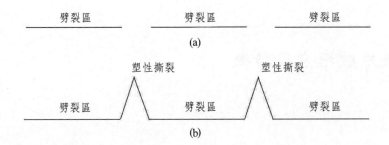

圖 5.31　準劈裂破壞機制—玫瑰花瓣形成

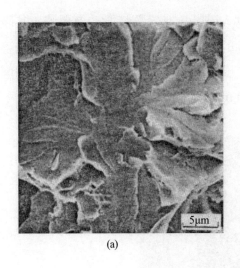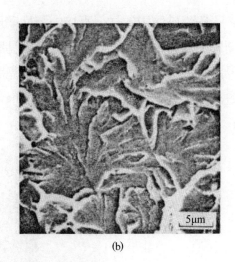

(a)　　　　　　　　　　　　　　　(b)

圖 5.32　準劈裂破壞的玫瑰花瓣特徵

（a：40MnMoNb 結構網，b：壓力容器鋼）

五、恆力破壞宏觀特徵

㈠脆性破壞宏觀特徵

　　脆性破壞由於材料直接由彈性變形轉入破斷，其宏觀特徵較為單純：其破斷區沒有明顯縮頸，此外，不論沿晶脆斷的裸露晶粒或穿晶脆斷的劈裂面均容易將光線反射，因此破斷面呈現光亮狀（圖 5.33）。對於平板厚材，脆性破壞會出現如圖 5.34 所示之人字形（Chevron marking）宏觀特徵。

圖 5.33　脆性破壞宏觀形貌

圖 5.34　平板厚材脆性破壞之人字形特徵

㈡延性破壞宏觀特徵

延性破壞相對於脆性破壞所呈現基本宏觀特徵為明顯縮頸及破斷面陰暗狀（圖 5.35），由於延性破壞在完全斷裂前，材料經歷很長的塑性變形過程，其破壞宏觀特徵亦較為複雜，且隨材質、環境及應力形式而異，大致可歸納出下列 6 種類型：

1. 杯錐狀破裂（cup and cone fracture）

常見於一般鋼鐵、黃銅及鋁合金，其形成機制可由圖 5.36 的孔洞平板理論（void sheet mechanism）說明：首先塑性變形縮頸造成材料局部區域（縮頸區）應力提高，產生大量微小孔洞，這些孔洞聚集成裂縫，並且朝 45°方向延伸至即將脫離縮頸區（高應力區），此時孔洞裂縫必須轉折回到高應力的縮頸區，如此重覆轉折使裂縫傳播路徑呈現 45°上下鋸齒狀向外延伸，末期材料只剩外圍環狀連結，最後剪應力造成外圍材料沿 45°一次斷裂，形成杯錐狀破裂外觀。圖 5.37 為一鍍鋅鋼材拉伸斷裂所呈現之杯錐狀破裂宏觀特徵。

圖 5.35　延性破壞基本宏觀特徵

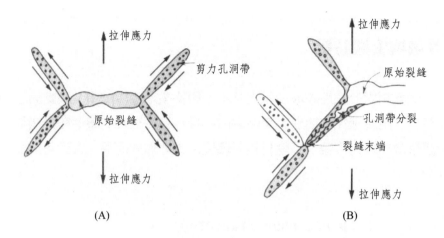

圖 5.36　孔洞平板理論說明杯錐狀破裂機制

圖 5.37　延性破壞之杯錐狀斷裂宏觀特徵

2. 雙杯狀破裂（double cup fracture）

　　常見於銅、鋁、銀、金、鎳等面心立方結構延性材料，其形成或機制初期亦以圖 5.36 之孔洞平板理論進行，但末期裂縫延伸之外圍，拉伸應力造成這些較延性材料外面環狀剩餘區直接被拉長撕裂，而呈現雙杯狀破斷宏觀特徵。

3. 銑刀狀破裂（milling cutter fracture）

常見於高強度或高韌性鋼，其形成機制如圖 5.38 所示，由於材質造成縮頸區材料中心及周圍均有高應力分佈，裂縫以徑向沿 45° 上下交替傳播直到完全斷裂。圖 5.39 為高強度析出硬化鋼拉伸斷裂所呈現的典型銑刀狀宏觀特徵。

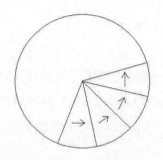

圖 5.38　銑刀型破裂機制

圖 5.39　高強度析出硬化鋼拉伸斷裂形成銑刀狀宏觀特徵

4. 剪斷（shear fracture）

通常發生在鋼絞線之類材料，拉伸負荷作用在材料本身為明顯的剪應力，造成差排沿著單一滑移系統進行到底，使得材料呈現接近 45°剪斷外觀。圖 5.40 為海底電纜外包鋼絞線斷裂之典型剪斷宏觀特徵。

5. 點狀破裂（point fracture）

發生在極純金屬材料，由於內部幾乎不含雜質或夾雜物，孔洞不易形成，前述孔洞平板理論（void sheet mechanism）裂縫傳播不會發生，材料無限縮頸至截面成為點狀才完全斷裂。圖 5.41 為一典型的點狀破裂宏觀特徵。

6. 超塑性破裂（superplastic fracture）

相較於點狀破裂的無限縮頸，超塑性破裂是發生在材料幾乎無縮頸的情況，此時整體材料均勻變形，截面積均勻縮小，在斷裂前材料可以被拉伸到極大的伸長率，例如鈦合金在超塑性狀態可被拉長到 1000%以上，圖 5.42 的超塑性 Bi-Sn 共晶合金甚至伸長率高達 1950%。材料要產生超塑性破裂必須符合特定的條件：(1)晶粒尺寸小於 10μm，(2)雙相組織結構，(3)應變速率低於 10^{-4}，(4)變形溫度高於 1/2 絕對熔點。符合這些超塑性條件的材料在受力變形過程，內部晶粒會有旋轉現象（grain rotating）而自行沿受力方向調整位置，因此材料整體均勻拉長（個別晶粒旋轉而不伸長），無局部面積減小之縮頸現象。

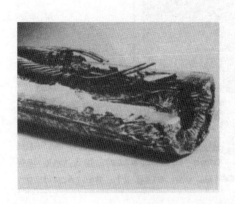

圖 5.40　外包鋼絞線剪斷宏觀特徵

圖 5.41　點狀破裂宏觀特徵

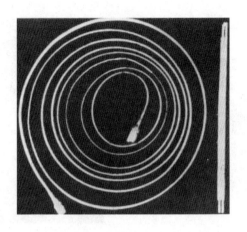

圖 5.42　Bi-Sn 共晶合金超塑性破裂外觀（材料整體被拉長 1950%）

六、總結

　　材料施加固定應力，將產生恆力破壞，其破壞類型可區分為脆性破壞、延
性破壞、準劈裂破壞；觀察恆力破壞的破斷面：穿晶脆性破壞的特徵是劈裂面
及河川狀條紋，延性破壞的特徵是窩穴，準劈裂破壞的特徵是玫瑰花瓣標記。
脆性破壞的宏觀特徵是無縮頸及表面光亮狀，延性破壞的宏觀特徵則是明顯縮
頸及表面陰暗狀，延性破壞外觀有 6 種不同斷裂型式：杯錐狀破裂、雙杯狀破
裂、銑刀狀破裂、剪斷、點狀破裂及超塑性破裂。材料在較佳差排滑動晶格組
織、較高溫度、較低應變速率以及單軸向應力狀態（表面光滑無缺口）等條件
下，差排容易滑動，傾向於延性破壞；反之，差排滑移受阻，材料將發生脆性
破壞。然而即使在延性破壞條件，如果材料粒界遭受一些有害效應（粒界偏
析、粒界析出、粒界熔蝕），亦可能導致沿晶脆性破壞。

(一) X 光繞射法量測焊接殘留應力

　　焊接後之試片利用加拿大 DENVER PROTO 公司的 XRD-1000 應力量測儀量測其殘留應力，使用之 X 光入射線為 $Cr K_\alpha$，加速電壓為 25kV，電流為 5mA，量測繞射平面，即未受到應力時 $2\theta = 156°$ 之繞射平面，繞射中心到偵測器表面的距離 $R_0 \approx 40mm$，材料常數 $E/(1+v) = 156,000MPa$，量測前，先使用經退火已無應力之細鐵粉（400mesh）矯正零應力值。圖 6.19 為沿著電子束焊接試片中央垂直於焊道且穿過焊道中心的直線所量得之表面殘留應力分佈，圖 6.20 則為雷射焊接試片以相同的 X 光繞射量測方法所得到的表面殘留應力分佈結果。

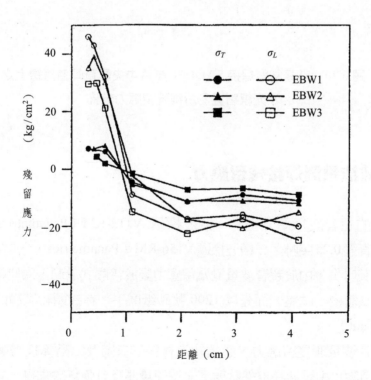

圖 6.19　沿著電子束焊接 SAE4130 試片中央垂直焊道直線上之
X 光繞射量測所得殘留應力分佈

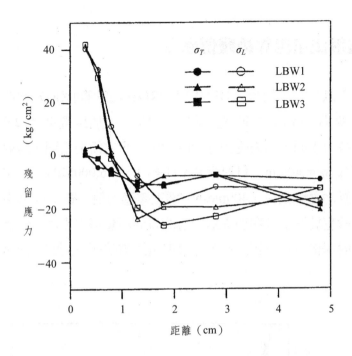

圖 6.20　沿著雷射焊接 SAE4130 試片中央垂直焊道直線上之
X 光繞射量測所得殘留應力分佈

㈡超音波法量測焊接殘留應力

　　使用的超音波探頭分別為：縱波探頭 V112-RM（Panametrics，主頻率 10MHz，直徑 0.25 英吋），橫波探頭 V156-RM（Panametrics，主頻率 5MHz，直徑 0.25 英吋）。由於超音波量測殘留應力屬於接觸式量測，為使超音波能有效的傳入試體內，試體表面先以 1200 號砂紙磨平。在探頭和試體間塗上耦和劑（Couplant）。

　　以超音波量測殘留應力，必須知道材料的二階及三階彈性常數和音彈常數。這些常數可由試體在自然狀態下之波速量測及音彈實驗求得，其結果列在表 6.3。由於不同的加工製程會造成材料初始異向性不同，因此進行音彈性試驗時需注意試體之方向性。

表 6.3 SAE4130 鋼材超音波應力量測之彈性常數與音彈常數

材料彈性常數或音彈參數	代號	
無應力狀態下縱波波速	V_{L0}	6096.5m/s
無應力狀態下橫波波速	V_{T0}	3216.5m/s
材料之二階彈性常數	λ	129.4Gpa
材料之二階彈性常數	μ	81.27Gpa
材料蒲松比	v	0.3067
材料密度	ρ	7855kg/m^3
材料楊氏係數	E	212.44 Gpa
平行應力方向橫波波速對應力之斜率	K_{T1}	-28.84m/s.Gpa
垂直應力方向橫波波速對應力之斜率	K_{T2}	2.586m/s.Gpa
縱波波速對應力之斜率	K_L	10.11m/s.Gpa
材料之平行應力方向三階彈性常數	v_1	-276.97 Gpa
材料之垂直應力方向三階彈性常數	v_2	-338.67 Gpa
材料之垂直鋼板方向三階彈性常數	v_3	-210.33 Gpa
音彈性係數	C_A	-0.977×10^{-5}/MPa
音彈性係數	C_B	1.087×10^{-3}/MPa

　　超音波探頭在鋼板上之量測位置如圖 6.21 所示，圖中黑色原點為超音波探頭的量測位置。電子束焊接和雷射焊接皆具有焊道寬度窄小而滲透深度和熱影響區（HAZ）寬度狹窄等特色，且焊接的試體薄（約 2.5mm），因此可假設其由焊接所引起的殘留應力屬於平面應力狀態。因為受制於探頭尺寸和避免邊界造成反射的影響，所以採取最接近焊道的量測點距焊道 5mm 的距離。試片 1 至 3 為電子束焊接而試片 4 至 6 為雷射焊接。在本實例中主應力軸方向已由超音波方式測知，且試體亦依照主應力軸方向製作，因此可量測兩主應力差。

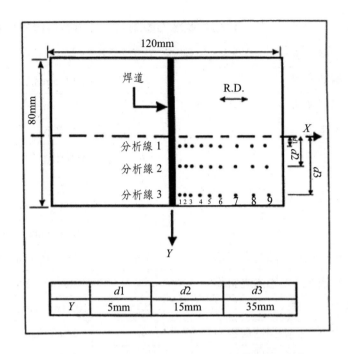

圖 6.21 焊接鋼板超音波雙折射量測位置

　　量測所得電子束焊接 SAE4130 試片中央垂直焊道直線上之殘留應力分佈如圖 6.22 所示，同樣量測雷射焊接試片之結果則示於圖 6.23，大致均與 X 光繞射結果一致，對於不同之電子束或雷射焊接條件，其殘留應力影響區均侷限於離焊道 1cm 處，此亦符合電子束或雷射焊接之熱影響區較窄以及殘留應力較小之特色。由於單一焊道對鋼板所引致的殘留應力，主要是由鋼板抵抗焊道收縮所造成的，其應力分佈如圖 6.24 所示，在焊道縱向（Y方向）產生收縮，使得焊道附近產生縱向的張應力，為了維持平衡，離焊道較遠處產生縱向的壓應力，假如焊道夠長，張應力在焊道中間區域（X軸附近）將維持一定，而在焊道兩側逐漸降低至零；在沒有外力的阻礙下，橫向收縮將在焊道中間引起張應力，於焊道兩端引起壓應力；只要焊道夠長，對於薄板焊件而言，垂直焊道的應力遠低於平行焊道的應力。利用 X 光繞射及超音波量測所得殘留應力分佈亦均與此理論推測相符合。

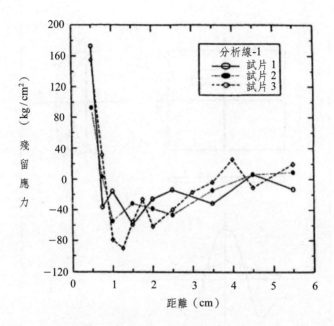

圖 6.22　沿著電子束焊接 SAE4130 試片中央垂直焊道直線上之
超音波量測所得殘留應力分佈

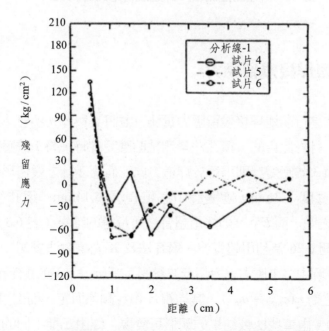

圖 6.23　沿著雷射焊接 SAE4130 試片中央垂直焊道直線上之
超音波量測所得殘留應力分佈

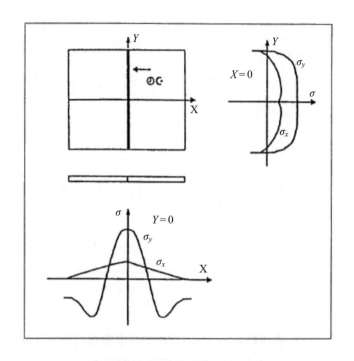

圖 6.24　理論推測單一焊道殘留應力分佈情形

㈢鑽孔法量測焊接殘留應力

利用鑽孔法進行前述焊接殘留應力量測，並將其與 X 光繞射法及超音波法量測結果比較，針對此目的，鑽孔法量測黏貼應變計時，將 1 號應變計方向垂直於焊道方向而 3 號應變計則平行於焊道方向。而應變計之幾何形狀分別為：長度 1.5mm，寬度 1.3mm，應變計中心值直徑 5.14mm。鑽孔後的孔徑在 1.79～1.83mm 之間，而 E 和 ν 則採用超音波所量得的結果（表 6.3）。

圖 6.25 與圖 6.26 為利用超音波、鑽孔法及 X 光繞射法量測二主應力差之結果作一比較。圖中之主應力差對超音波量測而言 $(\sigma_1 - \sigma_2)$ 亦可表為 $(\sigma_y - \sigma_x)$，而對鑽孔法而言為 $\pm(\sigma_{max} - \sigma_{min})$，其需視 ε_1 和 ε_3 關係而定，而對 X 光繞射法而言是 $(\sigma_Y - \sigma_X)$。由這些比較結果的圖形可發現，經由三種不同的量測方法所得的試片內殘留應力分佈趨勢有相似的結果，焊接所引致之殘留應力只集中在

離焊道 1cm 處。

　　比較這三種不同的量測方法，可以發現 X 光繞射法的量測距離最接近焊道，可達到 1mm 的距離，而超音波量測殘留應力由於受限於超音波探頭的幾何尺寸因此距焊道 5mm 處為所能量得的離焊道的最近距離。鑽孔法由於受到規範的指定要求，在此只量取三個點。因此可知對於焊接所引致的殘留應力，假使其熱影響區非常窄，這時 X 光繞射法應是最佳的選擇。若只想量取某一點的應力狀況且不在乎量測物是否受到破壞，鑽孔法應是首要的考慮，因其操作方便且設備簡單。假使是要連續量測多點此時超音波量測法應是最好的量測方法，因其設備費用較 X 光繞射法低且操作上又較鑽孔法易達到自動化的量測，且耗材的費用又低，因此應視情況採用不同的量測方法。

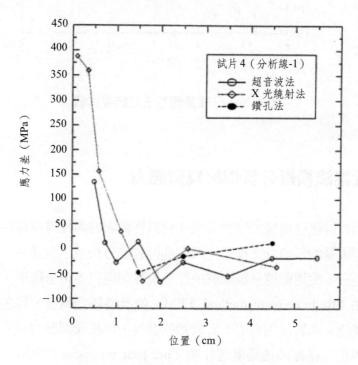

圖 6.25　三種量測方法之結果比較

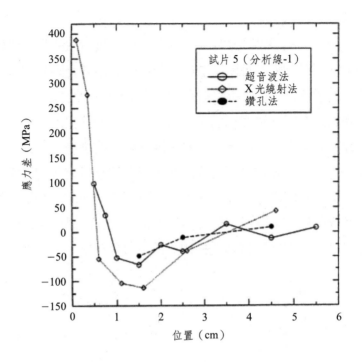

圖 6.26　三種量測方法之結果比較

㈣有限元素法模擬分析焊接殘留應力

　　早期對於焊接殘留應力這種非線性材料性質與非線性邊界條件的問題，由於必須處理大量的偏微分方程式，所以進行數值分析並不容易。近年來由於電腦科技的提升，使用數值分析來解決此一複雜問題已不再是難事，而其中又以有限元素法（finite element method, FEM）的發展最受矚目，其在工程上的應用也日益廣泛。由於泛用有限元素軟體的發展，焊接殘留應力的分析已變得較為容易，再加上搭配前後級處理軟體（pre-post processor）使用，使得分析前的網路建立與分析後的結果顯示更為容易，尤其在處理複雜模型時，更顯示出前後級處理器的優點。

　　有限元素分析在焊接殘留應力的應用，已有不少的研究結果，Kim 曾經以有限元素法，針對鈦與鋁及不銹鋼磨擦焊接後的殘留應力與塑性變形之生成加

以探討。Bae 曾對 V 型開槽鋼板的單道次潛弧焊接，進行有限元素模擬分析，求得溫度場的分佈與熱應力的分佈，並且以此模型進行焊後熱處理之應力消除的模擬。Shim 等人則使用有限元素法，對厚板件的多道次焊接加以模擬，分析焊接所引致的殘留應力分佈情形與焊道冷卻過程溫度的變化情形，模擬之結果並與實驗結果比較。

　　使用有限元素法模擬焊接，除了彌補實際應力量測之不足，也可以提供適當的焊接製程，減少實際焊接失誤的時間與成本。Raghavendran and Fourney 曾利用有限元素法，分析對接焊趾（toe）的角度對應力集中的影響，並嘗試找出最佳的焊趾角度。Tsai 使用有限元素法，以薄殼元素的三維模型，預測焊接所引致的變形，並找出最佳的焊接參數，對變形加以控制。Josefson 針對多道次的管件對接及箱型梁的點焊，就焊接時產生的殘留應力與變形加以探討，評估結構體在使用上可能生成的破壞。Yuan 及 Draugelates 亦使用有限元素法，針對焊接時各種參數的影響加以分析，求得較理想的焊接條件。Hou 以熱彈塑性有限元素法分析縫口（slit type）焊接試片，推導在焊接時縫口間隙（groove gap）收縮曲線的數學模式，而由分析與實驗結果相互比較，顯示此一數學模式可應用於實際焊件上。Satonaka 及 Tatsukawa 使用有限元素法，針對 TIG 電弧焊的熱傳導加以研究，探討不同熱傳導性材料，焊接過程中溫度梯度的差異。此外 Ueda、Kasuga 以及 Park 也針對各種不同型態的焊接方式進行應力應變分析。進行焊接模擬時，焊道部分可能會發生嚴重的局部變形，造成網路扭曲，影響分析之進行，因此 Brown 以網路重劃（rezoning）的方式，在每一時間增量開始時，重新建立新網格，使分析能繼續進行。

　　對於前述雷射焊接之 SAE4130 試片利用有限元素法泛用軟體 MARC 及其前後級處理器 MENTAT II 進行其殘留應力模擬分析，所使用之 MARC 及 MEN-TAT II 分別安裝於國科會國家高速電腦中心之超級電腦 CRAY 及 IBM 工作站上，經由網路連線使用，圖 6.27 為此有限元素模擬分析之流程；圖 6.28 為前述 3 種雷射焊接條件完成試片之殘留應力分佈的有限元素分析結果，圖 6.29 則為 LBW1 焊接條件下試片縱向殘留應力分佈之 X 光繞射量測值與有限元素法分析結果比較，兩者的結果相近，圖 6.30 為同樣試片由中央起平行焊道之橫向殘留應力以 X 光繞射量測及有限元素模擬分析之結果比較，兩者之結果亦大致

相似，除了有限元素分析結果在焊道旁有略高之張應力區，Shim 之分析結果亦有相同情形。量測值未出現此一張力區的原因，可能是因為此張力區範圍不大，而量測點不夠密集所致。

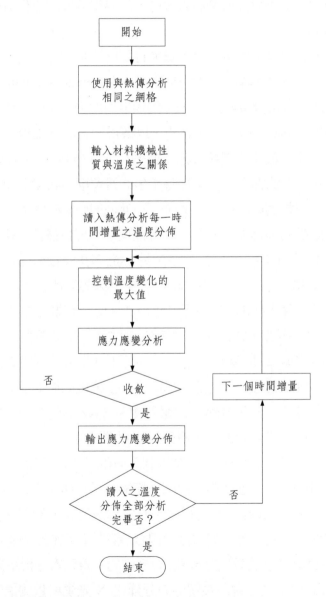

圖 6.27　有限元素模擬分析焊接殘留應力之流程圖

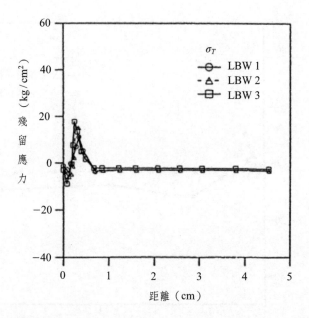

圖 6.28　有限元素模擬分析雷射焊接 SAE4130 的不同焊接條件的殘留應力分佈。

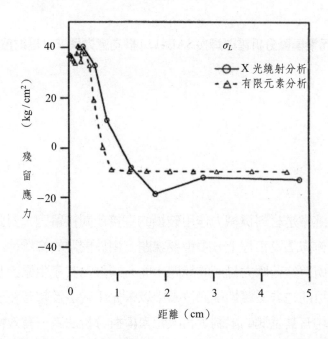

圖 6.29　有限元素模擬分析雷射焊接 SAE4130 縱向應力與 X 光繞射量測結果之比較

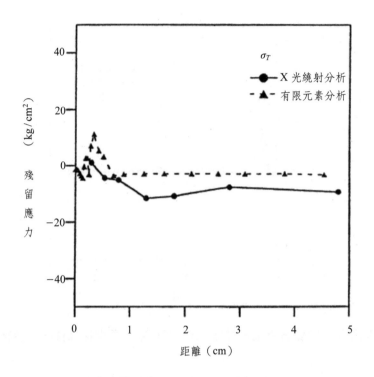

圖 6.30　有限元素模擬分析雷射焊接 SAE4130 橫向應力與 X 光繞射量測結果之比較

六、總結

　　殘留應力經常是材料機械力作用破損的直接或間接肇因，對此殘留應力的量測技術與分析方法為工程上一項重要課題，由於問題的複雜性，沒有一完整方法可以解決所有殘留應力量測的問題，而必須針對其產生原因及各項因素分別加以考量，目前在非破壞性檢測技術中以 X 光繞射法及超音波法為較可靠之方式，然而亦均有其量測的限制，有限元素模擬分析法為一有效輔助工具，而三者相輔相成可以提供最為完備之殘留應力資訊。

參考資料

1. 吳政忠、施光亮、莊東漢："超音波量測 SAE4130 鋼板之焊接殘留應力"，檢測科技，14 卷 5 期，(1996) 264.

2. 黃基哲："雷射及電子束焊接 4130 鉻鉬鋼之殘留應力量測與模擬分析"，台灣大學材料所博士論文，莊東漢教授指導，(1997).

3. C.C. Huang, Y.C. Pan and T.H. Chuang,"Effects of Post-Weld Heat Treatments on the Residual Stress and Mechanical Properties of Electron Beam Welded SAE4130", J. Mat. Eng. & Perform., 6 (1997) 61.

4. C. C. Huang, and T.H. Chuang, "Effects of Post-Weld Heat Treatments on the Residual Stress and Mechanical Properties of Laser Beam Welded SAE4130", Mat, & Manuf. Processes, 12 (1997) 779.

5. M.E. Hilley, J. A. Larson, C. F. Jatczak and R. E. Ricklefs ed., Residual Stresses Meas- urement by X-Ray Diffraction, SAE J784a,2nd ed., Society of Auto.Engr., 400 Commonw-ealth Drive, Warrendale, PA (1971)

6. C. L. Tsai, "Prediction and Control of Welding-Induced Distortion"，慶齡工業研究中心，焊接殘留應力、變形分析及控制研討會講義，83-A-01 (1994)。

7. "Determining Residual Stresses by Hole-Drilling Strain-Gage Method",ASTM E-837-85.

8. Measurements Group Inc., "Measurement of Residual stress by the Hole-Drilling Strain Gabe Method", Measurement Group TNO-503-3(1990).

CHAPTER 7

疲勞破壞

在工業應用上，結構材料與機械零件破損的案例中，疲勞破壞佔所有破損原因的比例至少 50% 以上。疲勞破壞有別於靜態破壞，其破壞時外觀將有明顯變形的徵兆，而大多是在無預警且不可預期的情況下發生，故往往造成相當嚴重的損失，甚至發生人員傷亡之重大不幸意外，所以疲勞破壞也引起科學家及工程師們的注意，投入大量金錢與時間研究疲勞破壞的機制，並致力於事前預防及抑制疲勞破壞的研究。

一、疲勞破壞機制

產生疲勞破壞時有一重要的條件，其即為循環應力。循環應力依應力與時間作圖的不同分類，基本上可分為三種模式，分別是：㈠定振幅對稱應力（亦稱完全反向循環應力，即最大應力之值與最小應力之絕對值相等，且平均應力為零）、㈡定振幅不對稱應力及㈢任意、振幅應力，如圖 7.1 所示。

其中　σ_{max}＝ 最大應力（Maximum Stress）

σ_{min}＝ 最小應力（Minimum Stress）

σ_m　＝ 平均應力（Mean Stress）$= \dfrac{\sigma_{max} + \sigma_{min}}{2}$

$\Delta\sigma$＝ 應力範圍（Stress Range）$= \sigma_{max} - \sigma_{min}$

σ_a　＝ 應力振幅（Stress Amplitude）$= \dfrac{\sigma_{max} - \sigma_{min}}{2} = \dfrac{\sigma_r}{2}$

R　＝ 應力比值（Stress Ratio）$= \dfrac{\sigma_{min}}{\sigma_{max}}$

A　＝ 振幅比值（Amplitude Ratio）$= \dfrac{\sigma_a}{\sigma_m}$

一般習慣定義張應力為正值（＋），壓應力為負值（－），故對圖 7.1a 定振幅對稱應力情況下其 R 值為 -1。

疲勞破壞過程依先後順序可區分為三個主要階段，分別是：㈠疲勞微裂縫形成、㈡疲勞裂縫成長及㈢最後破壞斷裂。

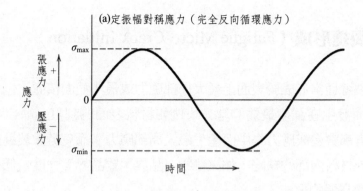

(a)定振幅對稱應力（完全反向循環應力）

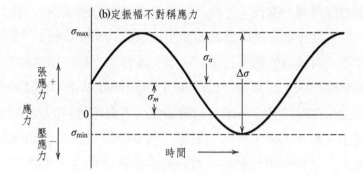

(b)定振幅不對稱應力

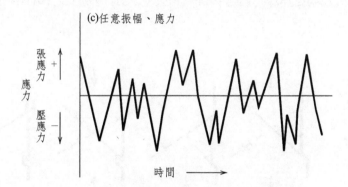

(c)任意振幅、應力

圖 7.1　循環應力對時間作圖之三種模式

㈠疲勞微裂縫形成（Fatigue Micro-Crack Initiation）

　　疲勞微裂縫通常形成於表面上最大局部應力或最小截面積處，也可能因為材料的差異而發生在強度最弱的地方。例如材料表面的刮痕、缺口、凹槽等處，這些地方都會造成應力集中而產生最大局部應力，而疲勞微裂縫就會在此處形成，另外材料內部的缺陷，如夾雜物、晶界、雙晶界等強度較低之處，亦有利於疲勞微裂縫的形成。

　　當循環應力作用幾千次後，某些晶粒會沿著最大分解剪應力平面（與施力軸夾角約 45°）之方向發生差排滑移並產生滑移線（Slip Line），隨著循環應力反覆繼續作用，滑移線的數量將增加，並且滑移線之局部區域亦將增寬，形成明顯且不易磨除的永久滑移帶（Persistent Slip Band, PSB），其內含約 5000 條滑移線。這種永久滑移帶在循環應力繼續作用下會在材料的表面上產生細小帶狀隆起的擠出（Extrusion）與進入表面的狹窄裂紋狀擠入（Intrusion），此兩者均會沿著永久滑移帶平行發展，最終形成疲勞微裂縫，如圖 7.2 與 7.3 所示。而圖 7.4、7.5 與 7.6 則是銅單晶中，於永久滑移帶上之擠出與擠入區之實際照片。

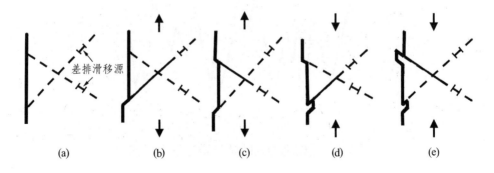

差排滑移源

(a)　　(b)　　(c)　　(d)　　(e)

圖 7.2　滑移帶形成擠出與擠入之機制示意圖

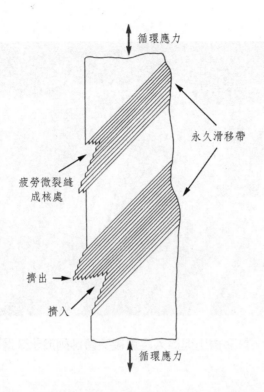

循環應力

永久滑移帶

疲勞微裂縫
成核處

擠出

擠入

循環應力

圖 7.3　永久滑移帶（PSB）於試片表面的型態示意圖

1μm

圖 7.4　銅單晶中，於永久滑移帶上的一個擠出區

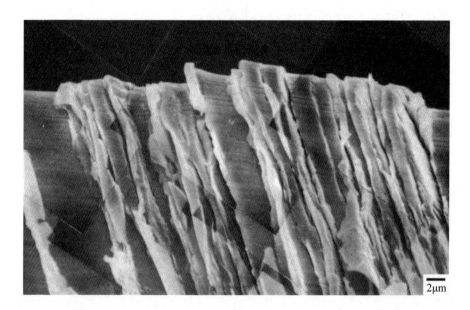

2μm

圖 7.5　銅單晶中，許多擠出與擠入區重複交替排列於永久滑移帶上的型態

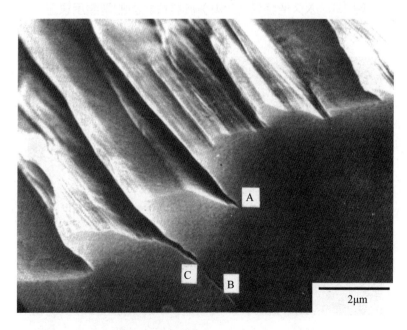

A

C　B

2μm

圖 7.6　擠出與擠入區的截面。（B 處即為疲勞微裂縫）

㈡疲勞裂縫成長（Fatigue Crack Growth）

疲勞微裂縫一旦形成，其成長速率與成長方向即被局部應力集中的狀況及裂縫尖端的材料性質所控制。隨著循環應力作用的次數增加，表面的擠出與擠入因具有裂縫的本性，故疲勞裂縫成長的階段已經開始了。疲勞裂縫成長依先後順序可分為兩個階段，第 I 階段是疲勞裂縫沿著永久滑移帶方向進行，而第 II 階段則是疲勞裂縫垂直應力方向進行，如圖 7.7 所示。

1. 第 I 階段

此階段疲勞裂縫會沿著高剪應力平面（即永久滑移帶）方向成長，使初期之疲勞裂縫加深，其成長速率相當緩慢，且為單一滑移。若在低應力情況下，或是試片方向具有優選方向，即鄰近晶粒的滑移平面幾乎相等，則疲勞裂縫可以延伸甚至跨越晶粒而都在單一平面上滑移，將有利於第 I 階段的成長。

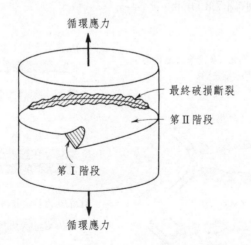

圖 7.7　自疲勞微裂縫成核後，疲勞裂縫成長之各階段示意圖

2. 第 II 階段

　　當疲勞裂縫前端之塑性變形由單一滑移進入多重滑移或是疲勞裂縫成長被障礙物阻擋時，將會進入第 II 階段之疲勞裂縫成長，且成長速率快速的增加。除此之外，疲勞裂縫的成長方向也由沿著永久滑移帶方向進行改變為垂直應力方向進行。一般來說，在第 II 階段疲勞裂縫的成長是由於疲勞裂縫尖端反覆的塑性鈍化和尖銳化進行，如圖所示。在應力循環的開始（0 或最大壓應力時），疲勞裂縫尖端將具有尖銳的雙凹痕形狀；當張應力作用時，將於疲勞裂縫尖端上的雙凹痕產生局部變形，且是沿著與破裂平面成45°方向之滑移面產生滑移；當疲勞裂縫張開到最大時，由於塑性剪力作用使其增長，同時尖端亦變鈍；當負荷變為壓應力時，在疲勞裂縫端點之滑移方向將逆向進行，使疲勞裂縫表面擠壓在一起；直到循環終了張應力再次作用時，新的破裂面將產生，因有部分的重疊區，使其形成新的雙凹痕而再度銳化；於是在應力循環作用下疲勞裂縫繼續鈍化、成長和銳化，逐漸由疲勞微裂縫生長成巨觀疲勞裂縫，而達到臨界的疲勞裂縫長度，如圖 7.8 所示。

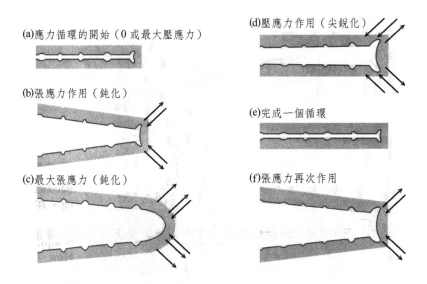

圖 7.8　疲勞裂縫成長之第 II 階段，裂縫尖端塑性鈍化和尖銳化的過程

㈢最終破壞斷裂（Final Rupture）

當疲勞裂縫成長達到臨界疲勞裂縫長度時，則材料本身剩下之截面積將無法承受所施加的負荷，會突然進入最終破壞斷裂階段而產生異常快速且具毀滅性的材料破損。

二、疲勞破壞的巨觀與微觀特徵

疲勞破壞的破斷面在巨觀上與微觀上分別可以看到不同的疲勞特徵，巨觀上指的是只要用肉眼即可觀察，而微觀則必須使用放大工具才得以清楚觀察，一般最常使用掃描式電子顯微鏡（Scanning Electron Microscope, SEM）作為觀察儀器。

㈠巨觀特徵（Macroscopic Character）

因為疲勞破壞起始於疲勞微裂縫的產生，且隨著循環應力作用的次數增加，疲勞微裂縫將成長並使得承受負荷的截面積逐漸減少，當疲勞裂縫生長達到臨界疲勞裂縫長度時，則材料本身剩下之截面積將無法承受所施加的負荷，將會突然進入最後破壞斷裂階段而產生異常快速且具毀滅性的材料破損。此種破壞的發展模式，將使得疲勞破壞的破斷面在巨觀上分成兩個表面型態完全不同的區域。依其表面型態的不同可以區分為兩個不同的區域，分別是：1.光滑平整的疲勞破壞區及 2.凹凸不平的最後破斷區，如圖 7.9 所示。而圖 7.10 為實際疲勞破壞之破斷面照片。

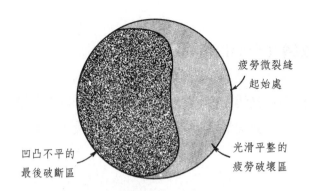

圖 7.9　疲勞破壞之破斷面表面型態示意圖

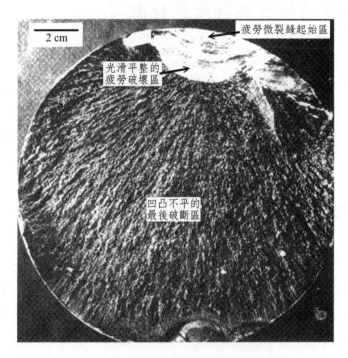

圖 7.10　疲勞破壞之破斷面表面型態照片

1. 光滑平整的疲勞破壞區

　　在疲勞微裂縫起始的區域，其成長相當緩慢，且試片每經一個循環週期，因為其前後變形，故使得疲勞裂縫的表面前後相互摩擦而得到一個類似磨亮拋

光的表面。

　　有時候光滑平整的疲勞破壞區會顯現出疲勞特徵中相當具代表性的海灘狀條紋（Beach Mark），或稱為蚌殼狀條紋（Clamshell Mark），此種海灘狀條紋通常會形成一種近同心半圓的形式，其圓心就是疲勞破壞的起源。形成這種海灘紋路的原因是因為應力振幅的大小不同所導致，因為循環應力振幅大小不同，在變動的循環應力振幅下，低應力時疲勞裂縫將減緩或是停止成長，而應力較高的時候疲勞裂縫又繼續或是加速成長，故會在破斷面上留下近同心半圓的環形紋路，如圖 7.11 所示。而圖 7.12 為實際疲勞破壞而具有海灘狀條紋之破斷面照片。

　　存有光滑平整或海灘紋路的破壞表面是材料疲勞破壞的良好證據，因此若是具有對這些巨觀特徵的辨認及認知能力，就可以適當的鑑定大部分的疲勞破壞。

2. 凹凸不平的最後破斷區

　　在最後疲勞破壞的階段當中，當試片無法承受所施加的負荷而突然斷裂時，因為沒有經過摩擦動作的這個階段故其表面將出現粗糙且不規則的特徵，亦有人稱其為粒狀表面。

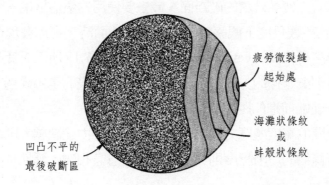

　　疲勞微裂縫
　　起始處

　　海灘狀條紋
　　或
　　蚌殼狀條紋

凹凸不平的
最後破斷區

圖 7.11　受不同振幅大小之應力，疲勞破壞之破斷面表面型態示意圖

圖 7.12 具有明顯海灘紋路之疲勞破斷面照片

㈡微觀特徵 (Microscopic Character)

　　欲觀察微觀之疲勞破壞的破斷面，最主要使用的儀器是電子顯微鏡（TEM 或 SEM）。在微觀尺度下觀察疲勞破壞的破斷面時，可以發現微細間隔的平行紋路，稱為疲勞條紋（Fatigue Striation），如圖 7.13 所示。疲勞條紋的方向是垂直於疲勞裂縫延伸的方向，每一條疲勞條紋代表的是每經過一次應力循環後，疲勞裂縫前端前進的距離。

　　疲勞條紋間的寬度隨應力範圍的大小而變，應力範圍越大則越寬，反之則越窄。而疲勞條紋的清晰程度則與材料的延性息息相關，延性越佳的材料其疲勞條紋越明顯。

　　微觀特徵的疲勞條紋和之前巨觀特徵的海灘紋路雖具有相似的外觀，但是因為尺度的不同故有著相當大的差異，在單一海灘紋路內實際上有可能包含數千條以上的疲勞條紋。

圖 7.13 疲勞破斷面具有疲勞條紋之照片

三、疲勞破壞的分類

若依疲勞破壞之破壞循環數（Cycles of Fatigue Failure, N_f）或稱疲勞壽命來分類，通常可以分為兩大類，分別是：㈠高週疲勞與㈡低週疲勞，對於高週疲勞與低週疲勞的特徵比較歸納於表 7.1。

㈠**高週疲勞**（High Cycle Fatigue）

材料於工程上使用時，由於應用上運轉時所受的彎曲、旋轉或是震動等循環應力，將使材料在遠低於材料本身的極限抗拉強度（Ultimate Tensile Stress, σ_{uts}）下就產生疲勞破壞，故實驗上測量材料的疲勞性質就顯得相當的重要。對於材料施加反覆應力的方法有很多，如單軸拉伸壓縮、反覆彎曲或是扭曲

表 7.1　高週疲勞與低週疲勞之特徵比較

	高週疲勞	低週疲勞
N_f	$N_f > 10^5$	$10^2 < N_f < 10^5$
負荷	負荷較低，通常在材料的彈性限內，故亦稱為彈性疲勞。	負荷較高，通常已經超過材料的彈性限，故亦稱為塑性疲勞。
比例	在疲勞破壞過程中，疲勞微裂縫形成所佔比例約為破壞循環數的 80～90%，即疲勞裂縫成長所佔比例較低。	在疲勞破壞過程中，疲勞微裂縫形成所佔比例約為破壞循環數的 30～50%，即疲勞裂縫成長所佔比例較高。
控制	以負荷控制為主。	以應變控制為主。
特徵	類似脆性破壞，破壞前無預警，不易發現。	破壞前變形量較大，較易發現。

等，故用來測量材料疲勞性質的方法亦有許多種，但最常使用的是旋轉樑疲勞試驗（Rotating-Beam Fatigue Test），因其最大的好處就是裝置簡單，如圖 7.14 所示。

　　試片在旋轉樑疲勞試驗機上將隨著馬達的旋轉而在荷重作用下承受著循環應力，試片的上表面承受的是拉伸應力，而試片的下表面承受的是壓縮應力，如圖 7.15 所示。故在測試時試片表面上任一點會在最大拉伸應力（σ_{max}）與最大壓縮應力（σ_{min}）下交替改變。此循環應力將以正弦波的形式作用於疲勞試片的表面，且最大拉伸應力與最大壓縮應力其值相等（$|\sigma_{max}| = |\sigma_{min}|$），即完全反向循環應力，如圖 7.16 所示。

　　在旋轉樑疲勞試驗機上實驗時，若其荷重換算成應力而最大拉伸應力僅只稍微小於極限抗拉強度的話，則數個循環後試片就會破壞。而隨著最大拉伸應

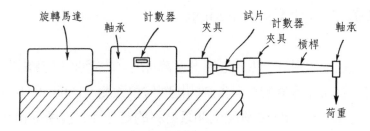

圖 7.14　旋轉樑疲勞試驗機示意圖

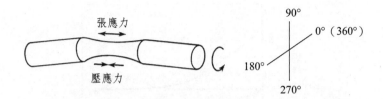

圖 7.15　於旋轉樑疲勞試驗機上之試片受力示意圖

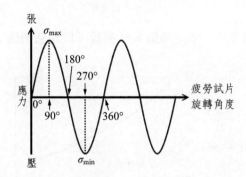

圖 7.16　於旋轉樑疲勞試驗機上之試片所受之正弦波循環應力

力的降低，試片的壽命也會大幅的增加。故通常於不同荷重下對試片做一系列的實驗，最後的實驗結果將以最大拉伸應力為縱軸（因為其為完全反向循環應力，平均應力為零，故其最大拉伸應力與應力振幅將相等，所以也有人將縱軸標示為應力振幅），而破壞循環數為對數橫軸作圖，將可得到應力—破壞循環數（$\sigma - N_f$）之曲線圖，一般常稱其為 S-N 曲線圖。

　　若一材料的的 S-N 曲線圖隨著應力的降低而呈現水平趨勢，則稱此材料有疲勞限（Fatigue Limit），在此水平應力以下，無論承受多少次循環，材料都不會疲勞破壞。通常鋼鐵材料（除鑄鋼以外）具有明顯的疲勞限特性，如圖 7.17 所示。鋼鐵材料其疲勞限（σ_L）和其極限抗拉強度（σ_{uts}）有一良好的關聯性（其為經驗公式）：$\dfrac{\sigma_L}{\sigma_{uts}} \fallingdotseq 0.4 \sim 0.6$，而 $\dfrac{\sigma_L}{\sigma_{uts}}$ 被稱為耐久比（Endurance Ratio）。

　　大部分的非鐵材料都不具有明顯的疲勞限，如鋁合金、銅合金等。其 S-N 曲線圖隨著應力的降低而曲線下降速率雖逐漸減少，但仍是連續穩定的下降。因為其並沒有真正的一個水平疲勞限，故為決定此種材料的疲勞性質，通常指

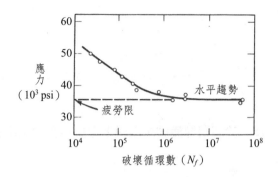

圖 7.17 鋼之典型 S-N 曲線（具有疲勞限）

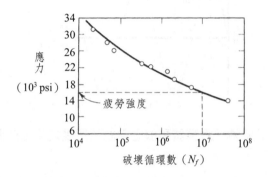

圖 7.18 鋁合金之典型 S-N 曲線（不具有疲勞限）

定一固定的破壞循環次數（通常是 10^7 次，亦有人採 10^6 次）所對應的破壞應力為其疲勞強度（Fatigue Strength），如圖 7.18 所示。

㈡低週疲勞（Low Cycle Fatigue）

近年來工程師與科學家對於經過少量的破壞循環數後即失效的疲勞破壞相當感興趣，這是因為許多應用的工程零件其不需承受數萬個循環（即 $N_f > 10^5$）數，其實例包括汽車啟動器上之彈簧零件、承受冷熱循環之熱應力的熱交換管及渦輪轉子和葉片等，這些零件皆不需要設計成可以忍受 10^7 次循環數的使用規格，故若依此低循環數壽命的需求來設計工程零件，則可大量的減輕零件重量與降低生產成本。

許多低週疲勞的研究成果都必須要歸功於近年來萬能試驗機的進步與功能

加強，其中的「閉合迴路伺服靜壓試驗機（Closed-Loop Servohydraulic Testing Machine）」形式非常適合用來作為低週疲勞這類的研究與測試，此裝置可以對試片產生許多不同形式的循環應力，而非旋轉樑疲勞試驗機僅能產生簡單的正弦循環應力波，如圖 7.19 所示。一般正常的低週疲勞實驗是在定應變範圍（$\Delta\varepsilon$）下所進行的，且一般會採用約 20Hz 左右的頻率（即每秒約 20 個循環）。

　　材料對於低週疲勞反應的具體表現可從應力—應變（$\sigma-\varepsilon$）之遲滯曲線看出，典型的低週疲勞應力—應變遲滯曲線如圖 7.20 所示。其材料由 O 點開始拉伸，而經過彈性變形之線性階段 $\overline{OA}$，到達 A 點時發生降伏，而進入塑性變形階段 $\overparen{AB}$；於 B 點時停止拉伸應力而將應力反轉成壓縮應力，則材料會彈性應變恢復並且產生反向的彈性應變，此階段即圖中的 $\overline{BC}$，其亦為線性；直至 C 點時發生壓縮應力之降伏（因為包辛格效應（Bauschinger Effect），故壓縮應力的降伏點 C 點會小於一開始拉伸應力的降伏點 A 點），而進入壓縮應力的塑性變形階段 $\overparen{CD}$，於 D 點時又將應力反轉成為拉伸應力，故材料會再經彈性應變 $\overline{DE}$ 至 E 點而降伏，最後塑性變形回到 B 點完成一個遲滯曲線。

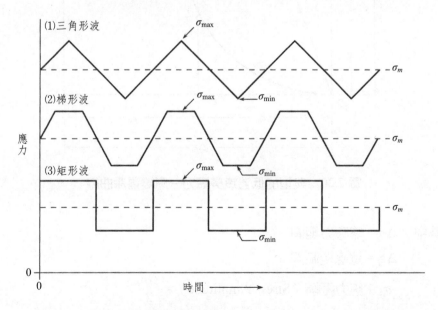

圖 7.19　閉合迴路伺服靜壓試驗機可施加之不同形式的循環應力

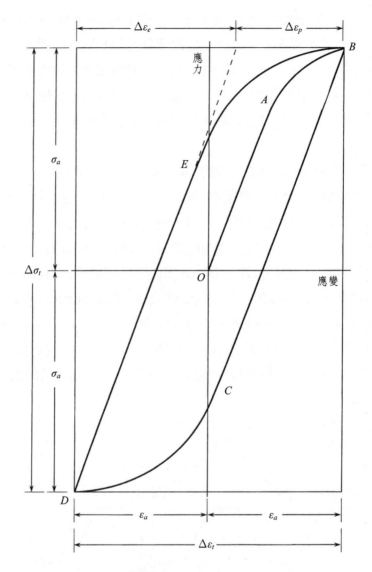

圖 7.20 典型的低週疲勞應力─應變遲滯曲線

其中 $\Delta\sigma_t =$ 總應力範圍

$\Delta\varepsilon_t =$ 總應變範圍

$\sigma_a =$ 應力振幅（Stress Amplitude）$= \dfrac{\Delta\sigma_t}{2}$

$\varepsilon_a =$ 應變振幅（Strain Amplitude）$= \dfrac{\Delta\varepsilon_t}{2}$

又因為總應變為彈性應變與塑性應變之和，且應變振幅為彈性應變振幅與塑性應變振幅之和，故：

$$\Delta \varepsilon_t = \Delta \varepsilon_e + \Delta \varepsilon_p$$

$$\frac{\Delta \varepsilon_t}{2} = \frac{\Delta \varepsilon_e}{2} + \frac{\Delta \varepsilon_p}{2}$$

再代入適用於彈性變形的的虎克定律（Hooke's Law），即 $\varepsilon = \dfrac{\Delta \sigma}{E}$，可得：

$$\frac{\Delta \varepsilon_t}{2} = \frac{\Delta \sigma}{2E} + \frac{\Delta \varepsilon_p}{2}$$

Basquin 於 1910 年提出材料的應力和疲勞壽命間存在著如下之關係式：

$$\left(\frac{\Delta \sigma}{2}\right) = \sigma_{uts}{}'(2N_f)^b$$

式中　$\sigma_{uts}{}'=$ 疲勞強度係數（Fatigue Strength Coefficient）

$b=$ 疲勞強度指數（Fatigue Strength Exponent）

Coffin 與 Manson 於 1950 年也提出材料的塑性變形和疲勞壽命間存在著下列關係式：

$$\left(\frac{\Delta \varepsilon_p}{2}\right) = \varepsilon_f{}'(2N_f)^c$$

式中　$\varepsilon_f{}'=$ 疲勞延性係數（Fatigue Ductility Coefficient）

$c =$ 疲勞延性指數（Fatigue Ductility Exponent）

Basquin 及 Coffin-Manson 關係式中 $\sigma_f{}'$、$\varepsilon_f{}'$、b 及 c 皆為材料常數。其中疲勞強度係數近似於材料本身的極限抗拉強度（$\sigma_f{}'=\sigma_{uts}$），而疲勞延性係數亦近似於材料本身的真實破斷應變（$\varepsilon_f{}'=\varepsilon_f$）；而常數 b 與 c 一般為負值，其中 b 值通常介於 $-0.05 \sim -0.12$ 之間，而 c 值則約介於 $-0.5 \sim -0.7$ 之間。

將 Basquin 與 Coffin-Manson 之關係式合併，可得到完整的應力、應變與疲勞壽命關係式：

$$\frac{\Delta\varepsilon_t}{2} = \frac{\sigma_{uts}{}'}{E}(2N_f)^b + \varepsilon_f{}'(2N_f)^c$$

此關係式即為低週疲勞的基本方程式，稱為應變—壽命關係式（Strain-Life Relation）。若將以上各關係式以全對數座標作圖，可發現其彈性應變項與塑性應變項都各成一條直線，而總應變項則非一條直線，此是因為總應變項是彈性應變項與塑性應變項之和，其為一條曲線，如圖 7.21 所示。

材料本身的特性也會使其應變—壽命關係曲線有所不同。如圖 7.22 所示，其中三條曲線分別是由：1.高強度、2.高韌性與 3.高延性三種性質不同的材料所繪出的。

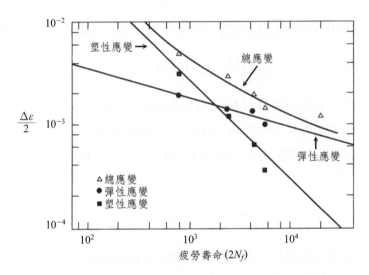

圖 7.21　典型的應變—壽命關係曲線

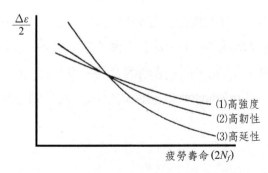

圖 7.22　不同性質的材料其應變—壽命關係曲線

當循環應力繼續作用，材料的應力—應變（$\sigma - \varepsilon$）遲滯曲線形狀通常會產生變化，代表其材質對應力—應變的反應發生改變。依遲滯曲線形狀變化之不同，可以區分為四種情況，分別是：1.循環硬化、2.循環軟化、3.混和行為及4.循環穩定。

1. 循環硬化

將應變範圍固定，則應力範圍越來越大，即應力範圍增大而塑性變形範圍縮小，如圖 7.23 所示。

2. 循環軟化

將應變範圍固定，則應力範圍越來越小，即塑性變形範圍增大而應力範圍縮小，如圖 7.24 所示。

3. 混和行為

將應變範圍固定，但應力範圍大小不規則，即依塑性變形的範圍不同而呈現硬化或軟化的現象，如圖 7.25 所示。

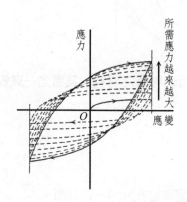

圖 7.23　具有循環硬化特性之材料，其應力—應變遲滯曲線的變化

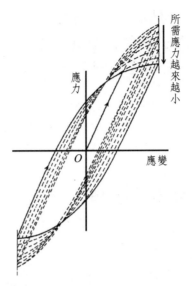

圖 7.24 具有循環軟化特性之材料，其應力－應變遲滯曲線的變化

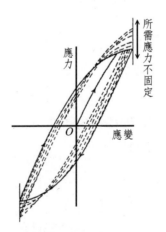

圖 7.25 具有混和行為特性之材料，其應力－應變遲滯曲線的變化

4. 循環穩定

應力範圍和塑性變形範圍的變化皆不明顯。

材料承受循環應力的時候，其穩定狀態應力－應變曲線（Stabilized Cyclic Stress-Strain Curve）不會和其一般做拉伸試驗所受之單向拉伸應力之應力－應

變曲線相同。若同一材料在相同的測試條件下，其循環降服強度高於抗拉降服強度，則代表此一材料在此條件下呈現循環硬化；反之，若其循環降伏強度低於抗拉降伏強度，則代表此一材料在此條件下呈現循環軟化，如圖 7.26 所示。

四、疲勞破壞力學

在疲勞破壞力學中，疲勞裂縫成長最重要的區域是從最小可偵測到的裂縫長度（a_d）至臨界裂縫長度（a_c）之間，如圖 7.27 所示。最小可偵測到的裂縫長度是指使用非破壞檢測技術（Non-Destructive Inspection, NDI）所能測量到的最小裂縫長度。於圖 7.28 上之曲線斜率（$\frac{da}{dN}$）即為疲勞裂縫成長速率，可以發現當疲勞裂縫初始成長的時候其成長速率很慢，而當疲勞裂縫長度越來越長則疲勞裂縫成長速率將越來越快；並且對於一固定的疲勞裂縫長度而言，施

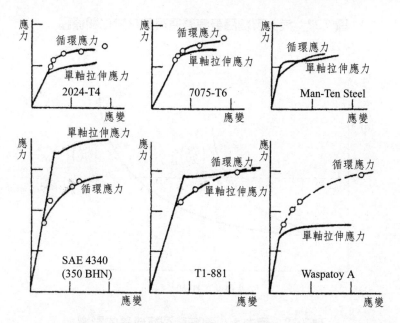

圖 7.26　多種材料的單向拉伸應力與循環應力之應力—應變曲線

加的應力越大其疲勞裂縫成長速率亦越來越快。圖 7.28 中，因為 $\sigma_2 > \sigma_1$，故於一固定之疲勞裂縫長度下，其 $\left(\dfrac{da}{dN}\right)_{\text{at } a_1,\,\sigma_2} > \left(\dfrac{da}{dN}\right)_{\text{at } a_1,\,\sigma_1}$。

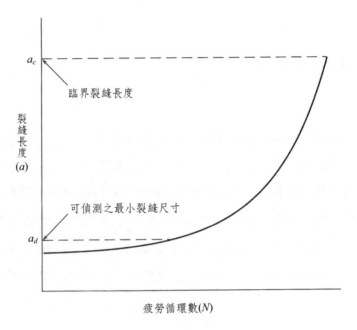

圖 7.27　疲勞裂縫隨著疲勞循環數之變化關係圖

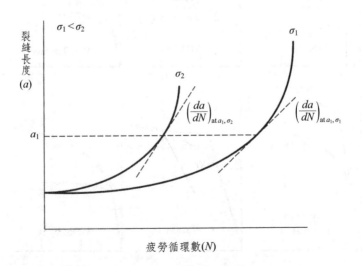

圖 7.28　應力大小對疲勞裂縫成長的影響

　　在循環應力的作用下，疲勞裂縫隨著循環次數的增加，其將自表面成核並開始向材料內部成長。在第 I 階段時，疲勞裂縫以單一滑移的方式沿著材料的高剪應力平面（即永久滑移帶）方向成長，其疲勞裂縫成長速率（$\frac{da}{dN}$）相當緩慢，每經過一次循環疲勞裂縫成長僅 0.1nm 左右。當疲勞裂縫前端之塑性變形由單一滑移進入多重滑移或是疲勞裂縫成長被障礙物阻擋而進入第 II 階段之疲勞裂縫成長時，疲勞裂縫成長速率將較第 I 階段增加數萬倍，每經過一次循環疲勞裂縫成長達到 1μm 左右。隨著第 II 階段之疲勞裂縫繼續成長，使得疲勞裂縫達到臨界裂縫長度時，則材料本身剩下之截面積無法承受所施加的負荷，將使應力高度集中而突然進入最後斷裂階段，產生異常快速的疲勞裂縫成長導致毀滅性的破壞。

　　當疲勞裂縫成長時，疲勞裂縫前端的應力集中越來越明顯，故應力強度係數（K）將會增加。以疲勞裂縫成長速率（$\frac{da}{dN}$）為縱軸，應力強度係數的增加量（ΔK）為橫軸在全對數座標作圖，可得一類似 S 形的曲線，如圖 7.29 所示。

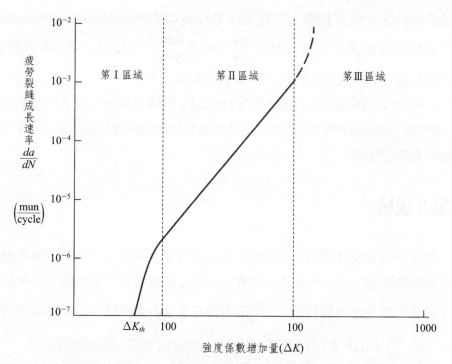

圖 7.29　於雙對數座標上，疲勞裂縫成長速率與強度係數增加量之關係圖

其中　　$\Delta K = K_{max} - K_{min}$

$K_{max} = f\sigma_{max}\sqrt{\pi a}$

$K_{min} = f\sigma_{min}\sqrt{\pi a}$

故　　　$\Delta K = K_{max} - K_{min}$

$= f\sigma_{max}\sqrt{\pi a} - f\sigma_{min}\sqrt{\pi a}$

$= (\sigma_{max} - \sigma_{min}) \cdot f\sqrt{\pi a}$

$= \Delta\sigma \cdot f\sqrt{\pi a}$

$f =$ 幾何形狀修正因子（與試片、裂縫形狀有關）

此 S 形曲線依其斜率的不同將其分為三個區域討論，分別是：㈠第 I 區域、㈡第 II 區域及㈢第 III 區域。

㈠第 I 區域

在此區域中疲勞裂縫的成長速率（$\frac{da}{dN}$）將隨著 ΔK 的下降而急速下降，當 ΔK 小於應力強度範圍之門檻值（Threshold Stress Intensity Range, ΔK_{th}）時，疲勞裂縫將幾乎不會成長（$\frac{da}{dN} < 10^{-5}\frac{mm}{cycle}$）；反之，當 ΔK 大於 ΔK_{th} 時，疲勞裂縫的成長速率將幾乎以垂直的斜率上升。

一般而言，需要將 ΔK 值設計為小於 ΔK_{th} 的情況極少，除了例如安全要求極為嚴格的核能電廠機件設備外，其他結構材料與機械零件都只要求 ΔK 在第 II 區域的範圍內即可。

㈡第 II 區域

當疲勞裂縫成長速率之 S 曲線由第 I 區域進入第 II 區域時，其幾乎垂直的斜率將稍微降低，且其隨著 ΔK 的增加而疲勞裂縫成長速率亦增大，在此區域中 S 曲線的變化是呈線性的，即 $\frac{da}{dN}$ 和 ΔK 在全對數座標上於此區域中為一條直線，故 $\frac{da}{dN}$ 和 ΔK 間存在著冪次關係，此關係式稱為 Paris 關係式：

$$\frac{da}{dN} = C(\Delta K)^n$$

式中 C 和 n 均為材料的常數。

第 II 區域在 S 曲線中是最為重要的區域，因為其相對應於材料有用的疲勞壽命，疲勞裂縫在此區域中呈現穩定的成長，故大多數疲勞裂縫成長速率之研究，都是探討材料在第 II 區域中的行為與特性，第 II 區域中 $\frac{da}{dN}$ 的範圍約在 $10^{-3} \sim 10^{-5} \frac{mm}{cycle}$ 之間。

(三)第Ⅲ區域

當 ΔK（$K_{max} - K_{min}$）中之 K_{max} 趨近於臨界應力強度係數（Critical Stress Intensity Factor）時，疲勞裂縫成長速率之 S 曲線將由第 II 區域進入第Ⅲ區域。於第Ⅲ區域中 S 曲線斜率將再度增加，即疲勞裂縫成長速率將急遽的增高，直至最後材料破壞，第Ⅲ區域中 $\frac{da}{dN}$ 的範圍約在 $10^{-2} \sim 10^{-3} \frac{mm}{cycle}$ 之間。由於此區域中疲勞裂縫屬於相當不穩定的快速成長，故進入此區域至破壞所歷經的循環數將很少，因為其於工業與研究上的實用價值不高，所以對其分析也沒有多大意義。

五、影響材料疲勞限或是疲勞強度的因素

影響材料疲勞限或是疲勞強度的因素有很多，在此我們將對其一一討論。若影響因素使得疲勞限或疲勞強度增加，則由 S-N 曲線圖中可以發現其曲線將向右上方移動；反之若疲勞限或疲勞強度減少，則曲線將向左下方移動。

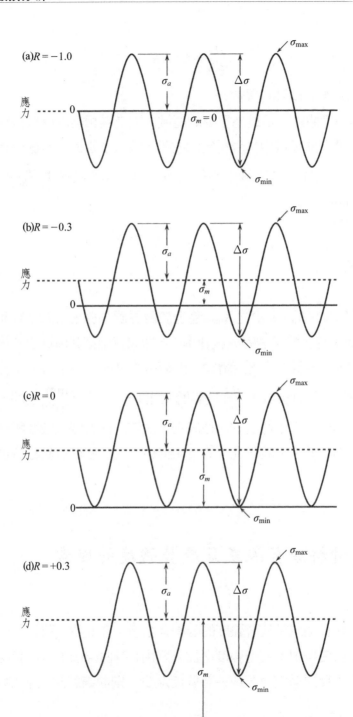

圖 7.30 數種應力比值（R）對循環應力的影響

㈠平均應力（Mean Stress）

　　使用圖7.14的旋轉樑疲勞試驗機，可以使試片表面產生完全反向的正弦波循環應力（$\sigma_{max} = |\sigma_{min}|$, $\sigma_m = 0$），如圖7.30(a)所示。但是在實際的工程應用上，零件所承受的大多是平均應力非零的循環應力，如圖7.30(b)(c)(d)所示，故一般常使用應力振幅（σ_a）、應力比值（R）及振幅比值（A）等參數來對這些情況作討論。平均應力也有可能為負值，但因為其並沒有正值那樣有意義（因為壓縮應力會使疲勞裂縫開口閉合），故於此處只討論平均應力大於0或是R大於 -1 的循環應力對材料疲勞破壞之壽命影響。

　　由圖 7.31 可得知，隨著應力比值（R）的增加，材料的疲勞限亦隨之上升。因為應力比值和疲勞限有此一關係存在，故我們在設計應用工程零件時，必須仔細的考慮應力比值（R）參數。

　　大約一世紀前，Goodman 發現大部分的材料其應力振幅（σ_a）與平均應力（σ_m）間有一線性關係，如圖 7.32 所示。

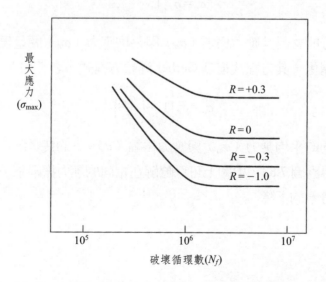

圖 7.31　應力比值（R）對 S-N 曲線圖之影響

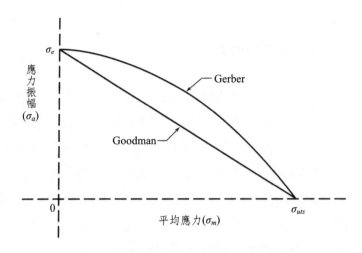

圖 7.32 應力振幅與平均應力之關係圖

其直線與應力振幅之縱軸的交點為完全反向循環狀況下的疲勞限（σ_e），而與平均應力之橫軸的交點為極限抗拉強度（σ_{uts}），其關係式稱為 Goodman 經驗方程式，表示如下：

$$\sigma_a = \sigma_e \left[1 - \frac{\sigma_m}{\sigma_f} \right]$$

而少部分的材料其應力振幅（σ_a）與平均應力（σ_m）間呈現的是拋物線關係而非線性關係，其方程式稱為 Gerber 經驗方程式，表示如下：

$$\sigma_a = \sigma_e \left[1 - \left(\frac{\sigma_m}{\sigma_f} \right)^2 \right]$$

量測不同的平均應力（σ_m）與應力振幅（σ_a）下的疲勞限（N_f），並且將其作圖，可得到圖 7.33，由圖上可以瞭解在相同的應力振幅下，平均應力的上升將導致疲勞限的下降。

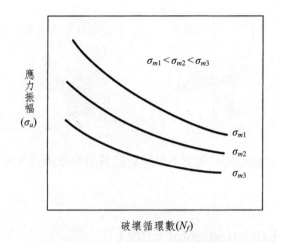

應力振幅 (σ_a)

$\sigma_{m1} < \sigma_{m2} < \sigma_{m3}$

σ_{m1}
σ_{m2}
σ_{m3}

破壞循環數(N_f)

圖 7.33　不同平均應力對 S-N 曲線圖之影響

(二)表面效應（Surface Effect）

　　在許多工程應用情況，結構材料與機械零件內之最大應力集中處往往在其表面，故將使疲勞裂縫於其表面成核成長，直至臨界裂縫長度而破壞。一般零件為了避免疲勞破壞，在設計時有許多因素必須考量：基本上為了避免應力集中而使疲勞裂縫成核，故設計時要盡量避免或是減少不連續的幾何表面，其不連續的幾何表面若越尖銳（即曲率半徑越小），則應力集中越明顯，不連續的幾何表面包括凹痕、溝槽、螺紋等。一個良好的設計將使疲勞壽命大幅改善，如圖 7.34 所示，其為一旋轉軸由尖銳角設計改成具有較大曲率半徑之圓弧角設計而使疲勞壽命增加之優良設計。

　　另外表面精細度越佳，則疲勞壽命越長；反之表面越粗糙，則應力集中處越多，將使疲勞裂縫易於表面成核，相對疲勞壽命將大幅縮短。一般針對欲在疲勞環境中使用的零件可施加拋光處理（Polishing），以減少表面粗糙度使表面光滑，不易造成應力集中，而增加疲勞壽命。

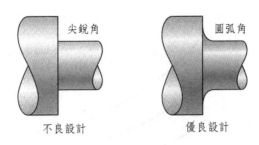

尖銳角　　　　　　　　　圓弧角

不良設計　　　　　　　　優良設計

圖 7.34　一旋轉軸尖銳角之不良設計及其改善成圓弧角後的優良設計

㈢環境效應（Environmental Effect）

環境中許多的因素也會影響材料的疲勞壽命，一般常見的加速疲勞破壞之環境因素有兩種，分別是熱疲勞與腐蝕疲勞。

1. 熱疲勞（Thermal Fatigue）

當零件受循環應力且在溫度變動的環境中使用時，則會產生熱應力而加速材料的疲勞破壞（即使無外加循環應力，亦會產生熱應力而發生疲勞破壞）。這些熱應力的來源是因為零件本身在溫度變動時，其尺寸熱脹冷縮，但又受到限制所導致，其熱應力的大小如下：

$$\sigma_{thermal} = \alpha E \Delta T$$

式中　α＝熱膨脹係數（Thermal Expantion Coefficient）
　　　E＝彈性模數（Young's Modulus）
　　　ΔT＝溫度變化差值

熱疲勞常見於環境溫度變動之結構件及兩不同材料鎖合處。防止熱疲勞最好的方法是去除尺寸限制的來源，使得即使溫度變動而產生熱脹冷縮，但尺寸不受限制故無熱應力產生。但往往因為整體設計的關聯性而無法達成，故僅能在設計的時候儘量減少尺寸限制的來源，或是選擇熱膨脹係數相近的材料。

2. 腐蝕疲勞（Corrosion Fatigue）

當零件受循環應力且在腐蝕環境中（如海水、油氣中；大氣若會造成材料氧化時，其亦為一種腐蝕環境）使用時，腐蝕環境將會加速材料的疲勞破壞。因為零件在腐蝕環境中其將會產生小蝕孔，造成應力於小蝕孔處集中，而使疲勞裂縫成核並加速疲勞裂縫成長，導致疲勞壽命縮短。若一材料在空氣中顯現出疲勞限特徵，但將其置於腐蝕環境中使用的話，其疲勞限將減少或消失，如圖 7.35 所示。

防止腐蝕疲勞的方法有很多，基本考量是儘量降低腐蝕速率，如使用保護性表面披覆、降低或隔絕環境的腐蝕性及使用較耐腐蝕的材料使用等。

㈣溫度（Temperature）

溫度升高時，材料的疲勞行為將越趨複雜，因為在室溫中不重要的因素，如潛變、氧化現象、循環應力頻率等，在高溫的時候都會造成相當大的影響而不可以忽略。

有一些研究指出，因為材料在高溫的時候會較易氧化而在表面產生氧化膜，由於氧化膜性質一般較偏脆性，故在差排滑移時容易造成應力集中而產生疲勞裂縫，使得疲勞壽命減少。且當疲勞裂縫前端因為局部塑性變形而產生的

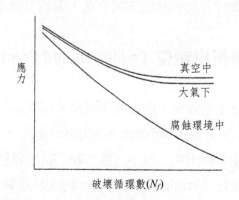

應力

真空中

大氣下

腐蝕環境中

破壞循環數(N_f)

圖 7.35　在真空中、大氣下及腐蝕環境中其 S-N 曲線圖之比較

新表面亦會因為氧化而導致疲勞裂縫成長速度加快，使得疲勞壽命大大降低，這種情況在疲勞裂縫是以穿晶模式破壞時更為明顯。

　　高溫時材料內部的顯微組織亦會發生變化，當溫度升高的時候，材料的降服強度將下降，使得差排較易滑移而塑性變形容易發生，將有利永久滑移帶（PSB）的形成而使表面之疲勞裂縫成核處增加，故通常在高溫時疲勞限或疲勞強度會下降。

　　有一常見的特例必須說明，當碳鋼在 250℃～350℃ 進行疲勞試驗時，其疲勞壽命與較低溫之情況相比，將發現其竟然有較高的疲勞限。此是因為在 250℃～350℃ 時，碳原子的擴散速率與差排滑移速率接近相等，故碳原子將在差排附近形成差排氛圍（Dislocation Atmosphere）而產生拖曳應力使差排之滑移受到阻礙，差排不易滑移堆積，因此疲勞限反而上升。

㈤晶粒大小與方向（Grain Size and Orientation）

　　於晶格與晶界之等強度溫度（Equicohesive Temperature, ECT）以下，晶粒越細小，其疲勞壽命將會增加。這是因為小晶粒中單位體積內所含晶界數目較多，而晶界可以會阻止差排的擴展，即所謂的細晶強化（Strengthening by Grain Size Reduction），故其疲勞壽命會上升。

　　若材料因為加工受力（如輥軋、鍛造、擠製成形等）而造成塑性變形時，將會使晶粒拉長、變形。此時若是疲勞負荷方向與晶粒方向平行，則疲勞壽命將上升；反之若疲勞負荷方向與晶粒方向垂直，則疲勞壽命將下降。

㈥固溶合金元素與析出顆粒（Solution and Precipitate）

　　若材料內部有合金元素固溶，則因為固溶原子造成晶格扭曲，使得差排滑移受阻而造成固溶強化（Solid-Solution Strengthening），其將使疲勞壽命增加。此外，析出反應產生析出物，若小、圓、硬的析出顆粒均勻散佈在材料內部時，則會因為析出硬化（Precipitation Hardening）或是散佈強化（Dispersion Strengthening）同樣使得疲勞壽命增加。但若是材料內部顆粒以夾雜物（Inclusion）的形式在表面出現時（如在空氣中熔煉的鋼，其非金屬夾雜物既大且多），將使疲勞微裂縫容易在此處成核，而使得疲勞壽命減少。

值得注意的是，若固溶強化、析出硬化或是散佈強化的固溶原子或是第二相顆粒其和母材料產生明顯的局部電位差，而使得金屬產生伽凡尼腐蝕（Galvanic Corrosion），將會加速疲勞裂縫的成核與成長，使得疲勞壽命反而減少。

六、改善材料疲勞限或是疲勞強度的方式

由材料微結構觀點了解疲勞發生的原因以及其過程後，只要防止結構材料與機械零件表面應力集中、阻礙差排滑移堆積、抑制塑性變形，則疲勞裂縫不易成核亦難以成長，將使其疲勞限或是疲勞強度增加。

一般就工程應用上而言，零件的使用條件難以改變（如循環應力大小、使用環境、溫度等），故必須對所設計的零件本身儘可能的加以改善其抗疲勞性，一般會從表面效應著手，不但較為方便且最為有效。除了第五節所提過之圓弧角設計與表面拋光處理外，以下介紹幾種常見的改善疲勞性質之方法：

㈠珠擊（Shot Peening）

珠擊是在工業上常使用的一種抗疲勞方法，使用直徑在 0.1～1mm 範圍內的圓形小鋼珠，並以高速噴擊欲處理零件的表面。珠擊不但可以去除零件表面之銳角、毛邊或是凹痕等易使應力集中之地方，尚可使零件表面壓縮進小鋼珠直徑 $\frac{1}{4}$～$\frac{1}{2}$ 的深度內，故使零件表面產生殘留壓應力而抑制疲勞裂縫的成長，如圖所 7.36 示。

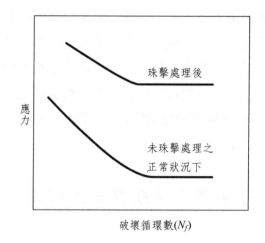

圖 7.36　珠擊處理前後之 S-N 曲線圖

㈡表面硬化（Case Hardening）

　　一般常使用滲碳或滲氮處理使表面硬化。其方法是將欲處理的零件置於滲碳性或滲氮性氣氛中，並高溫熱處理使氣相碳原子或氮原子擴散進入零件表面直至一定深度（通常約 1 mm 深度），使零件表面產生一層富含碳或氮且較零件內心硬之硬殼。因為表面硬化的結果，將抑制塑性變形，而使疲勞裂縫不易在表面成核，如圖 7.37 所示，其滲碳處理後，微硬度壓痕外層較心部小了許多，故代表滲碳外層較心部硬。

㈢輥軋（Rolling）

　　若製程上許可的話，可將零件適當的輥軋，將使表面殘留壓應力，而抑制疲勞裂縫的成長。但要注意以預防疲勞為目的之輥軋一般在室溫下做處理，即使用冷軋（Cold Rolling）之方法，因為若溫度高於再結晶的溫度，將可能使零件完全退火而喪失其表面硬化的目的。

圖 7.37　滲碳處理後外層與心部之微硬度壓痕比較

七、總結

　　疲勞（Fatigue）是指材料承受小於其靜態極限抗拉強度之循環應力，而逐漸在材料內部之局部區域內造成永久性的組織變化，終至破壞。其微觀變化為差排增加，並且滑移，然後堆積，最後差排數量達到飽和終至組織破壞而孕育疲勞微裂縫；其巨觀變化則是疲勞裂縫的擴展和材料少量的塑性變形，最後破斷。疲勞在破壞學中是非常重要的，因為其是金屬破損中最大的單一原因，估計大約佔所有金屬破損的90%左右，當然陶瓷與高分子對於疲勞破壞也是相當敏感的。疲勞破壞發生時很像脆性破壞，即使是延性材料也是如此，並且疲勞破壞的發生是快速、突然且不易察覺的，故疲勞破壞對於材料在應用上是一個非常重要的課題，亦是一個相當困擾的問題。

參考資料

1. Failure Analysis and Prevention, Metals Handbook, Vol.10, American Society for Metals, (1975).
2. Source Book in Failure Analysis, Metal Progress, American Society for Metals, (1976).
3. Gefuge and Bruch, ed. K. L. Maurer & H. Fischmeister, Materialkundlich Technische Reihe 3, Gebruder Borntraeger Berlin, Stuffgare, (1977).
4. V. G. Colangelo and F. A. Heiser, Analysis of Metallurgical Failures, John Wiley & Sons, (1989).

CHAPTER *8*

基本破壞力學

　　材料一旦發生裂縫，對於其裂縫擴展行為之描述即屬於「破壞力學」領域，破壞力學包括已發展成熟之「線性彈性破壞力學」（Linear Elastic Fracfure Mechanics，簡稱LEFM），及仍在發展中之「彈性塑性破壞力學」（Elastic－Plastic Fracfure Mechanics，簡稱 EPFM）。其理論分別推導出破壞能量（Gc）、破壞韌性（Kc）、臨界裂縫開口位移（CODc）及臨界 J 積分值（Jc）等四個材料特性值。

一、破壞力學發展歷史回顧

　　對於破壞力學的理論，最早是由 Griffith 在 1920 年針對玻璃之脆性裂縫擴展加以分析，而建立一個相當重要的破壞力學基本觀點：如果裂縫擴展可造成其系統總能量的降低，則裂縫擴展可持續進行；Griffith 同時假定當裂縫擴展時，系統內存在有一個簡單的能量平衡關係，即：受應力作用之材料內部由於裂縫擴展所釋放出的彈性應變能正好提供裂縫擴展時產生新的裂縫表面所需要之表面能，由 Griffith 的理論可估計脆性材料的理論強度，同時也正確提供了材料斷裂強度與缺陷尺寸之關係。Zener 與 Hollonmon 於 1944 年將 Griffith 的破壞理論推展至金屬材料的脆性斷裂。

　　1948 年 Irwin 與 Orowan 分別提出兩個相似的理論，認為 Griffith 破壞理論中所釋放出的彈性能除了提供新形成裂縫表面所需之表面能，尚包括提供塑性變形所需作的功，亦即將 Griffith 破壞理論修正為包括含脆性及延性之一般破裂行為，Irwin 同時定義一個材料特性值 G 為「單位面積裂縫進展單位長度所吸收之總能量」，此 G 值稱為「彈性能釋放率」（elastic energy release rate）。

　　以上基於能量觀點所建立之破壞理論在實用上有其困難，因此 Irwin 在 1950 年代乃根據「線性彈性理論」（Linear Elastic Theory）推導出在一裂縫尖端附近之應力場為：

$$\sigma_{ij} = \frac{K}{\sqrt{2\pi r}} f_{ij}(\theta) + \cdots\cdots\text{（參考圖 8.1）}$$

由此定義出「應力強度係數」（stress intensity factor）K，亦即：

$$K = \sigma\sqrt{\pi a} \cdot f(\frac{a}{w})$$

Irwin 進一步證明能量觀點（G）破壞理論與應力強度觀點（K）之破壞理論可相關聯，亦即當應力強度係數（K）超過臨界應力強度係數（Kc）或彈性能釋放率（G）超過臨界彈性能釋放率（Gc），裂縫均將快速傳播而使材料發生斷裂；而臨界應力強度係數（Kc）與臨界彈性能釋放率（Gc）之間存在關係：$Kc = C\sqrt{Gc \cdot E}$，此處 E 為彈性係數。

聯結破壞能量觀點（G）與應力強度觀點（K）之破壞理論即構成「線性彈性破壞力學」（LEFM），線性彈性破壞力學基本上適用於脆性裂縫傳播（亦即穩定裂縫延伸），但在某種程度上亦可適用於「次臨界破裂」（subcritical cracking）之情況，亦即塑性變形僅存在於裂縫尖端極有限之範圍，此種情況包括疲勞破壞及應力腐蝕破壞。

對於有相當程度塑性變形參與作用之裂縫傳播行為並不能以「線性彈性破壞力學」加以描述，針對此類問題，Wells 首先於 1961 年發表「裂縫開口位移」理論（Crack Opening Displacement，簡稱COD），而開啟了「彈性塑性破壞力學」（EPFM）之領域，1986 年 Rice 進一步提出「J-積分」（J-integral）

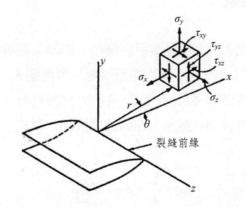

圖 8.1　裂縫尖端附近之應力場及位移場

理論，而使「彈性塑性破壞力學」更大步向前跨進，由於 COD 理論主要在英國發展，而 J-積分理論主要在美國發展，因此在檢測標準上亦形成 COD 檢測係根據英國標準（British Standard Institution BS5762，制定於 1979 年），而 J-積分檢測則根據美國標準（ASTM Standard E813-81，制定於 1982 年）。「線性彈性破壞力學」到目前已發展相當成熟，而「彈性塑性破壞力學」由於所處理問題的複雜性，仍為一發展中之學門。

二、線性彈性破壞力學（LEFM）

「線性彈性破壞力學」包括先後由「能量觀點」及「應力強度觀點」分別發展完成之破壞理論，前者主要基於「釋放彈性能」與「裂縫抵抗能」間之平衡，由此推導出「彈性能釋放率」G，後者則以彈性體力學推導出裂縫尖端附近之應力場，進而定義出「應力強度係數」K，當彈性能釋放率 G 大於其臨界值 Gc（臨界彈性能釋放率，或稱為破壞能量）或應力強度係數 K 大於其臨界質 Kc（臨界應力強度係數，或稱為壞韌性）時，裂縫將發生不穩定成長，而使材料迅速斷裂，因此 Gc 與 Kc 值成為材料之特性值。

(一) Griffith 破壞理論

Griffith 由能量觀點討論裂縫擴展之條件，亦即：裂縫擴展所產生新表面之能量是由裂縫延伸時所釋放之彈性能所供應。考慮圖 8.2 之一塊材料內含一貫穿材料縱深之扁平裂縫（裂縫長度 $2a$ 遠小於材料寬度），當材料施加一應力 σ 時，裂縫向兩端進展 da 距離；在裂縫擴展前，材料單位體積之彈性應變能為：

$$Uc = \frac{1}{2} \cdot \sigma \cdot \varepsilon = \frac{\sigma^2}{2E}$$

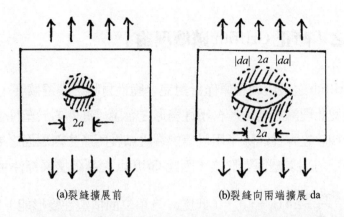

(a)裂縫擴展前　　　　　(b)裂縫向兩端擴展 da

圖 8.2　Griffith 破壞理論說明（斜線區代表彈性能釋放範圍）

而隨著裂縫擴展所增加之裂縫體積（相當於解除應力之材料體積）可大略估計為：

$$dV = \pi(a+da)^2 - \pi a^2 = 2\pi a\,da$$

因此由裂縫擴展所釋放之彈性能為：

$$dUc = Uc \cdot dV = \frac{\sigma^2}{2E} \cdot 2\pi a\,da = \frac{\pi\sigma^2}{E} \cdot a\,da$$

而由於裂縫擴展所產生新表面之能量為：

$$dUs = \gamma_s \cdot (4\,da) = 4\gamma_s\,da \quad （此處 \gamma_s 為單位面積之表面能）$$

根據 Griffith 之裂縫擴展條件：$dUc \geq dUs$

亦即：　$\dfrac{\pi\sigma^2}{E} \cdot a\,da \geq 4\gamma_s\,da$

由此得到裂縫發生不穩定成長之應力（即斷裂應力）為：

$$\sigma_f = \sqrt{\frac{4\gamma_s E}{\pi a}}$$

(二) Irwin 之「修正 Griffith 破壞理論」

　　雖然 Griffith 之破壞理論原僅針對完全脆性材料之裂縫擴展，Irwin 建議可經由修正而使此理論亦適用於含塑性變形之金屬，亦即對於塑性金屬材料，裂縫延伸時所釋放之彈性能除了用以提供裂縫擴展所產生新表面之能量，尚包括用以克服裂縫前端之塑性變形能，因此 Griffith 之裂縫擴展條件可改寫為：

$$\frac{\pi\sigma^2 a}{E} \geq 4(\gamma_s + \gamma_p) \quad （此處 \gamma_p 為單位面積塑性變形能）$$

　　上式左項代表提供裂縫延伸之單位面積彈性能，Irwin 將其定義為 G，此 G 值即稱為「彈性能釋放率」（elastic energy release rate）或「破壞驅動力」（crack driving force），其單位為 K・Jm^{-2}；當 G 值大於 $4(\gamma_s + \gamma_p)$ 時，裂縫將發生不穩定成長，此時之應力即為此材料之斷裂應力，其值應為：

$$\sigma_f = \sqrt{\frac{4(\gamma_s + \gamma_P)E}{\pi a}} = \sqrt{\frac{EGc}{\pi a}}$$

　　Gc 稱為「臨界彈性能釋放率」（critical elastic energy release rate）或稱為「破壞能量」（fracture energy），其值可經由量測一含有裂縫尺寸 $2a$ 之平板產生斷裂所需之應力，再經由上式計算獲得。表 8.1 列出一般工程材料之 Gc 值。

　　雖然 Irwin 之修正理論已涵蓋塑性變形之因素，但此種由能量平衡觀點考慮之破壞理論仍僅限於描述理想之極尖端裂縫不穩定擴展條件，而且此種理論在實用立場有許多難以克服的問題，尤其是針對諸如疲勞斷裂或應力腐蝕破裂之慢速穩定裂縫成長狀況。

　　在 Griffith 裂縫擴展條件式之右項（$4\gamma_s$ 或 $4\gamma_s + 4\gamma_p$）為裂縫延伸所增加之新表面能或此新表面能再加上裂縫前端之塑性變形能，亦即代表對裂縫擴展之抵抗（crack resistance）R，因此 Griffith 之裂縫擴展條件可表示成：$G \geq R$。

表 8.1　一般工程材料在溫室之破壞能量（Gc）及破壞韌性（Kc）

材　料	Gc/kJm^{-2}	Kc/MNm$^{-a/2}$
純延性金屬（例如：銅、鎳、銀、鋁）	100-1000	100-350
迴轉輪用鋼（A533）	220-240	204-214
壓力容器鋼（HY130）	150	170
高強鋼（HSS）	15-118	50-154
軟鋼	100	140
鈦合金（Ti6A14V）	26-114	55-115
玻璃纖維補強高分子複合材料	10-100	20-60
纖維玻璃（玻璃纖維環氧樹脂）	40-100	42-60
鋁合金（高強─低強）	8-30	23-45
碳纖維補強高分子複合材料	5-30	32-45
普通木材（裂縫垂直木紋）	8-20	11-13
硼纖維環氧樹脂	17	46
中碳鋼	13	51
聚丙烯	8	3
聚乙烯（低密度）	6-7	1
聚乙烯（高密度）	6-7	2
ABS 聚苯乙烯	5	4
尼龍	2-4	3
鋼筋水泥	0.2-4	10-15
鑄鐵	0.2-3	6-20
聚苯乙烯	2	2
普通木材（裂縫平行木紋）	0.5-2	0.5-1
聚碳酸鹽	0.4-1	1.0-2.6
鈷／碳化鎢瓷金	0.3-0.5	14-16
PMMA	0.3-0.4	0.9-1.4
環氧樹脂	0.1-0.3	0.3-0.5
花崗石	0.1	3
聚酯	0.1	0.5
氮化矽	0.1	4-5
鈹	0.08	4
碳化矽	0.05	3
氧化鎂	0.04	3
水泥／混凝土，無鋼筋	0.03	0.2
方解石（大理石，石灰石）	0.02	0.9
氧化鋁	0.02	3-5
頁岩（油頁岩）	0.02	0.6
鈉玻璃	0.01	0.7-0.8
冰	0.003	0.2*

㈢**應力強度理論**

　　基於前述能量觀點破壞理論在實用上之困難，Irwin 乃發展出另一破壞理論，即線性彈性破壞力學最重要之「應力強度理論」。此理論之基本內容為經由彈性體力學推導出一裂縫尖端附近之局部應力場，同時得到此應力場與材料現存瑕疵尺寸及其他材料彈性性質之關係。

　　首先對於任一裂縫尖端附近之應力系統可將其歸納為圖 8.3 之三種外加負荷方式，此三種負荷方式將形成三種破裂模式：模式 I 表示正向開口（normal opening），模式 II 表示邊緣滑動（edge sliding），模式III 表示撕裂（tearing）；在實際工程上之應力狀態以模式 I 之正向開口破裂為主。

　　另外對於應力應變形式可區分出「平面應力」（plane stress）及「平面應變」（plane strain）兩種，平面應力是指應力在某一主方向為零（$\sigma_{zz}=0$），同理，平面應變是指在某一主方向之應變為零（$E_{zz}=0$）。一般較厚材料發生破裂時，由於其裂縫前緣極寬，而使得平行於裂縫前緣方向之材料塑性變性受到限制，此時於此平行裂縫前緣之方向將產生一第三應力 σ_{zz}，如此裂縫前緣之材料將被侷限於以圖 8.4a 之方式滑動，亦即為一平面應變狀態；相反的，當較薄材料發生破裂時，裂縫擴展將牽引其前端之材料如圖 8.4b 所示以傾斜於此薄板平面 45°之角度滑動，亦即可使材料於平行裂縫前緣之方向產生變形，而造成此方向之應力（σ_{zz}）鬆弛，因此形成平面應力狀態。

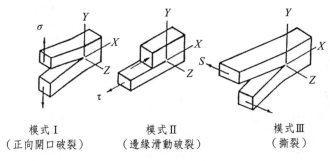

模式 I　　　　　　　模式 II　　　　　　模式III
（正向開口破裂）　　（邊緣滑動破裂）　　（撕裂）

圖 8.3　三種基本破裂模式

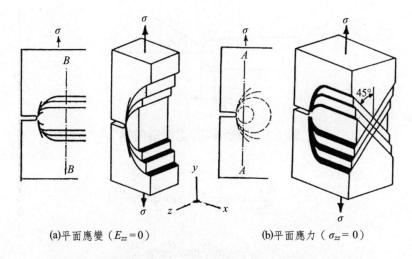

(a)平面應變（$E_{zz}=0$）　　　　　(b)平面應力（$\sigma_{zz}=0$）

圖 8.4　(a)平面應變及(b)平面應力狀態之材料變形方式

考慮一含有裂縫寬度 a 之無限平板，受到如圖 8.3 模式 I 之拉伸應力 σ，其裂縫尖端附近之應力場（圖 8.5）可經由彈性體力學推導出：

$$\sigma_{xx}=\frac{\sigma\sqrt{\pi a}}{\sqrt{2\pi r}}\cos\frac{\theta}{2}(1-\sin\frac{\theta}{2}\sin\frac{3\theta}{2})$$

$$\sigma_{yy}=\frac{\sigma\sqrt{\pi a}}{\sqrt{2\pi r}}\cos\frac{\theta}{2}(1-\sin\frac{\theta}{2}\sin\frac{3\theta}{2})$$

$$\tau_{xy}=\frac{\sigma\sqrt{\pi a}}{\sqrt{2\pi r}}\sin\frac{\theta}{2}\cos\frac{\theta}{2}\cos\frac{3\theta}{2}$$

$$\sigma_{zz}=\begin{cases}U(\sigma_{xx}+\sigma_{yy}) & \text{平面應變}\\0 & \text{平面應力}\end{cases}$$

以上各式顯示裂縫尖端附近之應力場為一幾何位置項 $\frac{1}{\sqrt{2\pi r}}f(\theta)$ 與另一項 $\sigma\sqrt{\pi a}$ 之乘積，此後項被定義為模式 I 之應力強度係數（stress intensity factor）K_{I}，其單位為 MN・$m^{-3/2}$。以上各式可改寫為：

$$\sigma_{xx}=\frac{K_{I}}{\sqrt{2\pi r}}\cos\frac{\theta}{2}(1-\sin\frac{\theta}{2}\sin\frac{3\theta}{2})$$

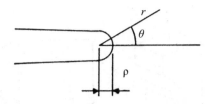

圖 8.5 具有半徑ρ之裂縫前端

$$\sigma_{yy} = \frac{K_{\mathrm{I}}}{\sqrt{2\pi r}} \cos\frac{\theta}{2}(1 - \sin\frac{\theta}{2}\sin\frac{3\theta}{2})$$

$$\tau_{xy} = \frac{K_{\mathrm{I}}}{\sqrt{2\pi r}} \sin\frac{\theta}{2}\cos\frac{\theta}{2}\cos\frac{3\theta}{2}$$

同理可推導出模式 II 破裂方式之裂縫尖端附近應力場：

$$\sigma_{xx} = \frac{K_{\mathrm{II}}}{\sqrt{2\pi r}} (-\sin\frac{\theta}{2})(2 + \cos\frac{\theta}{2}\cos\frac{3\theta}{2})$$

$$\sigma_{yy} = \frac{K_{\mathrm{II}}}{\sqrt{2\pi r}} (\sin\frac{\theta}{2}\cos\frac{\theta}{2}\cos\frac{3\theta}{2})$$

$$\tau_{xy} = \frac{K_{\mathrm{II}}}{\sqrt{2\pi r}} \cos\frac{\theta}{2}(1 - \sin\frac{\theta}{2}\sin\frac{3}{2}\theta)$$

$$\tau_{xz} = \tau_{yz} = 0$$

$$\sigma_{zz} = \begin{cases} U(\sigma_{xx} + \sigma_{yy}) & \text{平面應變} \\ 0 & \text{平面應力} \end{cases}$$

$K_{\mathrm{II}} = \tau\sqrt{2\pi a}$，$\tau$ 為在無限遠方之如圖 8.3 模式 II 之均勻剪應力。

而模式 III 破裂方式之裂縫尖端附近應力場為：

$$\tau_{xz} = \frac{K_{\mathrm{III}}}{\sqrt{2\pi r}} (-\sin\frac{\theta}{2})$$

$$\tau = \frac{K_{\mathrm{III}}}{\sqrt{2\pi r}} (\cos\frac{\theta}{2})$$

$$\sigma_{xx} = \sigma_{yy} = \sigma_{zz} = \tau_{xy} = 0$$

$K_{\text{III}} = S\sqrt{\pi a}$，$S$ 為在無限遠方之如圖 8.3 模式 III 之均勻剪應力。

對於三種模式混合之一般情況，其裂縫尖端附近應力場可如下表示：

$$\sigma_{ij}(r, \theta) = \frac{1}{\sqrt{2\pi r}}[K_{\text{I}} f_{ij}^{\text{I}}(\theta) + K_{\text{II}} f_{ij}^{\text{II}}(\theta) + K_{\text{III}} f_{ij}^{\text{III}}(\theta)]$$

以上之結果僅限於狹窄尖銳之裂縫，亦即其裂縫尖端半徑為 0，在實際情況考慮裂縫前端具有一定之半徑 ρ，針對此問題，Creager 與 Paris 經由簡單的將圖 8.1 之座標原點如圖 8.5 向左移動 $\rho/2$，而得下列修正應力場：

$$\sigma_{xx} = \frac{K_{\text{I}}}{\sqrt{2\pi r}}\cos\frac{\theta}{2}(1 - \sin\frac{\theta}{2}\sin\frac{3\theta}{2}) - \frac{K_{\text{I}}}{\sqrt{2\pi r}}(\frac{\rho}{r})\cos\frac{3\theta}{2}$$

$$\sigma_{yy} = \frac{K_{\text{I}}}{\sqrt{2\pi r}}\cos\frac{\theta}{2}(1 + \sin\frac{\theta}{2}\sin\frac{3\theta}{2}) - \frac{K_{\text{I}}}{\sqrt{2\pi r}}(\frac{\rho}{r})\cos\frac{3\theta}{2}$$

$$\tau_{xy} = \frac{K_{\text{I}}}{\sqrt{2\pi r}}\sin\frac{\theta}{2}\cos\frac{\theta}{2}\cos\frac{3\theta}{2} - \frac{K_{\text{I}}}{\sqrt{2\pi r}}(\frac{\rho}{r})\sin\frac{3\theta}{2}$$

另外由彈性體力學亦可以推導出模式 I 破裂方式之裂縫尖端附近位移場（displacement field）：

$$u = 2(1+v)\frac{K_{\text{I}}}{E}\sqrt{\frac{r}{2\pi}}\cos\frac{\theta}{2}(\frac{x-1}{2} + \sin^2\frac{\theta}{2}) = \frac{K_{\text{I}}}{M}\sqrt{\frac{r}{2\pi}}\cos\frac{\theta}{2}(\frac{x-1}{2} + \sin\frac{\theta}{2})$$

$$v = 2(1+v)\frac{K_{\text{I}}}{E}\sqrt{\frac{r}{2\pi}}\sin\frac{\theta}{2}(\frac{x-1}{2} - \cos^2\frac{\theta}{2}) = \frac{K_{\text{I}}}{M}\sqrt{\frac{r}{2\pi}}\sin\frac{\theta}{2}(\frac{x-1}{2} - \cos\frac{\theta}{2})$$

$$w = 0$$

以上各式中之 E 為彈性係數，$E = 2(1+v)\mu$，μ 為剪力常數，x 對平面應變為 3 至 4，對平面應力為 $(3-v)/(1+v)$，v 為 Poisson 值。

同理對於模式 II 破裂方式之裂縫尖端附近位移場為：

$$u = 2(1+v)\frac{K_{\text{II}}}{E}\sqrt{\frac{r}{2\pi}}\sin\frac{\theta}{2}(\frac{x+1}{2} + \cos^2\frac{\theta}{2}) = \frac{K_{\text{II}}}{M}\sqrt{\frac{r}{2\pi}}\sin\frac{\theta}{2}(\frac{x+1}{2} + \cos^2\frac{\theta}{2})$$

$$v = 2(1+v)\frac{K_{\mathrm{II}}}{E}\sqrt{\frac{r}{2\pi}}(-\cos\frac{\theta}{2})(\frac{x-1}{2}-\sin^2\frac{\theta}{2}) = \frac{K_{\mathrm{II}}}{M}\sqrt{\frac{r}{2\pi}}(-\cos\frac{\theta}{2})(\frac{x-1}{2}-\sin^2\frac{\theta}{2})$$

$$w = 0$$

對於模式Ⅲ破裂方式之裂縫尖端附近位移場為：

$$u = v = 0$$

$$w = 8(1+v)\frac{K_{\mathrm{III}}}{E}\sqrt{\frac{r}{2\pi}}\sin\frac{\theta}{2} = \frac{4}{M}K_{\mathrm{III}}\sqrt{\frac{r}{2\pi}}\sin\frac{\theta}{2}$$

而在三種模式混合之一般情況，其裂縫尖端附近位移場可如下表示：

$$u_\lambda(r,\theta) = 2(1+v)\sqrt{\frac{r}{2\pi}}[K_{\mathrm{I}}\,8_i^{\mathrm{I}}(\theta) + K_{\mathrm{II}}\,8_i^{\mathrm{II}}(\theta) + 4K_{\mathrm{III}}\,8_i^{\mathrm{III}}(\theta)]$$

前述對應力強度係數（K）之定義僅針對幾何尺寸無限延伸之平板，而針對實際之有限尺寸材料，其幾何形狀對裂縫尖端附近之應力場有直接影響，因此前述定義之應力強度係數須再加以修正為：

$$K = \sigma \cdot \sqrt{a\sigma} \cdot f(\frac{a}{w})$$

上式之 σ 為外加應力，a 為裂縫尺寸，$f(\frac{a}{w})$ 為幾何形狀修正項。對於一些樣品及裂縫幾何形狀較單純之情況，表 8.2 綜合列出其應力強度係數公式。

當應力強度係數（K）超過一臨界值時，裂縫將發生不穩定成長，而使材料迅速斷裂，此臨界值稱為「臨界應力強度係數」（Kc），Kc 代表材料抵抗裂縫擴展之能力，因此亦稱為「破壞韌性」（fracture toughness）；破壞韌性為材料特性值之一，破壞韌性（Kc）對應力強度係數（K）與降伏強度（σ_y）或拉伸強度（UTS）對拉伸應力（σ）具有相似之物理關係意義，圖 8.7 說明兩者物理意義之比較。對於一般工程材料之破壞韌性值（Kc）則與其破壞能量值（Gc）同列於前節之表 8.1。

破壞韌性（Kc）與樣品厚度有關，典型之關係如圖 8.8 所示，圖中顯示當樣品厚度超過某一程度時，亦即材料主要呈受平面應變狀態，破壞韌性（Kc）趨近於一固定值，此即為平面應變破壞韌性（K），作為材料特性值之破壞韌

表 8.2 各種幾何形狀樣品之應力強度係數

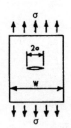

Centre cracked plate: $K_\mathrm{I} = C\sigma\sqrt{\pi a}$

$$C = 1 + 0.256(\frac{a}{W}) - 1.152(\frac{a}{W})^2 + 12.200(\frac{a}{W})^3$$

or $C = \sqrt{\sec(\frac{\pi a}{W})}$ (Feddersen)

or $C = \dfrac{1}{\sqrt{1 - (\frac{2a}{W})^2}}$ (Dixon)

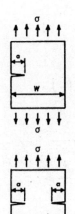

Single edge notched plate: $K_\mathrm{I} = C\sigma\sqrt{\pi a}$

$C = 1.12$ for small cracks

or $C = 1.12 - 0.231(\frac{a}{W}) + 10.55(\frac{a}{W})^2 - 21.72(\frac{a}{W})^3 + 30.95(\frac{a}{W})^4$

up to $a/w = 0.6$

Double edge notched plate: $K_\mathrm{I} = C\sigma\sqrt{\pi a}$

$C = 1.12$ for small cracks

or $C = \dfrac{1.122 - 0.561(\frac{a}{W}) - 0.205(\frac{a}{W})^2 + 0.471(\frac{a}{W})^3 - 0.190(\frac{a}{W})^4}{\sqrt{1 - \frac{a}{W}}}$

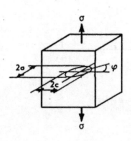

Embedded elliptical or circular slit crack:

Elliptical crack $\quad K_\mathrm{I} = \dfrac{\sigma\sqrt{\pi a}}{\frac{3\pi}{8} + \frac{\pi}{8}\frac{a^2}{c^2}}(\sin^2\varphi + \frac{a^2}{c^2}\cos^2\varphi)^{\frac{1}{4}}$

Circular crack $\quad K_\mathrm{I} = \dfrac{2}{\pi}\sigma\sqrt{\pi a}$

性係指此種情形，亦即實驗上決定破壞韌性，樣品厚度應超過一定值，此將於下節有關破壞韌性（K）實驗量測方法中加以規定。在圖 8.8 中，當樣品厚度較小時，亦即材料趨近於在平面應力狀態，破壞韌性值（Kc）較高，而當樣品極薄時（小於 1mm）之破壞韌性與樣品厚度關係目前尚未完全明瞭，因此在圖 8.8 中以虛線表示。

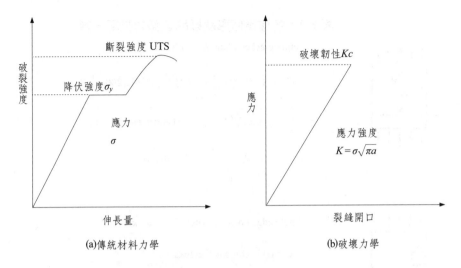

圖 8.7　傳統材料力學（光滑試件）與破壞力學（缺口試件）所描述材料特性值之物理意義比較

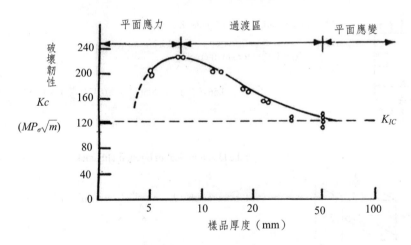

圖 8.8　破壞韌性（Kc）與樣品厚度之關係

㈣「破壞韌性」（Kc）之實驗量測方法

　　由圖 8.8 已知破壞韌性（Kc）只有在平面應變狀態才趨向於一固定常數（K），因此作為材料特性值，破壞韌性係以此值（K）為主。有關平面應變

破壞韌性（K）之測定方法主要由 ASTM-E399-78A 標準所規範，依照此標準，樣品建議使用「單邊凹槽彎曲」（single edge notched bend，簡稱 SENB）或方塊拉伸（compact tension，簡稱 CT）形式，其主要規格分別示於圖 8.9 及圖 8.10。

對於 SENB 試件，其破壞韌性為：$K_{IC} = \dfrac{PS}{BW^{\frac{3}{2}}} \cdot f(\dfrac{a}{w})$

上式中，$f(\dfrac{a}{w}) = \dfrac{3(\frac{a}{w})^{\frac{1}{2}}[1.99 - \frac{a}{w}(1 - \frac{a}{w})(2.15 - 3.93(\frac{a}{w}) + 2.7(\frac{a}{w})^2)]}{2(1 + 2\frac{a}{w})(1 - \frac{a}{w})^{\frac{3}{2}}}$

對於 CT 試件，其破壞韌性為：$K_{IC} = \dfrac{P}{BW^{\frac{1}{2}}} \cdot f(\dfrac{a}{w})$

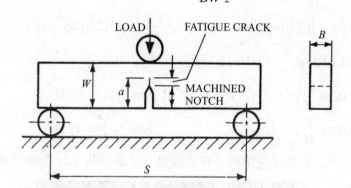

圖 8.9　ASTM 標準「單邊凹槽彎曲試件」（SENB）

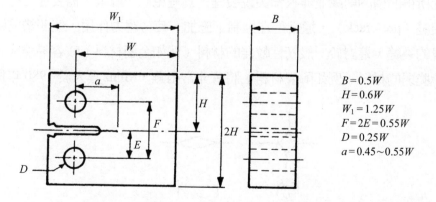

圖 8.10　ASTM 標準方塊拉伸試件（CT）

上式中，$f(\frac{a}{w}) = \dfrac{(2+\frac{a}{w})[0.886+4.64(\frac{a}{w})-13.32(\frac{a}{w})^2+14.72(\frac{a}{w})^3]}{(1-\frac{a}{w})^{\frac{3}{2}}}$

　　陶瓷等極脆材料在進行微硬度試驗時可發現其壓痕（microhardness indentation）前端會出現裂紋，此裂紋長度與陶瓷的破壞韌性有關，因此亦提供了一個粗略估計陶瓷破壞韌性的方法，對於一 Vickers 或 Knoop 微硬度試驗壓痕（圖 8.11），許多文獻報導其破壞韌性與壓痕裂紋關係，摘錄 3 則如下，以供參考：

1. $Kc = Hr^{1/2}(\frac{E}{H})^{2/5} \cdot 10^r$ 　　　　　　（Evans, 1979）

$Y = -1.59 - 0.34[\log(\frac{c}{r})] - 2.02[\log(\frac{c}{r})]^2 + 11.23[\log(\frac{c}{r})]^3$

$\qquad - 24.97[\log(\frac{c}{r})]^4 + 16.32[\log(\frac{c}{r})]^5$

2. $Kc = 0.028(\frac{E}{H})^{1/2}Hr^{1/2}(\frac{c}{r})^{-3/2}$ 　　（Lawn 等人，1980）

3. $Kc = 0.016(\frac{E}{H})^{1/2}\frac{P}{C^{3/2}}$ 　　　　（Anstis 等人，1981）

　　上述公式中之 E 為彈性係數，H 為硬度，P 為負荷，$2r$ 為壓痕寬度，$2C$ 為壓痕裂紋寬度。

　　破壞韌性量測試片的凹槽（notch）通常以放電切割或鑽石刀片切割製作，但如此所得凹槽的前緣並非狹窄尖銳裂縫，為避免此一麻煩，需要在凹槽前緣預置裂縫（pre-crack），通常是在控制下施加一疲勞應力作用，使凹槽前緣形成適量的裂縫，這對於一般韌性較佳的材料（例如金屬材料）較容易達成，但對於極脆弱的材料（例如陶瓷材料）將會非常困難，Munz 等人於 1980 年提出

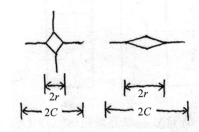

圖 8.11　微硬度試驗壓痕所形成裂紋

一種不需預置裂縫的試片製作方法，亦即將一般平直形凹槽（straight-through notch）改為尖凸形凹槽（chevron notch），如圖 8.12 所示，如此在無須預置裂縫的情況下，可得到其四點彎曲破壞韌性：

$$K_{IC} = \frac{PY_4}{BW^{1/2}}$$

$$Y_4 = (3.08 + 5\alpha_0 + 8.33\alpha_0^2)\frac{S_1 - S_2}{W}\left[1 + 0.007\left(\frac{S_1 - S_2}{W^2}\right)^{1/2}\right]\left(\frac{\alpha_1 - \alpha_0}{1 - \alpha_0}\right)$$

$$\alpha_0 = a_0/W, \quad \alpha_1 = a_1/W$$

Munz 等人比較尖凸形凹槽與平直形凹槽量測氧化鋁陶瓷的四點彎曲破壞韌性，其結果分別為 $3.49 \pm 0.11 \text{MN}\, m^{-3/2}$ 與 $3.42 \pm 0.13 \text{MN}\, m^{-3/2}$，兩者相當接近。Lee 與 Brun 則於 1988 年針對三點彎曲試驗（圖 8.13），同樣利用尖凸形凹槽量測各種陶瓷材料在室溫及高溫的破壞韌性：$K_{IC} = \frac{PY_3}{BW^{1/2}}$

並與微硬度凹痕方法所測量之破壞韌性比較，發現兩種方法之結果一致（表 8.3），表 8.3 同時比較尖凸形凹槽試片之三點彎曲破壞韌性（Lee 與 Brun, 1988）

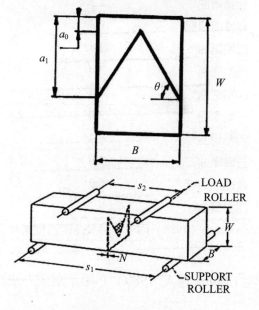

圖 8.12　尖凸形凹槽之四點彎曲破壞韌性量測（Munz 等人，1980）

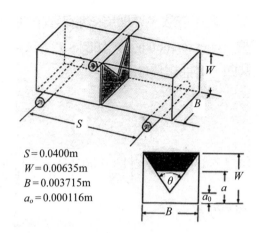

$S = 0.0400\text{m}$
$W = 0.00635\text{m}$
$B = 0.003715\text{m}$
$a_o = 0.000116\text{m}$

圖 8.13　尖凸形凹槽之三點彎曲破壞韌性量測（Lee 與 Brun, 1988）

表 8.3　實驗量測各種陶瓷的破壞韌性（Lee 與 Brun, 1988）

材料	量測方法	破壞韌性 K_{IC}（MN $m^{-3/2}$）		
		室溫	600℃	1000℃
二氧化矽	三點彎曲	0.7	0.8	0.9
	四點彎曲*	1.0*		
燒結碳化矽	三點彎曲	2.3		
	微硬度凹痕	2.3		
	四點彎曲*	3.4*		
氧化鋁（Lucalox）	三點彎曲	3.0	2.5	2.1
	四點彎曲*	4.4		
氧化鋁（McDanel）	三點彎曲	3.0	2.6	1.9
	四點彎曲*	4.4*		
熱壓氮化矽	三點彎曲	5.6	5.7	6.2
	微硬度凹痕	5.9	5.1	4.8
	四點彎曲*	8.2*		
*四點彎曲量測值為 Munz 等人（1980）同樣利用尖凸形凹槽試片之結果				

與四點彎曲破壞韌性（Munz 等人, 1980）亦顯示兩種方法的測量值很接近。

(五)能量觀點破壞理論與應力強度破壞理論之關係

在能量觀點破壞理論中，對於平面應力與平面應變狀態之彈性能釋放率（G）分別為：

$$G = \frac{\pi \sigma^2 a}{E} \qquad （平面應力）$$

$$G = (1 - v^2)\frac{\pi \sigma^2 a}{E} \qquad （平面應變）$$

因此模式 I 應力強度係數（K_I）與彈性釋放率（G）具有下列關係：

$$K_I = \sqrt{EG} \qquad （平面應力）$$

$$K_I = \sqrt{(1 - v^2)}\,EG \qquad （平面應變）$$

以上二式可改寫成：

$$G = \frac{(1 + v)(x + 1)}{4E}K_I{}^2$$

其中，X 對平面應變為 $3 - 4v$，對平面應力為 $(3 - v)/\,(1 + v)$，已如前述。由於彈性係數（E）與剪力常數（μ）具有下列關係：

$$E = 2(1 + v)\mu$$

故前式可將彈性係數（E）以剪力常數（μ）取代：

$$G = \frac{x + 1}{8\mu}K_I{}^2$$

對於不同負荷形式（K_I, K_{II}, K_{III}）混合之情況，可得到下列之一般式：

$$G = \frac{x + 1}{8\mu}\left(K_I{}^2 + K_{II}{}^2 + \frac{4}{x + 1}K_{III}{}^2\right)$$

三、彈性塑性破壞力學（EPFM）

「線性彈性破壞力學」（LEFM）基本上用於描述彈性狀態之裂縫擴展與材料斷裂，而此條件僅適合於高強度金屬之平面應變破裂以及本質脆性之材料（玻璃、陶瓷、岩石及冰塊等）破裂，即使是略作修正之線性彈性破壞力學亦僅適用於裂縫尖端存在極有限塑性變形之情況，對於具有相當程度塑性變形之裂縫擴展行為，必須借助於「彈性塑性破壞力學」（EPFM）加以處理。「彈性塑性破壞力學」為仍在發展中之破壞理論，目前較被接受者包括「裂縫開口位移」（COD）理論及「J-積分」理論，前者經由裂縫尖端塑性變形與裂縫開口位移之關係提出一新的破壞評估準則，後者實際上為能量觀點破壞理論之延伸，當裂縫開口位移（δ 或 COD）大於其臨界值（δ_c 或 COD_c）或當 J-積分大於其臨界值 J_c，裂縫發生不穩定成長，而使材料亦迅速斷裂，因此 δ_c 或 J_c 亦為材料之特性值。有一點必須注意的是：「彈性塑性破壞力學」（EPFM）亦仍僅限於處理以破裂為主的材料破壞問題，對於以降伏（塑性變形）為主，甚至完全塑性變形之材料破壞問題亦無法適用，圖 8.14 以拉伸曲線說明「線性彈性

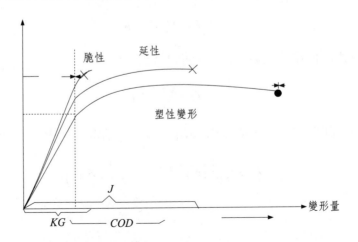

圖 8.14　以拉伸曲線說明「線性彈性破壞力學」（K, G）與「彈性塑性破壞力學」（COD, J）對材料破壞問題之適用性

破壞力學」（K, G）與「彈性塑性破壞力學」（COD, J）之適用範圍。

㈠裂縫尖端塑性變形

對於具有相當程度塑性變形之材料破壞，其裂縫尖端可視為環繞一塑性變形區，此塑性變形區最初由 Irwin 假設為圓形（圖 8.15a），並推導出塑性變形區範圍：

$$r_p = r_y = \frac{1}{2\pi}\left(\frac{K_I}{\sigma_y}\right)^2$$

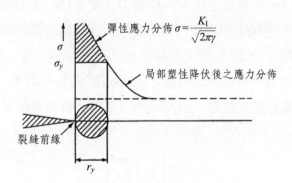

(a)早期模式

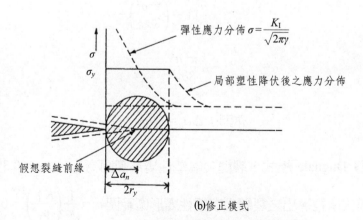

(b)修正模式

圖 8.15　Irmin 之裂縫尖端塑性變形區模式

　　Irwin 進一步考慮塑性變形的存在使裂縫的擴展可看成較其實際之擴展尺寸為長，意即裂縫前緣看似超前 Δa_n（如圖 8.15b 所示），由此推導出塑性變形區範圍為先前理論所估計的兩倍：

$$r_p = \Delta a_n + r_y = 2r_y = \frac{1}{\pi}\left(\frac{K_{\mathrm{I}}}{\sigma_y}\right)^2$$

　　Irwin 這兩種模式均假定裂縫尖端之塑性變形區為圓形，此一假定顯然並無特別理由，Dugdale乃提出另一「長條形塑性變形區模式」（strip yield model），亦即將實際之裂縫尖端塑性變形區（圖 8.16a）近似描繪成圖 8.16b 所示之長條形塑性變形區，Dugdale 之模式同樣假想裂縫前緣較實際超前 Δa_n，但是Dugdale認為裂縫受外加應力（σ）作用，將使其塑性變形區（Δa_n）如同接受一與降伏強度（σ_y）等值之反向內壓應力，圖 8.16c 為 Dugdale 模式之力學分析示意圖，亦即裂縫尖端之塑性變形區可假想成原來彈性裂縫尖端被此一降伏應力重新壓擠密合，因此裂縫前端之應力強度係數（K）為 0：$K = K_\sigma + K_y = 0$，此處 K_σ 為外加應力（σ）所致之應力強度係數，而 K_y 為反向內壓應力（$-\sigma_y$）所致之應力強度係數，由此關係可推導出裂縫尖端塑性變形區之範圍（Δa_n）為：

$$\Delta a_n = a\left[\sec\left(\frac{\pi\sigma}{2\sigma_y}\right) - 1\right]$$

$$= a\left[\frac{1}{1 - \left(\frac{\pi^2\sigma^2}{8\sigma_y{}^2}\right) + \cdots\cdots} - 1\right]$$

$$\sim a\frac{\pi^2\sigma^2}{8\sigma_y{}^2}$$

$$\text{亦即：} \Delta a_n = \frac{\pi}{8}\left(\frac{K_{\mathrm{I}}}{\sigma_y}\right)^2$$

因此，依照 Dugdale 模式，裂縫尖端塑性變形範圍為 $r_p = \Delta a_n = 0.393\left(\frac{K_{\mathrm{I}}}{\sigma_y}\right)^2$，較 Irwin 模式所推導出之裂縫尖端塑性變形區範圍 $r_p = \frac{1}{\pi}\left(\frac{K_{\mathrm{I}}}{\sigma_y}\right)^2 = 0.318\left(\frac{K_{\mathrm{I}}}{\sigma_y}\right)^2$ 為大。進一步亦可推導出實際裂縫尖端位置之位移為：

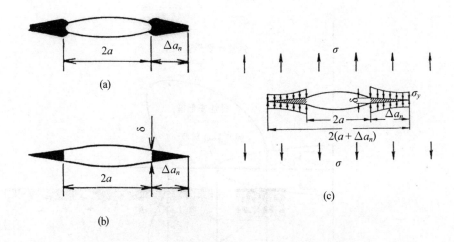

圖 8.16 Dugdale 之裂縫尖端塑性變形區模式

$$\Delta v = \frac{4\sigma_y \cdot a}{\pi E} \ln \sec\left(\frac{\pi\sigma}{2\sigma_y}\right)$$

(二)「裂縫開口位移」（COD）理論

「裂縫開口位移」（crack-opening displacement，簡稱 COD）理論最早由 Wells 於 1961 年所提出（圖 8.17），其理論主要基於下列觀點：對於韌性之材料，其裂縫尖端之應力集中首先經由大量之塑性變形而化解，因此裂縫不會擴展，隨著外加負荷的繼續增大，使得裂縫側臂之相對距離擴大，直到裂縫尖端附近之塑性變形區域內材料變形量達到一臨界值，裂縫擴展才會發生，此裂縫尖端塑性變形區之材料變形量即由裂縫側臂相對位移加以表示，此即「裂縫開口位移」（COD 或 δ），其臨界值即「臨界裂縫開口位移」（COD_c 或 δ_c）。圖 8.18 說明 Wells 之此一「裂縫開口位移」理論，依照上述理論，當 $COD > COD_c$（或 $\delta > \delta_c$）時，裂縫發生不穩定成長。

由 Dugdale 裂縫尖端塑變形模式以推導出實際裂縫尖端位置之位移為 $v = \frac{4\sigma_y \cdot a}{\pi E} \ln \sec\left(\frac{\pi\sigma}{2\sigma_y}\right)$，而比較圖 8.16 與圖 8.17 可知 Wells 理論之「裂縫開口位移」即此位移之兩倍，亦即：

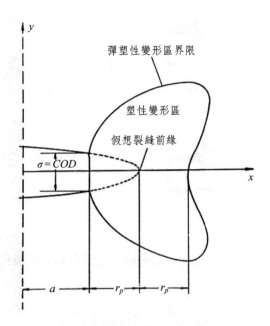

圖 8.17　Wells 之「裂縫開口位移」（COD）理論

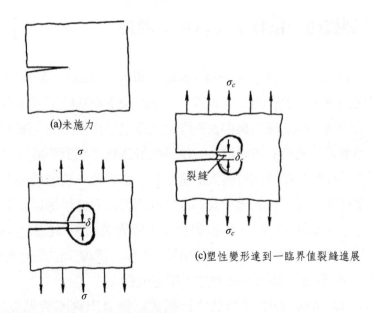

圖 8.18　裂縫開口位移理論示意圖

$$\delta = COD = 2v = \frac{8\sigma_y \cdot a}{\pi E} \ln \sec\left(\frac{\pi\sigma}{2\sigma_y}\right)$$

將此結果展開可得：

$$\delta = COD = \frac{8\sigma_y \cdot a^2}{\pi E}\left[\frac{1}{2}\left(\frac{\pi\sigma}{2\sigma_y}\right)^2 + \frac{1}{12}\left(\frac{\pi\sigma}{2\sigma_y}\right)^4 + \cdots\cdots\right]$$

取第一近似值，得到：$\delta = COD = \dfrac{\pi\sigma^2 a}{E\sigma_y} = \dfrac{K_I{}^2}{E\sigma_y}$

同理，如根據 Irwin 之裂縫尖端塑性變形模式，Wells 理論之裂縫開口位移

為：
$$\delta = COD = (1+v)(x+1)\,\frac{K_I{}^2}{\pi E\sigma_y}$$

或：$\delta = COD = \dfrac{4K_I{}^2}{\pi E\sigma_y}$　（平面應力）

$$= \frac{4K_I{}^2}{\pi E\sigma_y}(1-v^2)\quad（平面應變）$$

而「彈性能釋放率」（G）與「裂縫開口位移」（COD）之關係為：

$$G = \frac{\pi}{4(1-v^2)}\sigma_y \cdot COD \sim \sigma_y \cdot COD$$

㈢「裂縫開口位移」（COD）之實驗量測方法

「裂縫開口位移」（COD）之實驗量測方法主要由英國標準局（BSI）之 BS5762 號標準所規範，依照原標準所建議：試片以單邊凹槽彎曲（SENB）形式為主，其規格與圖 8.9 之破壞韌性（K_{IC}）測定所使用之 SENB 試件相同，試件厚度（B）與寬度（W）之關係規定為 $B = 0.5W$，但特殊情況亦可為：$B = W$，此試件厚度（B）應與實際使用材料之厚度相同。試件經鋸製凹槽後，先以疲勞方式預置裂紋。

直接量測裂紋尖端之開口位移（δ）是不可能的，必須以圖 8.19 之夾持規（clip gauge）量測試件表面之裂縫開口（Vg），如圖 8.19a 所示，此時相當於以裂縫尖端為旋轉中心進行剛體旋轉，由圖 8.19b 之幾何關係，可得到裂縫開口位移：

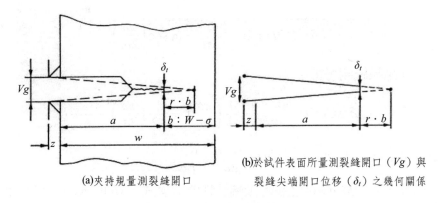

(a)夾持規量測裂縫開口

(b)於試件表面所量測裂縫開口（Vg）與
裂縫尖端開口位移（δ_t）之幾何關係

圖 8.19 COD 量測方法

$$\delta_t = \frac{Vg \cdot r \cdot b}{r \cdot b + a + z}$$

上式之 r 為旋轉係數，實驗測定其值約介於 0.33 至 0.48 之間，因此於 BS5762 標準規範中指定其值為 0.4，而無需以複雜技術實際量測此 r 值。此外，考慮夾持規所測定之 Vg 值實際上還包含裂縫之彈性開口（V_e），此彈性開口（V_e）應從測定之 Vg 值分離出，而僅留下塑性開口部分（V_p），此可直接由實驗之負荷（P）對測定開口（V_g）之曲線如圖 8.20 所示加以分離。單獨取塑性開口部分所得之裂縫開口位移為：

$$\delta_p = \frac{V_p \cdot r \cdot b}{r \cdot b + a + z}$$

而實際包括於裂縫開口位移（COD）內之彈性變形部分可直接由線性彈性破壞力學求出：

$$\delta_e = \frac{K_1{}^2}{E\sigma_y}\left(\frac{1 - v^2}{2}\right)$$

因此正確之裂縫開口位移（COD）值為：

$$\delta t = \delta e + \delta p = \frac{K_1{}^2(1 - v^2)}{2E\sigma_y} + \frac{Vp \cdot r \cdot b}{r \cdot b + a + z}$$

上式之 K_1 為以開始裂縫尺寸（a）及測定 Vp 時之負荷（P）代入 SENB 試件之 K_1 公式中得到。

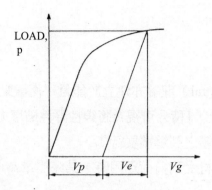

圖 8.20　由測定之開口（Vg）中分離出彈性部分（Ve）與塑性部分（Vp）

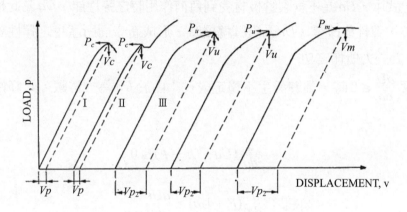

圖 8.21　典型之 COD 測定曲線及 COD 取法

　　對於「極限裂縫開口位移」（COD_C）之測定，BS5762 標準規範中並無嚴格規定，但一般建議取裂縫不穩定擴展或負荷最高點時之開口位移為其極限值（COD_C）。圖 8.21 為一些典型之裂縫開口位移（COD）測定曲線及其極限值之取法。

　　雖然 BS5762 標準規範僅推薦 SENB 試件，但實際上亦可以 CT 試件依同樣步驟及原理測定 COD 及 COD_C 值。

㈣「J 積分」理論

　　「J 積分」（J integral）理論亦建立於能量平衡觀點，此理論首先由 Rice 於 1971 年提出，實際上，J 積分可視為將線性彈性破壞力學之 G 值（彈性能釋放率）擴張至線性彈性體之裂縫擴展行為。

　　當一個含裂縫之板材受到負荷作用時，其總能量為：

$$U = Uo + Ua + Ur - F$$

　　上式中，Uo 為不含裂縫板材受到負荷作用時之彈性能，Ua 為此板材加入裂縫時，彈性能改變，Ur 為裂縫擴展時，形成新表面所產生之彈性表面能改變，F 為外力所作之功。

　　當 $\dfrac{dU}{da} \leq 0$ 時，裂縫發生不穩定成長；由於 Uo 為一常數，此條件可表示為：

$$\frac{d}{da}(Ua + Ur - F) \leq 0$$

亦即：$\dfrac{d}{da}(F - Ua) \geq \dfrac{dUr}{da}$

　　上式左項代表提供裂縫擴展之能量，在線性彈性力學中已將此項定義為 G；對於非線性彈性力學可同理以 J 定義此項，亦即 J 可稱為「彈性塑性能釋放率」。

$$J = \frac{d}{da}(F - Ua)$$

另外定義一潛在能　　$Up = Uo + Ua - F$

$$\frac{dUr}{da} = \frac{d}{da}(Ua - F) = -\frac{d}{da}(F - Ua)$$

$$J = \frac{dUr}{da}$$

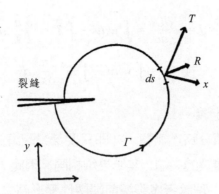

圖 8.22　包圍裂縫尖端之積分路徑（J 積分）

考慮圖 8.22 所示含一平行 X 軸裂縫之彈性塑性體（與非線性彈性體等值），Γ 為包圍裂縫尖端之積分路徑，$\vec{n}$ 為法線向量，u 為位移向量，$\vec{T}$ 為作用於路徑上 ds 段之應力向量，w 為應變能密度：

$$Ti = \sigma_{ij}\, n_j$$

$$w = \int_0^{\varepsilon ij} \sigma_{ij}\, d\varepsilon_{ij}$$

在潛在能 Up 所包含之各項中，$Uo + Ua$ 為總應變能，因此可表示為：

$$Uo + Ua = \iint\limits_A w\,dx\,dy$$

而 F 為外力所作之功，亦即：$F = \int_l \vec{T}ds \cdot \vec{u}$

$$Up = Uo + Ua - F = \iint\limits_A w\,dx\,dy - \int_l \vec{T}ds \cdot \vec{u}$$

$$\frac{dUr}{da} = \iint\limits_A \frac{\partial w}{\partial a}\,dx\,dy - \int_l \vec{T} \cdot \frac{\partial w}{\partial a}\,ds$$

$$= -\iint\limits_A \frac{\partial w}{\partial a}\,dx\,dy + \int_l \vec{T} \cdot \frac{\partial \vec{u}}{\partial x}\,ds$$

$$= -\int_l w\,dy + \int_l \vec{T} \cdot \frac{\partial \vec{u}}{\partial x}\,ds$$

由前述對 J 之定義：

$$J = -\frac{dUr}{da} = \int_l wdy - \int_l \vec{T} \cdot \frac{\partial \vec{u}}{\partial x}\, ds$$

$$\text{或} : J = \int_l wdy - \int_l Ti\, \frac{\partial u_i}{\partial x}\, ds$$

此即為 J 積分之定義。

「J 積分」與其積分路徑無關,亦即只要環繞裂縫尖端,不論積分路徑在極接近裂縫尖端或遠離裂縫尖端,其結果均相同。因此,「J 積分」毋須像「裂縫開口位移」(COD)理論考慮裂縫前端塑性變形區之幾何形狀。

在線性彈性變形情況,J 積分仍然成立,而由其定義,此時 J 值與 G 值相等,因此可得到 J 值與 K_1 值之關係:

$$J = G = \frac{x+1}{8\mu}K_1{}^2$$

對於混合複合形式: $\qquad J = G = \frac{x+1}{8\mu}\left(K_I{}^2 + K_{II}{}^2 + \frac{4}{x+1}K_{III}{}^2\right)$

同理,J 值與 COD 值之關係為:

$$J = G = \frac{\pi}{4(1-v^2)}\sigma_y \cdot COD \sim \sigma_y \cdot COD$$

由於 J 值具有「彈性塑性能釋放率」之意義,自然亦存在一臨界值,其意義與「臨界彈性能釋放率」(Gc)相類似,亦即當 $J \geq Jc$ 時,裂縫將發生不穩定成長。

㈤「J 積分」之實驗量測方法

Begley 與 Landes 於 1971 年首先提出測定 J 值(以及 Jc 值)之方法,其原理主要根據 J 值之定義: $J = \frac{dUp}{da}$,而以圖解方式求出 J 值,圖 8.23 說明 Begley 與 Landes 之 J 值測定方法。

Begley 與 Landes 之方法量測 J 積分及 J_{IC} 值可使用拉伸試件、彎曲試件或 CT 試件,其測定步驟為:

1. 由一些已經預置不同長度裂紋(如圖 8.23a 中之 $a1$, $a2$ 及 $a3$)之試片得

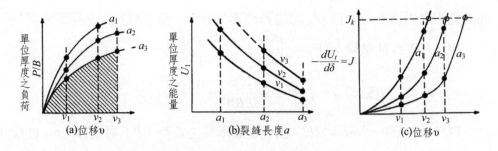

圖 8.23　Begley 與 Landes 之圖解求 J 值方法

到其單位厚度負荷（P/B）對位移（v）之曲線。

2. 取各曲線下之面積（代表單位厚度之能量 U_1）對預置裂縫長度（a）作圖（如圖 8.23b 所示）。

3. 對所要之裂縫長度，取其 $U_1 - a$ 曲線（圖 8.23b）之斜率負值（亦即 $-\dfrac{dUp}{da}=J$）對位移（v）再作圖（如圖 8.23c 所示），此時已得到 J 積分值對位移之校正曲線。

4. 由已知對於不同預置裂縫長度時裂縫發生不穩定擴展之位移，即可由 J-曲線（圖 8.23c）上得到其 J_{IC} 值。

Begley 與 Landes 之方法須要大量數據處理及重複作圖，如此可能造成許多誤差，因此一些較簡易之方法後來被提出，但 Begley 與 Landes 之最原始方法由於係直接根據 J 積分之能量定義，具有其真確性，因此仍被保留，尤其是被用以評估新發展之方法所得結果。

Rice、Paris 與 Merkle 於 1973 年推出另一方法，可由單一試片之負荷（P）對位移（v）曲線得到 J 值，根據其方法，對於一含有裂縫 a 之試片，其 J 積分可如下表示：

$$J=\frac{2}{Bb}\int_0^{v_c} pdv_c=\frac{2}{Bb}\Big[\int_0^{v_c} pdv-\int_0^{v_{nc}} pdv_{nc}\Big]$$

$$\text{或 } J=\frac{2}{Bb}Uc=\frac{2}{Bb}(Ut-Unc)$$

上兩式中，v_c 與 v_{nc} 分別為加入裂縫及未加入裂縫之位移，實際 J 積分試驗所測定者為總位移 $v(v=v_c+v_{nc})$，因此，實際量測所得之負荷（P）對位移（v）

曲線底下之面積為 U_t，而 U_{nc} 可由彈性理論計算一無裂縫試件之應變能得到。

對於三點彎曲試驗：$Unc = \dfrac{P^2 S^2}{8EBW^3} + \dfrac{0.395 P^2 S(1+v)}{EBW}$

因此：$J = \dfrac{2}{Bb}\left[Ut - \dfrac{P^2 S^2}{8EBW^3} + \dfrac{0.395 P^2 S(1+v)}{EBW}\right]$

對於 CT 試件，$Unc \ll Uc$，因此實驗所得之負荷（P）對位移（v）曲線底下之面積即可用以計算 J 積分值：

$$J = \dfrac{2}{Bb} Ut$$

實際上，對於 CT 試件尚須考慮其 lignment 部位受彎曲及拉伸作用，上式之評估結果太低，須再修正為：

$$J = \dfrac{2}{Bb} Ut \cdot f\left(\dfrac{a}{w}\right)$$

$$f\left(\dfrac{a}{w}\right) = (1+\alpha)/(1+\alpha^2)$$

$$\alpha = \sqrt{(a/b)^2 + a/b + 1/2} - 2(a/b + 1/2)$$

此外，Rice 亦提出一利用含裂縫拉伸試片量測 J 積分之公式：

$$J = G + \dfrac{2}{Bb}\left[\int_o^v pdv - \dfrac{1}{2}pv \right]$$

上式之 G 值可由 K 值計算，而 $\left[\int_o^v pdv - \dfrac{1}{2}pv \right]$ 實際上為圖 8.24 之斜線部分面積。

J_{IC} 之測定係利用上述 J 積分測定方法，而取負荷與位移之極限值（Pcr，vcr），此極限值是指裂縫開始擴展時之負荷與位移。

J_{IC} 之標準測定規範於 1979 年制定，並於 1982 年發佈為 ASTM E813 標準規範。此規範建議使用 SENB 及 CT 試片，其規格與 K_{IC} 測定規範所使用試件（圖 8.9 及圖 8.10）相同，但規定起始裂縫長度（a）必須大於 0.5W，此時，$Unc < Uc$，亦即 $Ucr \sim Utcr$。

因此，對於 SENB 試片：

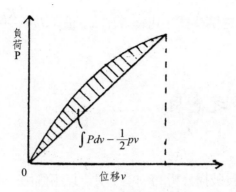

圖 8.24　拉伸試驗量測 J 積分

$$J = \frac{2}{Bb} Ut$$

$$J_{IC} = \frac{2}{Bb} Utcr$$

對於 CT 試片：

$$J = \frac{2}{Bb} Ut \cdot f\left(\frac{a}{w}\right)$$

$$J_{IC} = \frac{2}{Bb} Utcr \cdot f\left(\frac{a}{w}\right)$$

Ut 為實驗所得負荷（P）對位移（v）曲線底下之面積，而 $Utcr$ 為其臨界值。

以 J 積分（或 J_{IC}）評估材料破壞韌性（K_{IC}）目前已逐漸普及，主要是因為在線性彈性破壞力學中量測 K_{IC} 值之試件尺寸須符合嚴格之條件：a 及 $B \geq 2.5 \left(\frac{K_{IC}}{\sigma_y}\right)^2$，此條件對低強度（$\sigma_y$ 較小）高韌性（K_{IC} 較大）材料將使試件要求之尺寸極大，而在實際工程量測上難以滿足；然而，J_{IC} 試驗所需之試件尺寸為：B 及 $(w-a) > 2.5 \frac{J_{IC}}{\sigma_0}$，此處 σ_0 為流變應力，其值為降伏強度與斷裂強度之平均值，亦即：$\sigma_0 = \frac{\sigma_y + \sigma_{UTS}}{2}$，比較 J_{IC} 與 K_{IC} 量測所需之樣品尺寸：$\frac{BJ}{BK} = C \cdot \frac{\sigma_y}{2.5E} \sim \frac{1}{20}$，因此，可以使用遠小於 K_{IC} 量測所須之試片先得到 J_{IC}

值，再由 J_{IC} 與 K_{IC} 之關係式，可換算出 K_{IC} 值：$J_{IC} = \dfrac{K_{IC}^{2}(1 - U^{2})}{E}$。

四、破壞力學之應用

　　破壞力學是材料破損分析的一項工具，以下經由一些常見的材料破壞實例說明破壞力學的應用：

(一)鋼鐵回火脆化

　　鋼鐵材料經淬火形成麻田散鐵組織，硬度強度大幅提高，但相對的，延展性變得極差，在這種情況下，材料破壞韌性也將下降到無法滿足工程需求，為了提升淬火後的延展性，必須再進行回火熱處理，此時強度及硬度雖然會略為降低，但延展性可以獲得明顯提升，亦即破壞韌性將隨之改善，圖 8.25 顯示當回火時間固定 10 小時，回火溫度越高，破壞韌性增加愈多，然而在 300 至 600℃ 回火，破壞韌性反而急劇減小，此即為鋼鐵的回火脆化（temper embrittlement），造成此脆化的原因在於鋼鐵內部的磷或銻等雜質元素在回火過程發生粒界偏析，因而使材料呈現沿晶脆斷現象，破壞韌性值的變化可以充分顯現此一回火脆化之材料破壞機制，假設此鋼鐵材料為單晶結構，粒界偏析無從發生，回火脆化也不會出現，則破壞韌性將隨著圖 8.25 之虛線持續上升。

(二)負荷速率對材料破壞之效應

　　在非腐蝕性環境中，當材料承受負荷之速率極低時，改變負荷速率對材料破壞韌性的影響不大，但是在一般負荷速率範圍（$K = 10 \sim 10^{5} MN \cdot m^{-3/2} \cdot \text{sec}^{-1}$），提高負荷速率將使差排來不及跟隨應力場移動，而導致材料傾向脆性破壞，圖 8.26 顯示破壞韌性降低；當負荷速率極高時（$K > 10^{5} MN \cdot m^{-3/2} \cdot$

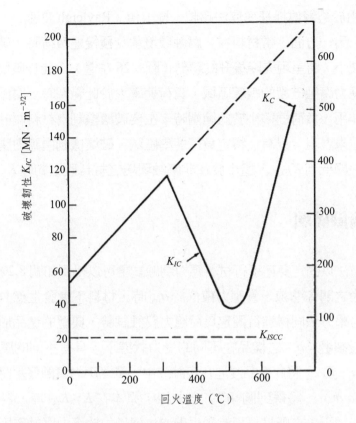

圖 8.25　鋼鐵材料破壞韌性（K_{IC}）與回火溫度之關係

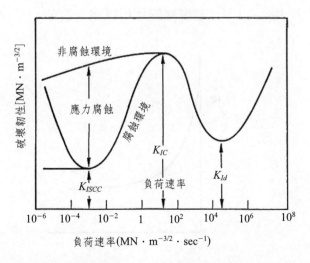

圖 8.26　腐蝕與非腐蝕環境下，材料破壞韌性受負荷速率之影響

$\sec^{-1}$），由於裂縫傳播速率無法超越一極限值（Rayleigh波速），破壞韌性又再度上升。另一方面，當材料在一腐蝕環境承受極慢速負荷時，破壞韌性隨負荷速率的減小，將呈現先降後升的趨勢（圖8.26左邊），此一破壞韌性的谷底範圍即為應力腐蝕破裂的敏感區域，負荷速率大於此範圍時，腐蝕因子來不及參與破壞作用，負荷速率小於此範圍時，主要破壞機制為材料腐蝕作用，應力腐蝕脆裂並未展現，只有在特定負荷速率區域，破壞機制由應力腐蝕決定，材料破壞韌性降低到K_{ISCC}，遠小於在非腐蝕環境之材料破壞韌性K_{IC}。

㈢應力腐蝕破壞

　　傳統方法以固定負荷進行材料應力腐蝕試驗可以得到如圖8.27所示之應力與斷裂壽命之關係曲線，當應力值低於σ_{scc}時，材料不會發生應力腐蝕破裂。採用破壞力學方法同樣進行固定負荷應力腐蝕試驗，典型的樣品形式如圖8.28所示，預設裂縫（a）之樣品在不同的受力狀態下，具有不同的應力強度係數（$K = \sigma\sqrt{\pi a} \cdot f$），將此樣品浸泡在腐蝕液中，量測應力腐蝕發生時，裂縫擴展的速率（da/dt），將得到圖8.29之曲線，原本在$K < K_{IC}$時，裂縫擴展速率（da/dt）無窮小，亦即材料不會發生破壞，但是由於腐力腐蝕作用，裂縫仍以一特定速率擴展（圖8.29中之$da/dt \sim 10^{-5}$m/sec m/sec），只有當應力強度係數（K）降低到K_{ISCC}以下，裂縫擴展才可以完全避免。

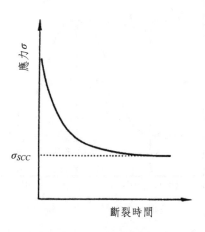

圖8.27　傳統固定負荷應力腐蝕試驗曲線

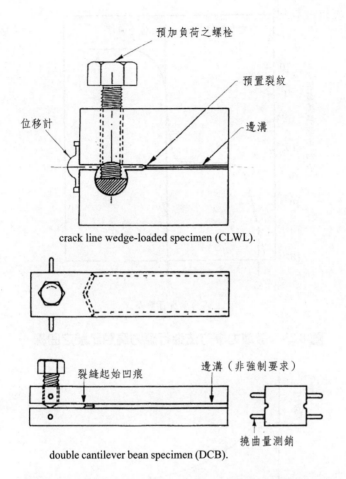

預加負荷之螺栓

預置裂紋

位移計

邊溝

crack line wedge-loaded specimen (CLWL).

裂縫起始凹痕

邊溝（非強制要求）

撓曲量測銷

double cantilever bean specimen (DCB).

圖 8.28　破壞力學方法進行應力腐蝕試驗之樣品形式

㈣疲勞破壞

　　傳統的疲勞試驗可得到如圖 8.30 所示之應力與循環週期關係曲線（σ-N curve），當應力值低於疲勞限（fatigut limit，σ_D），材料不會發生疲勞破裂。採用破壞力學方法進行疲勞試驗，樣品先預置一裂縫（a），再施加一振幅（$\Delta\sigma$）之循環應力，亦即材料受到一循環應力強度係數（cyclic stress intensity factor，$\Delta K = \Delta\sigma\sqrt{\pi a} \cdot f$），疲勞破壞將造成裂縫以 da/dN 速率擴展（單位循

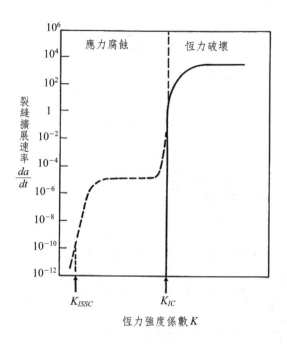

圖 8.29　破壞力學方法進行應力腐蝕試驗之曲線

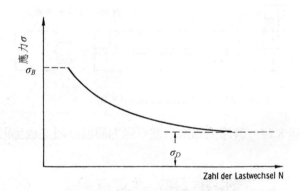

圖 8.30　傳統疲勞試驗之曲線

環數裂縫擴展距離），此一破壞力學疲勞試驗曲線如圖 8.31 所示，當 $\Delta K < \Delta K_o$ 時，裂縫不會擴展，此為疲勞的安全極限，當 $\Delta K > \Delta K c$ 時，裂縫傳播速率無窮大，而在中間區域（$\Delta K_o < \Delta K < \Delta K_c$），裂縫擴展速率以一直線關係（Paris 定律）增大：$\dfrac{da}{dN} = C \cdot \left(\dfrac{\Delta K}{E}\right)^n$，此處 n 為一介於 2 至 4 之常數，由於裂縫開口距離 $v(a)$ 與應力強度係數（K_I）存在一關係：$v(a) \propto \dfrac{K_I^2}{E}$，此一

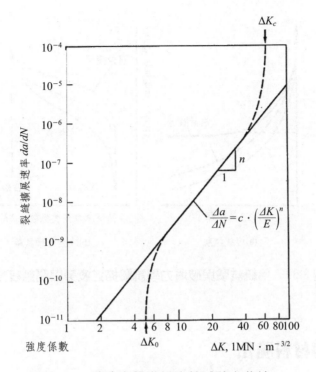

圖 8.31　破壞力學進行疲勞試驗之曲線

破壞力學疲勞試驗曲線中間區域所顯示直線關係的物理意義在於裂縫傳播速率正比於裂縫開口距離：$\dfrac{da}{dN} \propto v(a)$。

(五)腐蝕疲勞破壞

對於傳統疲勞試驗所得到的 σ-N 曲線平台可視為此材料的疲勞限（fatigue limit，σ_0），亦即在此應力以下，疲勞破壞將可完全避免，但是當腐蝕環境因子共同參與作用，所產生的腐蝕疲勞破壞將使 σ-N 曲線向下偏移（圖 8.32a 之虛線），原先的疲勞限平台消失，因此即使在較低的應力，材料仍會在一定的週期數發生斷裂。此一結果對應於圖 8.32b 之破壞力學疲勞試驗曲線上，可見到 da/dN - ΔK 曲線向上偏移，原先在 ΔK_o 的裂縫擴展速率趨近無窮小，亦即可視為破壞力學疲勞試驗的疲勞限，但是在腐蝕因子共同作用下，在 ΔK_o 仍有相當程度的裂縫擴展速率。

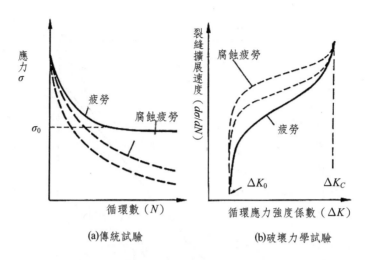

圖 8.32　傳統試驗與破壞力學試驗描述疲勞與腐蝕疲勞破壞

㈥輻射損傷材料脆化

　　材料受到放射線長期照射，晶格會產生大量缺陷，而使材料脆化，比較一鋼鐵材料未受輻射損傷與受到 $288°C$、$3 \times 10^9 n/cm^2$ 中子照射的衝擊試驗結果（如圖 8.33a），可見到輻射損傷造成衝擊試驗的延性轉脆性溫度（Tt）提高，顯示材料脆性破壞的傾向增加。採用破壞力學試驗測量破壞韌性（K_{IC}）隨溫度之變化（圖 8.33b），可以更明顯看到延性轉脆性溫度，同時輻射損傷造成此轉換溫度提高 ΔT，此一輻射損傷材料脆化現象會受到材料內部雜質元素含量的影響，圖 8.34 為一鋼鐵材料內含不同濃度的 Cu 及 P 雜質，隨著中子數照射劑量的增加，材料的延性轉脆性溫度上升值（ΔT）大幅提高，而此 ΔT 值隨 Cu 及 P 雜質量的增加亦明顯提高。

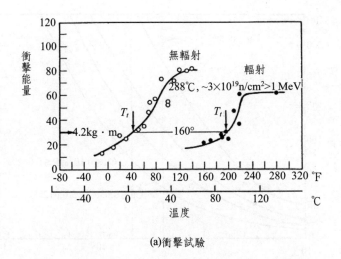

(a)衝擊試驗

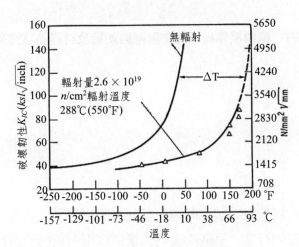

(b)破壞力學試驗

圖 8.33　衝擊試驗與破壞力學試驗描述材料因輻射損傷所造成脆化現象

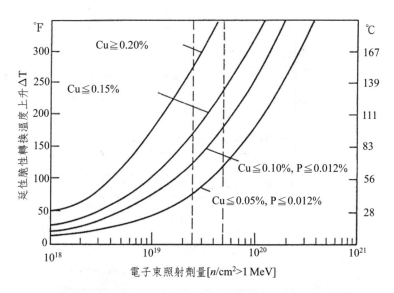

圖 8.34　輻射損傷材料脆化與輻射劑量及材料內含雜質之關係

五、總結

　　為了處理材料低應力破壞問題而發展出破壞力學，其內容主要在於描述材料內部裂縫擴展的行為。早期的破壞力學僅適用於裂縫前方幾乎沒有塑性變形的情況，亦即「線性彈性破壞力學」（Linear Elastic Fracture Mechanics，LEFM），由此建立了「彈性能釋放率」（G 值）與「應力強度係數」（K 值），其臨界值分別稱為「破壞能量」（Gc）與「破壞韌性」（Kc），當 $G > Gc$ 或 $K > Kc$，裂縫將不穩定擴展。針對裂縫前方存在有限度塑性變形的情況，近年來發展出「彈性塑性破壞力學」（Elastic Plastic Fracture Mechanics, EPFM），由此建立「裂縫開口位移理論」（COD）與「J 積分」理論，同樣的，當 COD 與 J 值達到其臨界值：$COD > COD_C$ 或 $J > Jc$，裂縫將快速傳播。

參考資料

1. H. L. Ewalds and R. J. H. Wanhill: Fracture Mechanics, (1984).

2. W. Dander, "Einfuhrung in die Grundlagen der bruchmechnik, Z. Werk stofftech, 13 (1982) 69-76, 85-95, 385-388.

3. J.E.Campbell, W. W. Gerberich, and J. H. Underwood, (eds), Application of Fracture Mechanics for Selection of Metallic Structural Materials, American society for metals, Metals park, Ohio (1982).

4. R. C. Bradt, A. G.Evans, D. P. H. Hasselman, andF. F. Lange, (eds), Frac- ture Mechanics of Ceramics, Plenum, New York (1983).

5. T.Yokobori, The Strength, Fracture and Fatigue of Materials, Noordhoff, Goningen, The Netherlands (1964).

6. A.Tetelman and A.J.McEvily, Fracture of Structural Materials, Wiley,New York (1967).

7. D.Munz, R.T.Bubsey, andJ.L.Shannon, Jr., J.Amer.Ceram.Soc., 63 (1980) 300

8. A.G.Evans, ASTM-STP678 (1979) 112B.R.Lawn, A.G.Evans, and D.B. Marshall, J.Amer.Ceram.Soc., 63 (1980) 574

9. G.R.Anstis, P.Chantikul, B.R.Lawn, andD.B.Marshall, J.Amer.Ceram. Soc., 64 (1981) 533

10. J.F.Knott, Fundamentals of Fracture Mechanics, Wiley, New York (1973).

11. R.W.Hetzberg, Detormation and Fracture Mechanils of Engineering Materials, Wiley, New York (1983).

12. S.T.Rolfe and J.M.Barsom, Fracture and Fatigue Control in Structures: Applications of Fracture Mechanics, Prentice- Hall, Englewood Cliffs, N.J. (1977).

13. K.Hellan, Introduction to Fraiture Mechanics, McGraw-Hill, New York (1984).

14. D.Broek, Elementary Engineering Fracture Mechanics, Noordhoff, Leyden, The

Netherlands (1982).

15. F.R.Hutchings and P.M.Unterweiser, Failure Analysis: The British Engine Tech-nial Reports, American Soliety for Mefals, Metals Park, Ohio (1981).

16. A.P.Parker, The Mechanics of Fracture and Fatigue, An Intro- duction, E. and F. N.Spin.London (1981).

17. G.P.Cherepanov, Mechanics of Brittle Fracture, McGraw-Hill, New York (1979).

18. V.Z.Parton and E.M.Morozov, Elastic-Plastic Fracture Mechanics, Mir. Moscow (1978).

19. B.R.Lawn and T.R.Wilshaw, Fracture of Brittle Solids, Cambridge University Pre-ss(1975).

20. D.Munz, R.T.Bubsey, and J.L.Shannon, Jr., "Fracture Toughness Determi-nation of Al2O3 using Four-Point-Bend Specimeus with Straight-Through and Chevron Notches.J.Amer.Ceram.Soc., 63 (1980) 300-305

21. M.Lee and M.Brun, "Fracture Toughness Measurement by Micro- indextation and three-point-Bend Methods", Mat.Sci.Eng., A105 (1988) 369-375.

22. D.Munz, J.L.Shannon Jr., and R.T.Bubsey, "Compliance and Stress Intensity Co-etticients for Short Bar Specimenu with Chevron Notches", Int. J.Fracture, 16 (1980) R137.

CHAPTER 9

磨耗破壞

　　「磨耗」為一種特殊之機械力作用破壞，亦即主要發生在兩個接觸物體相對運動時所形成的表面損傷，持續的損傷使材料截面積減小至可能無法再承受其安全負荷，而發生變形或斷裂，而當表面損傷以裂縫或局部凹槽出現時，更可能引發材料的快速破斷。磨耗破壞普遍存在於日常生活中，特別是針對機械工業，由於大多數構件均處於動態相對運轉狀態，磨耗破壞尤其受到重視，事實上，由磨耗（wear）、磨擦（friction）與潤滑（lubrication）所共同組成之「磨潤學」（tribology）已成為機械工程領域中的一個重要學門。「磨耗」與其他類型之材料破壞有一些特異之處，可藉由對其定義內容之說明、對其參與作用系統之剖析以及對其不同作用形式之分類而獲得了解。造成磨耗破壞之機制主要包括：「黏著機制」、「刮損機制」、「表面疲勞損傷機制」及「磨耗化學機制」四種，各種磨耗機制均形成一些破壞特徵，可作為分析磨耗破壞之依據；由於磨耗破壞之系統及機制有多元性，對其檢測方法難以制定一標準規範，須針對特定之系統及機制採用不同之檢測方法，本章中將介紹一些常用之磨耗檢測技術；此外，針對各種特別要求耐磨耗性之工程組件所使用之材料，將作一整理，最後對於各種金屬材料之耐磨耗性以及藉由表面改質技術提高其耐磨性亦為本章之討論內容。

一、磨耗概論

㈠磨耗定義

　　根據 1953 年德國工業標準 DIN 50320 對「磨耗」之定義為：「物體由於機械作用，表面產生微小顆粒脫落，而造成表面不受歡迎之改變」，此一定義曾引起極多爭議，畢竟在日常生活中，「磨耗」並非全然均是「不受歡迎（有害）」之改變，譬如新製機件於初運轉期間，可藉磨耗而達到自然修整作用，因此 1979 年修訂之 DIN 50320 對「磨耗」重新定義為：「固體材料由於與其

他氣態、液態或固態物體相對運動，所造成之表面材料持續耗損」；對於此定義中的「表面材料持續耗損」依照 DIN 50321 將其稱為「磨耗量」，而其倒數則稱為「耐磨耗性」，由此可見：「磨耗量」或「耐磨耗性」顯然亦為材料之一特性值，然而此一材料特性值不同於一般強度、硬度、韌性等材料特性值，因為一個材料之「磨耗量」或「耐磨耗性」實際上是由整個「磨耗系統」共同組成，亦即由磨耗系統內之各單元相互作用而決定。

(二)磨耗系統

圖 9.1 表示一「磨耗系統」基本上是由磨耗主體、磨耗客體、中間物質及環境介質等四個單元所組成，此四個磨耗單元在各種磨耗條件之指令下相互作用，而產生磨耗破壞，此磨耗破壞包括表面形貌改變及表面材料損耗。對於一個磨耗系統所承受之磨耗條件可分為兩大類，即：1.運動形式與隨時間變化之運動過程；2.物理與工程作用因子；基本上，產生磨耗現象之「運動形式」包括：滑動、滾動、撞擊及沖擊四種，而「隨時間變化運動過程」包括：連續運動、振動及間歇運動三種方式，而物理與工程作用因子則包括：正向負荷、相對速度、溫度及作用時間。

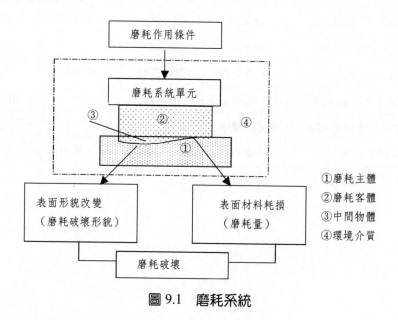

圖 9.1　磨耗系統

　　為了進一步說明磨耗系統，以表 9.1 列舉應用工程上常伴隨之磨耗現象，並分析其參與磨耗系統作用之四個單元；在此磨耗作用四單元中，磨耗主體一般指在此一磨耗系統中其磨耗現象較受重視物體，亦即應用之主體材料或機件，當然在實際情況，有可能參與磨耗作用之相對兩物體無法區分其為主體或客體，例如在一引擎磨耗破壞所包含之磨耗系統內，活塞環與氣缸壁均可互為磨耗之主體或客體，然而在多數磨耗系統中，其磨耗主體與客體是可以很明顯區分的，而所謂「耐磨耗材料」即是針對此「磨耗主體」而言；對於磨耗系統中之「中間物質」可包含具有減小磨耗作用之物質（例如：潤滑劑）及增強磨耗作用之物質（例如：灰塵、硬顆粒等）；而環境介質則是指前述三個磨耗單元（磨耗主體、磨耗客體及中間物質）所存在之環境。由於整個磨耗破壞是由此四個磨耗單元基於磨耗條件指令下相互作用而產生，因此改變此四個磨耗單元其中任何一個，或者改變磨耗條件，均會影響整體之磨耗結果，由此即形成所謂的「磨潤工程」（tribology enginering）。

表 9.1　應用工程上之磨耗系統分析

磨耗系統之工程作用	磨　耗　系　統　單　元			
	磨耗主體	磨耗客體	中間物質	環境介質
運動傳輸（傳動系統）	傳動板	連接桿	潤滑劑	空氣
運動阻礙（煞車系統）	煞車塊	煞車鼓	－	空氣
運動傳輸（齒輪系統）	主力齒輪	傳動齒輪	潤滑劑	空氣
資訊傳輸（電接觸系統）	電刷	集電器	－	保護氣體
貨物傳輸（裝卸系統）	製卸滑板	貨　物	－	空氣
材料切削（鑽孔）	鑽頭	工　件	冷卻潤滑劑	空　氣
材料成形（抽　線）	抽線眼膜	線　材	潤滑劑	空　氣

㈢磨耗的重要性

除了少數應用個例，一般「磨耗」在工程上確實大多屬「不受歡迎（有害）之材料破壞現象」，直接的損害例如：表面刮損使材料發生不良振動、受力面積的減小使材料無法承受負荷而斷裂、尺寸的改變使機件無法密合甚至產生鬆脫問題、磨耗熱能使材料強度降低、表面刮痕破壞材料美觀等，間接的損害則包括：磨耗引起材料斷裂造成人員傷害、工具磨耗造成加工精度喪失、電接點磨耗造成電路中斷、不良振動造成噪音及機件破壞、更換磨耗機件造成生產線停工等。具體之統計，根據德國聯邦科技部（BMFT）的調查結果，德國每年因磨耗所造成的損失約 50 億美金（佔其國民生產毛額的 1%），英國約為 30 億美金（佔其國民生產毛額的 2%），美國約為 500 億美金（佔其國民生產毛額的 7%）──（以上統計資料取自德國聯邦科技部「磨擦、磨耗與潤滑」大型整合計劃報告 BMFT-FB-T-76-38）；由以上之說明可以顯示「磨耗」在工業上甚至日常生活中所扮演的重要角色，因此如何有效控制材料磨耗現象早已成為各工業國家的研究主題之一。

㈣磨耗的分類

基本上，可將磨耗現象根據磨耗系統單元及磨耗條件而加以分類，表 9.2 為 DIN 50320 針對磨耗所作之分類，此表上同時列出各磨耗分類之作用機制，此「磨耗作用機制」將於下一章節討論。

二、磨耗破壞機制及形貌特徵

磨耗機制主要在說明「磨耗條件」對「磨耗系統單元」之作用，以及在「中間物質」與「環境介質」的影響下，「磨耗主體」與「磨耗客體」相互之間的能量與物質交替作用。目前被廣為接受之磨耗機制主要有四個：㈠黏著機制（adhesive mechanism）；㈡刮損機制（abrasive mechanism）；㈢表面疲勞

損傷機制（surface fatigue mechanism）；㈣磨耗化學機制（tribochemical mechanism），表9.2可見到一般磨耗系統所參與之磨耗機制，對於一般工程上常見之磨耗個例另以表9.3分析其磨耗機制。實際上，對於特殊磨耗現象，除了以上四個磨耗機制，亦可能有磨耗昇華（wear sublimation）及磨耗擴散（wear diffusion）兩個機制參與作用。

表 9.2　磨耗分類（DIN 50320）

磨耗系統單元	磨耗條件	磨耗種類	磨耗機制			
			黏著	刮損	表面疲勞損傷	磨耗化學
固體—中間物質—固體	滑動、滾動、輥軋、沖擊、撞擊	—			×	×
固體—固體	滑動	滑動磨耗	×	×	×	×
	滾動輥軋	滾動磨耗輥軋磨耗	×	×	×	×
	沖擊撞擊	沖擊磨耗撞擊磨耗	×	×	×	×
	振動	振動磨耗	×	×	×	×
	滑動	犁割磨耗		×		
固體—固體及顆粒	滑動	顆粒滑動磨耗		×		
	輥軋	顆粒輥軋磨耗		×		
固體—液體及顆粒	流動	沖蝕磨耗		×	×	×
固體—氣體及顆粒	流動	流動磨耗		×	×	×
	沖擊	沖擊磨耗斜擊磨耗		×	×	×
固體—液體	流動振動	泡蝕磨耗泡蝕偕蝕			×	×
	撞擊	滴蝕磨耗			×	×

表 9.3　工程上常見磨耗個例之磨耗機制（Habig 1979）

磨　耗　機　件	磨　耗　機　制			
	黏　著	磨耗化學	刮　損	表面疲勞損傷
軸承(a)潤滑		×		× ×
(b)無潤滑	× ×	×	× ×	×
輥軋軸承	×	×	×	× ×
齒輪聯動裝置	× ×	×	×	× ×
鏈條	×	× ×		×
凸輪與杵	× ×	×	×	×
輪子與軌道	×	×	×	×
煞車裝置	×	×	×	×
電接觸裝置	×	×		×
切削加工刀具	× ×	×	× ×	×
成型加工模具	× ×	×	×	×
採礦工具		×	× ×	×

× ×：主要機制　×：附屬機制

(一)黏著機制

　　任何物體之表面不可能完全平坦，一個即使在宏觀尺度極為平坦的物體表面，在微觀尺度仍是極為粗糙，而存在有許多凸起及凹下點，當兩個物體表面相互接觸時，這些微觀粗糙點將發生局部壓縮，而在這些微觀粗糙點形成彈性甚至塑性變形，進一步將使這些局部接觸點產生「冷焊接」現象，圖 9.2 說明此局部冷焊接點之形成，由圖上可見到物體原接觸表面 $A = a \cdot b$，實際之接觸表面則為 $A_w = \sum_{i=1}^{n} q_i$，遠小於原接觸面，亦即這些局部接觸點所承受之壓縮應力超過其降伏強度而產生嚴重塑性變形，因而緊密接觸，並且藉著摩擦熱量而局部焊接，隨著兩個物體相對運動，這些冷焊接點被撕開，而造成黏著磨耗，黏著

磨耗量則由此冷焊接點撕裂位置決定（圖 9.3 之陰影區域），如果撕裂位置在原來接觸表面，則無磨耗發生。

　　分析黏著磨耗，可假定表面微觀粗糙點為半球形（圖 9.4），則實際接觸面積 $A_w = n \cdot \pi a^2$，n 為表面粗糙點數目，a 為此假定半球形粗糙點之半徑，又根據 Bowden 與 Tabor 於 1964 年所發表之研究，實際接觸面積（A_w）與正向負荷（F_N）及硬度（H）具有：$A_w = c \cdot \dfrac{F_N}{H}$ 之關係，再由圖 9.4 每一粗糙點經冷焊接後再被撕開之體積為 $V_i = \dfrac{2}{3}\pi a^3$，由以上關係可推導出黏著磨耗量為 $W_V = K^* \cdot n \cdot V_{i1} \cdot \dfrac{L}{2a} = K^* \cdot \dfrac{F_N}{3H} \cdot \ell$，此處 K^* 為表面粗糙點發生冷焊接及再撕開之概率，ℓ 為磨耗路徑；如果在接觸面上除了正向負荷 F_N，尚有其他切向負荷 F_T，則表面微觀接觸點將因塑性變形而被擴大，亦即實際接觸面積應為 $A_w = C \cdot$

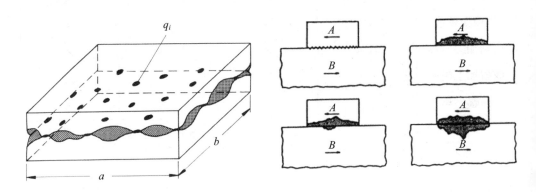

圖 9.2　黏著磨耗冷焊接點形成　　　　**圖 9.3　黏著磨耗冷焊接點撕裂可能位置**

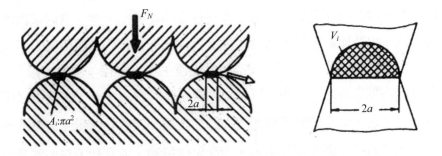

圖 9.4　黏著磨耗機制解析（Archard, 1953）

$\dfrac{F_N}{H}\sqrt{1+C'\left(\dfrac{F_T}{F_N}\right)^2}$，而黏著磨耗量應為 $W_V = K^* \cdot \dfrac{F_N}{3H} \cdot \ell \sqrt{1+C'\left(\dfrac{F_T}{F_N}\right)^2}$；然而上式中當 $\dfrac{F_T}{F_N}$ 值達到材料磨耗係數（μ）時，實際接觸面積即不再被繼續擴大，因此黏著磨耗亦只增加至 $W_V \leq K^* \cdot \dfrac{F_N}{3H} \cdot \ell \sqrt{1+\mu^2}$，在以上黏著磨耗關係式中，令 $\dfrac{K^*}{2} = K_{ab}$，此 K_{ab} 值即稱為「黏著磨耗係數」。

　　黏著磨耗現象的發生基本上是決定於兩物體的黏著傾向，此黏著傾向可利用圖 9.5 實驗方法將此兩物體在一定正向負荷下相互擠壓，然後再相互拉開，由拉開力 F_A 與擠壓力 F_N 之比值 $\alpha = \dfrac{F_A}{F_M}$ 以決定，此 α 即為黏著係數，為了避免物體表面氧化層的阻隔作用，在將兩物體相互擠壓過程，同時相互扭轉；圖 9.6 為經由此實驗方法所得到各種純金屬材料之黏著係數與硬度之關係，由圖上可見到一般黏著係數隨硬度之增加而降低，此外體心立方及六方最密排列材料之黏著係數亦明顯低於面心立方材料，亦即面心立方材料有較強之黏著傾向，此結果亦已由許多其他研究證實（例如金屬之冷壓焊接）；由於面心立方具有極多差排滑動系統，而較易發生塑性變形，以上結果亦肯定了塑性變形在黏著磨耗機制中所扮演之角色。

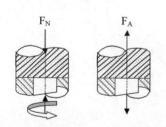

圖 9.5　兩物體接觸之黏著傾向評
　　　　估實驗

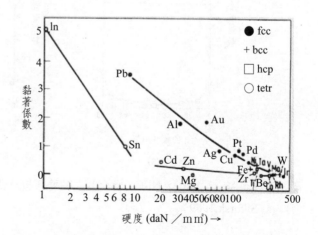

圖 9.6　各種純金屬之黏著係數（Sikorski, 1963）

　　對於合金材料之黏著磨耗，Bailey 和 Sikorski（1969）進一步量測 Cu-Au、Ag-Au、Ag-Pd、Cu-Ni、Pt-Co 合金之黏著係數（α），這些合金均為置換型合金，其結晶構造除 Pt-Co 合金外，均為面心立方結晶，其中 Cu-Au 合金具有 Cu_3Au 及 CuAu 序化結構相，Pt-Co 合金亦具有 PtCo 序化相。圖 9.7 為 Cu-Au 合金與 Ni-Cu 合金之黏著係數與合金成分關係，圖中同時列出各合金成分之 Knoop 硬度值，由圖 9.7a 之 Cu-Au 合金，可見到黏著係數與硬度值成相反關係，亦即黏著係數極大值正相對於硬度極小值，此結果同樣存在於其他 Ag-Au、Ag-Pd 及 Pt-Co 合金，在 Pt-Co 合金甚至當其硬度值達到極大值（380 daN/ mm^2）時，黏著係數為 0；圖 9.7b 之 Ni-Cu 合金趨勢略有例外，在 Cu 含量低於 40% 時，黏著係數隨硬度增加而上升，此可能是由於合金內 Cu 含量的增加使黏著力增加。對於序化結構相之影響可由表 9.4 看出，表上可見到經由適當熱處理使合金得到序化結構相時，其硬度大為提高，而黏著係數則降低至 0.1，甚至降至 0。

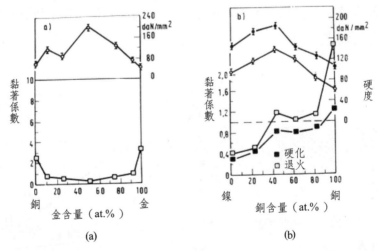

圖 9.7　Cu-Au 合金(a)及 Ni-Cu 合金(b)之黏著係數及硬度值與合金含量之關係（Bailey & Sikorsk,1969）

表 9.4　Cu-Au 與 Pt-Cu 合金序化及非序化結構之黏著係數與硬度值

（da N/ mm^2）

合　　金	非　序　化		序　　化	
	Knoop 硬度值	黏著係數	Knoop 硬度值	黏著係數
Cu 50 Au	200	0.2	430	0
Cu 25 Au	90	0.5	200	0.1
Pt 50 Co	300	0.1	410	0

　　圖 9.8 為典型的黏著磨耗形貌，光學顯微鏡（OM）可見到許多溝槽及粗糙表面（圖 9.8a），有時可發現大塊材料被挖起（圖 9.8b），電子顯微鏡（SEM）可見到許多鱗片（圖 9.8c），有時亦可發現剪力應變渦穴（圖 9.8d），「渦穴」（dimple）破壞特徵的存在亦可證明塑性變形確實參與黏著磨耗機制，當一個物體表面材料被另一相對磨耗物體拔起時，將出現 9.8e 及 9.8f 之形貌。

　　綜合以上說明，黏著磨耗機制發生在兩個接觸物體中至少有一為延性材質，以產生局部塑性變形，至於此二物體材質可能相同或相異，其硬度亦可能相近或不同，此與刮損磨耗機制有所區別，表 9.5 將各種磨耗機制的參與作用物體（主體／客體）以及破損形貌特徵加以歸納比較，以作為判定磨耗機制的準則。

表 9.5　磨耗機制判定準則

磨耗機制	磨耗主體／客體	磨耗破損特徵
黏著（adhesive）	延性材質，同質或異質 硬度相同或不同	溝槽、大面積孔洞（內有 dimple）、鱗片
刮損（abrasive）	延性或脆性材質均可，異質 硬度不同	明顯溝槽（延性）、刮屑（脆性）、破片
表面疲勞損傷 （surface fatigue）	同質或異質 硬度相同或不同	溝槽、大面積坑洞（內有蚌殼狀條紋）、垂直磨耗方向之裂紋、磨耗顆粒孔洞、蝴蝶狀特徵
磨耗化學（tribo- chemical）	同質或異質 硬度相同或不同	溝槽較不明顯、氧化或腐蝕生成物明顯

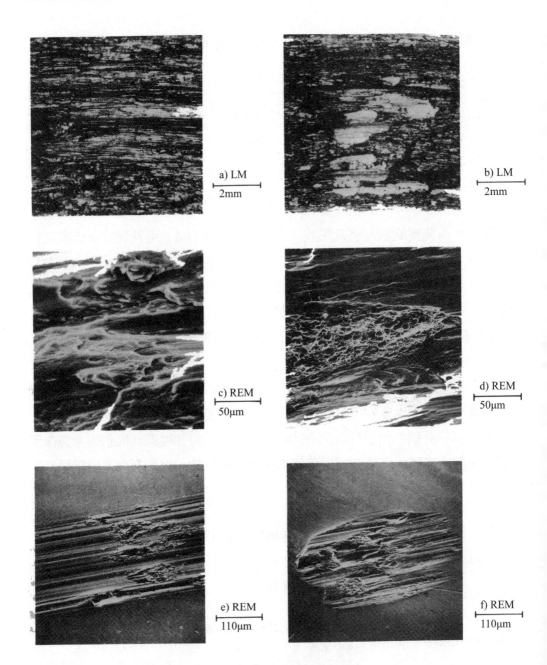

a) LM
2mm

b) LM
2mm

c) REM
50μm

d) REM
50μm

e) REM
110μm

f) REM
110μm

圖 9.8　典型之黏著磨耗形貌

㈡刮損機制

　　刮損機制是指一個物體表面被另一相對磨耗物體表面凸起物或硬顆粒嵌入，同時藉著相對運動使被嵌入物體表面物質被犁割或刮除。

　　分析刮損磨耗，可假設嵌入物體表面之凸起物或硬顆粒為圓錐形，並以相對運動前移距離 ℓ（圖 9.9），由圖上刮磨之圓錐體截面積為 A_I，考慮彈性變形回復，實際被刮磨之材料面積為 $A_I - A_V$，因此刮損磨耗總體積 $W_V = n(A_I - A_V)\ell$；此外實際之接觸面積 $A_R = n \cdot A_2$，此處之 A_2 為圓錐體橫向截面積，根據 Bowden 與 Tabor 於 1964 年所發表之研究：$A_R = C \cdot \dfrac{F_N}{H}$，綜合上述關係，$W_V = C \cdot \dfrac{A_I}{A_I}\left(1 - \dfrac{A_V}{A_I}\right) \cdot \ell \cdot \dfrac{F_N}{H}$，另外由圓錐體幾何關係：$\dfrac{A_I}{A_2} = \dfrac{2\cot\theta}{\pi}$，因此刮損磨耗體積即為：$W_V = C \cdot \dfrac{2\cot\theta}{\pi}\left(1 - \dfrac{A_V}{A_I}\right) \cdot \ell \cdot \dfrac{F_N}{H}$；對一般退火軟化之金屬，Goddard 等人（1958）由實驗得到 $\dfrac{A_V}{A_I} = 0.85$，上式可簡化為：$W_V = C \cdot \dfrac{0.3\cot\theta}{\pi} \cdot \ell \cdot \dfrac{F_N}{H} = Kab \cdot \dfrac{F_N}{H} \cdot \ell$，此處之 Kab 稱為刮損磨耗係數。

　　實際上隨材質不同，材料之刮損磨耗行為亦有極大不同：對於延性材質，當堅硬凸起物或顆粒犁割其表面時，將使犁割前緣藉由塑性變形滑動而產生刮削屑（圖 9.10a），對於脆性材質，由於無塑性變形滑動，刮削屑直接破碎，同時犁割溝槽內將形成各種細微裂紋（圖 9.10b）；經刮損磨耗後，物體接近

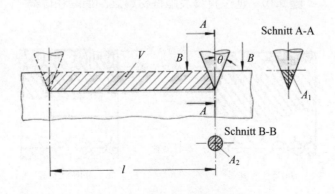

圖 9.9　刮損磨耗機制解析

表面之材料亦將隨材質不同而產生不同組織變化：對於延性材質，可形成明顯的塑性變形區，內含許多差排，此外尚有極深的殘留應力區（圖9.11a），而對於脆性材質，則形成許多微小裂紋及少數差排，其殘留應力區較淺（圖9.11b）。

由於脆性材質的刮損磨耗是藉微裂紋的形成及擴展進行，因此其刮損磨耗量須同時考慮材料破壞韌性 K_{IC}，Hornbogen 於 1975 年發表下列關係式：$W = C \cdot K_{IC}^2 \cdot H^{-3/2}$，而 Evans 與 Wilshaw 則於 1976 年提出另一關係式：$W = C \cdot K_{IC}^{-3/4} \cdot H^{-1/2}$。

對於刮損磨耗檢測可如圖9.12所示，利用一表面有堅硬顆粒之物體（例如：砂紙），使其旋轉，而使待測物以一定正向負荷下壓於此具有堅硬顆粒之物體表面，量測其刮損磨耗量，圖9.13為一般金屬材料之抗刮損磨耗性（即刮損磨耗量之倒數值 $1/W_r$）與硬度關係，由圖上明顯看出刮損磨耗量與材料硬度成反比：$1/W_r = b \cdot H$；對於陶瓷材料亦可看出此抗刮損磨耗量與硬度成直線關係（圖9.14），但其直線斜率較金屬材料為小，這是因為陶瓷材料為脆性材質，故其

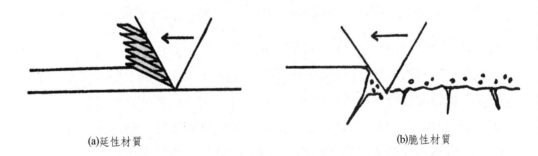

(a)延性材質   (b)脆性材質

圖 9.10　延性材質及脆性材質之刮損磨耗行為

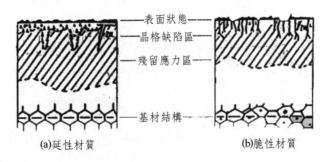

— 表面狀態 —
— 晶格缺陷區 —
— 殘留應力區 —

— 基材結構 —

(a)延性材質   (b)脆性材質

圖 9.11　延性材質及脆性材質經刮損磨耗後材料內部組織變化

刮損磨耗機制中無塑性變形參與，而直接以裂紋形成及擴展進行；對於陶瓷材料之刮損磨耗機制，Evans 於 1978 年另外推導出一刮損速率（V）與負荷（Pn）、材料韌性（Kc）及硬度（H）之關係：$V = C \cdot P_n^{7/6} K_C^{-2/3} \cdot H^{-1/2} \cdot \ell$，此關係式可作為陶瓷材料切削加工之基礎，圖 9.15 為實驗證明刮損速率與 $K_C^{-2/3} \cdot H^{-1/2}$ 之直線正比關係，圖 9.16 則證明 V 趨近於 P_n^X，X 值介於 1.07 至 1.3 之間，亦即 V 趨近於 $P_n^{7/6}$。對於高分子材料之抗刮損磨耗性與硬度並無明顯關係（圖 9.17），例如 Polyurethan 橡皮雖然硬度極低，但抗刮損磨耗性極佳。

圖 9.12　刮損磨耗檢測

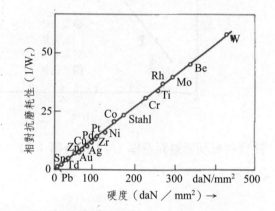

圖 9.13　金屬材料之抗刮損磨耗性與硬度關係（Khruschov & Babichev, 1960）

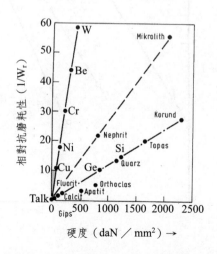

圖 9.14　陶瓷材料與金屬材料之抗刮損磨耗性與硬度關係（Khruschov, 1974）

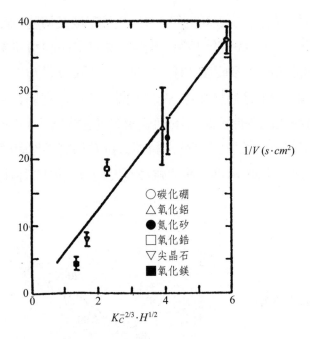

圖 9.15　陶瓷材料刮損磨耗速率（V）與負荷（P）、材料韌性（Kc）及硬度（H）
　　　　之關係（Evans, 1978）

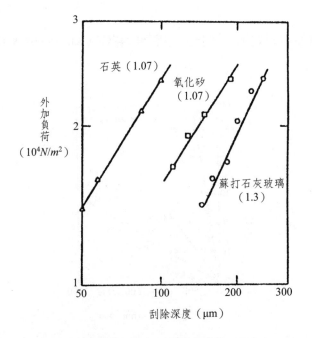

圖 9.16　陶瓷材料刮損磨耗與負荷之關係（括弧數字為直線之斜率）（Evans, 1978）

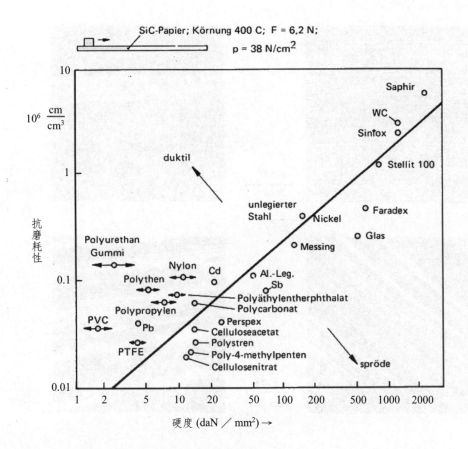

圖 9.17　高分子材料、陶瓷材料及金屬材料之抗刮損磨耗性與硬度關係
（Selwood, 1961）

　　典型的刮損磨耗表面形貌示於圖 9.18，其主要特徵為許多刮損溝槽及刮屑，對於延性材質，刮損溝槽會極明顯，而且呈現連續平行刮痕。而對於脆性材質，則刮損溝槽會有中斷，同時可能出現破片。

　　綜合以上說明，刮損磨耗機制發生在兩接觸物體之硬度不同時，較硬的物體將對較軟物體進行犁割刮損，亦即兩者必定為相異的材質，至於材質為延性或脆性均可能形成刮損磨耗，此與黏著磨耗機制有極大不同（表 9.5）。

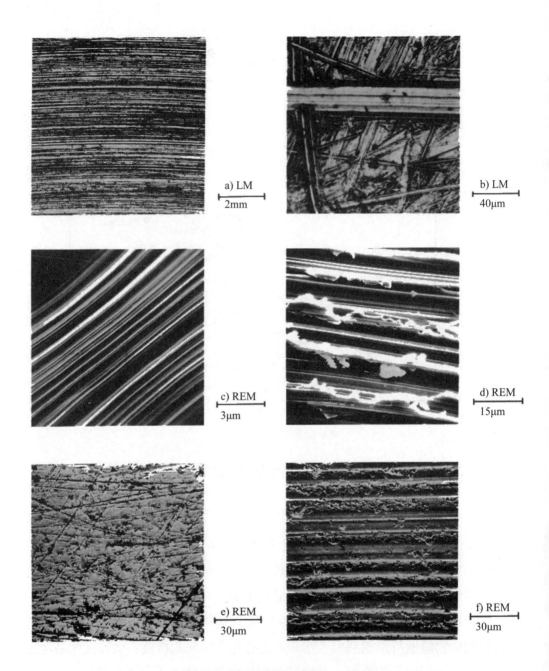

圖 9.18　典型之刮損磨耗形貌

　　實際上刮損磨耗不僅發生在前述之犁割作用，對於珠擊（shot peening）或
噴砂（sand blasting）亦同樣可形成極嚴重之刮損磨耗作用，因此噴砂試驗亦

常用作刮損磨耗檢測，影響噴砂磨耗試驗的因素包含：噴砂角度、砂粒速度、砂粒硬度及其他相關因素（砂粒大小、形狀、分佈、濕度、溫度等），由於噴擊角度（α）之不同，可如圖 9.19 分為平擊噴砂磨耗（$\alpha \approx 0°$）、斜擊噴砂磨耗（$0 < \alpha < 90°$）及正擊噴砂磨耗（$\alpha \approx 90°$）三大類，實際上斜擊噴砂磨耗量（Ws）可如圖 9.20 分解成平擊噴砂磨耗量（Wa）及正擊噴砂磨耗量（Wp）兩個磨耗分量，其中平擊分量須考慮水平磨擦力 $\mu \cdot P \cdot \sin\alpha$，此處 μ 為磨擦係數，P 為噴擊衝量，由圖 9.20：$Wa = f[P \cdot (\cos\alpha - \mu \cdot \sin\alpha)]$，$Wp = f[P \cdot \sin\alpha]$，由上式可發現，由於水平磨擦力 $\mu \cdot P \cdot \sin\alpha$ 之作用，斜擊噴砂磨耗在噴擊角度略小於 90°時，仍可能成為正擊噴砂磨耗。

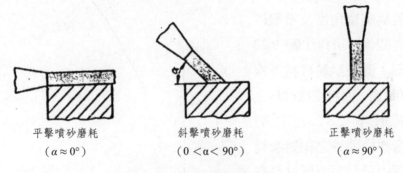

平擊噴砂磨耗 　　　　斜擊噴砂磨耗 　　　　正擊噴砂磨耗
（$\alpha \approx 0°$）　　　（$0 < \alpha < 90°$）　　　（$\alpha \approx 90°$）

圖 9.19　噴砂磨耗種類

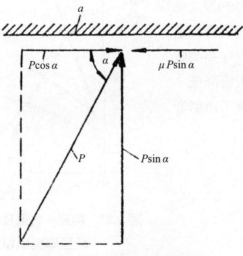

圖 9.20　斜擊噴砂磨耗解析

圖 9.21 為幾種材料之噴砂磨耗速率與噴擊角度之關係,由圖上可見到大部分金屬材料均在噴擊角度為 30°至 50°之間出現噴砂磨耗速率之極大值;而硬橡皮則由於正向噴擊主要產生彈性變形,對材料磨耗無作用,因此隨噴擊角度增加,噴砂磨耗速率下降;反之,對於硬脆材料,則由於正向噴擊將造成大量裂紋形成及擴展,增強磨耗破壞作用,而使噴砂磨耗速率隨噴擊角度之增加而增加,噴擊角度在 90°時,噴砂磨耗速率達到最大值;由以上結果顯示噴砂磨耗速率與噴擊角度有極密切關係,然而從圖 9.21 中,亦可看出材料本身硬度對噴砂磨耗速率並無明顯關係。進一步探討噴砂磨耗與噴擊角度及噴擊砂粒硬度之關係,可作出圖 9.22 之立體圖,圖中試驗材料為橡皮及C60H鋼,而將兩種材料之噴砂磨耗量相對於 ST 37 鋼之噴砂磨耗量作成縱軸之相對磨耗量,由圖中可發現兩種材料有極不同之噴砂磨耗行為:對於 C 60 H 鋼,在低噴砂角度及低噴擊砂粒硬度,其相對磨耗量極低;而對於橡皮,在高噴擊角度,相對磨耗量大幅降低,且此時噴擊砂粒硬度不再影響橡皮之噴砂磨耗量。

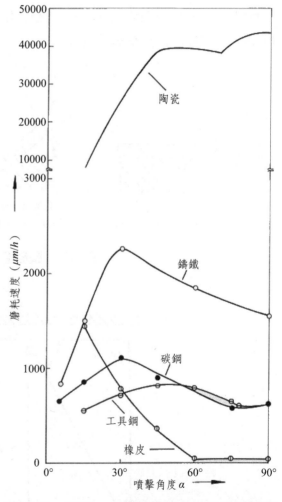

圖 9.21　陶瓷、金屬及硬橡皮材料之噴砂磨耗速率與噴擊角度關係(Wellinger & Uetz, 1955)

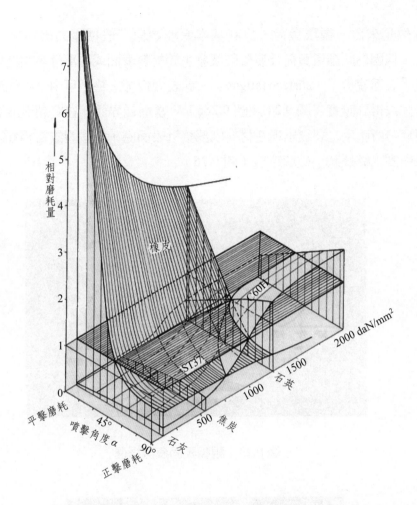

圖 9.22 噴擊角度與噴擊砂粒硬度對 C60H 鋼及橡皮之噴砂磨耗影響
（Wellinger & Uetz,1963）

㈢表面疲勞損傷機制

表面疲勞損傷是造成許多輥輪及齒輪機件磨耗破壞之主要機制（圖9.23），此磨耗機制是由於材料表面受到一重複循環負荷（一般為壓應力）在材料表面或材料內部接近表面之部位發生組織改變、裂紋形成及裂紋擴展等材料破壞現象，最後以磨耗顆粒形式脫離材料表面而產生表面坑洞；此一破壞機

制既然是來自一循環負荷,故其基本原理類似一般機械力破壞之「疲勞破壞」,但因為此循環負荷及疲勞破壞發生於材料表面或內部近表面區域,故又稱為「表面疲勞」(surface fatigue)。此表面疲勞之特徵可由一些坑洞內所見疲勞條紋得到證實(圖 9.24 及圖 9.26c),當磨耗界面存在有潤滑液層時,由表面疲勞所產生之裂紋出現在材料內部接近表面處,這些裂紋常相鄰產生,而形成所謂「蝴蝶狀」破壞特徵(圖 9.25)。

圖 9.23　輥輪表面疲勞損傷

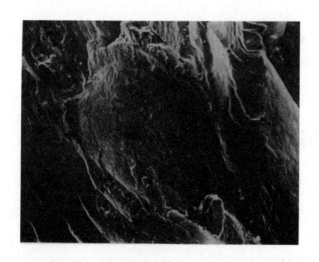

圖 9.24　表面疲勞損傷坑洞內之疲勞條紋

圖 9.25　表面疲勞損傷之「蝴蝶狀」破壞特徵

對於表面疲勞損傷之磨耗量可同樣以 Archard 之關係式說明：$W_V = K_f \cdot \dfrac{F_N}{H} \cdot \ell$，此 K_f 為表面疲勞損傷磨耗係數。

典型的表面疲勞損傷磨耗示於圖 9.26，其主要特徵為表面出現坑洞（圖 9.26a 及 b），以掃描電子顯微鏡觀察偶而可看到由於裂紋不連續擴展所造成的疲勞破壞平行線條（圖 9.26c），此外亦可能出現與磨耗相對運動方向垂直之裂紋（圖 9.26d），當許多裂紋擴展合併時，會出現圖 9.26e 及圖 9.26f 之磨耗顆粒。

表面疲勞損傷磨耗機制主要由材料表面重複循環壓應力所造成，與相互作用的兩個接觸物體材質較無關聯，亦即不論延性或脆性、同質或異質，均有可能發生表面疲勞損傷（表 9.5）

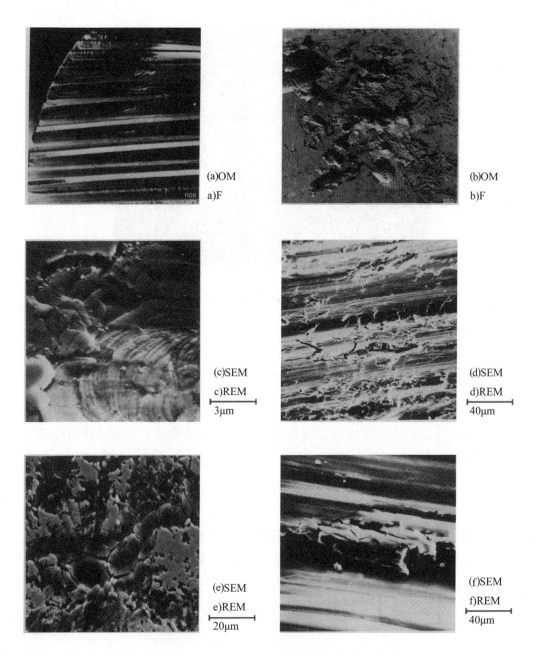

(a)OM
a)F

(b)OM
b)F

(c)SEM
c)REM
3μm

(d)SEM
d)REM
40μm

(e)SEM
e)REM
20μm

(f)SEM
f)REM
40μm

圖 9.26　典型之表面疲勞損傷磨耗破壞形貌

當兩物體以高頻率相對磨耗運動時，可能產生極劇烈之表面疲勞損傷磨耗，此即所謂的「擦蝕」（fretting）。擦蝕的主要特徵是表面變色，同時形成孔洞，經由這些孔洞將引發疲勞裂紋。最早發現擦蝕破壞的案例是在多年前利用鐵路載運汽車由美國底特律到西岸，由於沿途振動造成汽車輪子內的鋼珠軸承產生擦蝕而出現大量孔洞，而此現象在冬天比夏天嚴重。近年來，擦蝕磨耗破損造成最大困擾主要是在電接觸元件，這是由於擦蝕伴隨著氧化物的囤積，而使得電性接觸不良。圖 9.27 說明此種擦蝕磨耗的破壞機制，隨著擦蝕磨耗的進展，接觸電阻將如圖 9.28 所示，分三個階段產生變化，進一步的實驗發現表面適當潤滑可以有效減緩此一擦蝕磨耗及接觸電阻劣化現象（圖 9.29）。

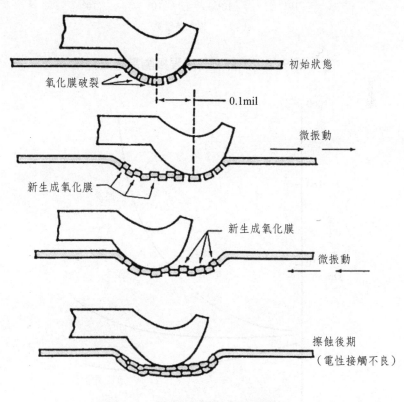

圖 9.27　擦蝕磨耗之破壞機制

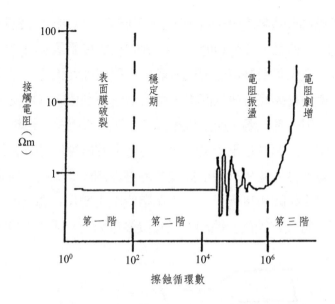

圖 9.28　擦蝕磨耗過程接觸電阻之變化

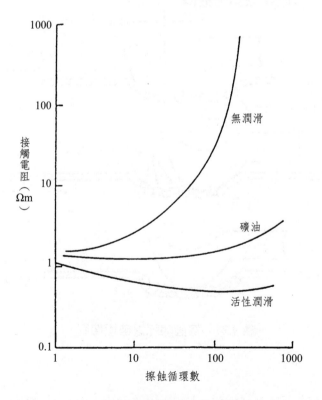

圖 9.29　表面潤滑對擦蝕磨耗及其接觸電阻的影響

㈣磨耗化學機制

除非一個磨耗反應是在真空環境進行，否則在磨耗過程，材料表面均會伴隨有化學反應（氧化或腐蝕）發生，對於此種磨耗與氧化或腐蝕同時存在之情況，不僅磨耗會加速氧化或腐蝕反應之進行，同樣的，氧化或腐蝕亦會影響磨耗作用。

1. 磨耗對氧化或腐蝕之影響

對於磨耗加速氧化或腐蝕反應可歸究於下列三個效應：

(1)磨耗造成材料表面溫度上升效應

由於氧化或腐蝕反應屬於活化控制反應（activation controlled reaction），亦即反應速率（V）與溫度之間存在 Arrhenius 關係式：$V \propto \exp\left(-\dfrac{Q}{RT}\right)$，溫度每上升 10℃，反應速率大約加倍。

磨耗所造成材料表面之溫度上升（ΔT），Archard（1958/59）曾根據Blok（1937）及 Jaeger（1942）之研究加以推導出：

①當磨耗相對運動速度較低時（L＜0.1）

$$\Delta T = \frac{f(\pi \cdot H)^{1/2}}{8\theta_C} \cdot F_N \cdot \upsilon$$

②當磨耗相對運動速度較高時（L＞100）

$$\Delta T = \frac{f(\pi \cdot H)^{3/4}}{3.25(\theta_C \cdot \rho \cdot C)^{1/2}} \cdot F_N^{1/4} \cdot \upsilon$$

此處 $L = \dfrac{\upsilon \cdot \rho \cdot C \cdot F_N^{1/2}}{2K(\pi \cdot H)^{1/2}}$，$f$ 為磨擦係數，θ_C 為熱傳導係數，υ 為磨耗相對運動速度，ρ 為材料密度，C 為比熱。

(2)磨耗機械作用造成材料表面活化效應

由於磨耗機械作用使材料表層產生大量塑性變形，亦即大量差排或晶格缺

陷,而使其能量大為提高,造成反應速率的增加。此種磨耗使材料表面活化作用可視為先前反應速率Arrhenius關係式之氧化或腐蝕反應活化能(Q)降低,因此氧化或腐蝕速率(V)將上升。

對於以上兩個效應所造成材料腐蝕反應之增強,Heidemeyer(1975)曾利用電化學方法量測幾種金屬在磨耗作用及無磨耗作用下之腐蝕電流,而得到表9.6之結果,表中ϕ_{corr}為無磨耗作用下金屬之腐蝕電位,$\Delta\phi$為磨耗作用下腐蝕電位向活性方向移動電位值,I_{corr}為無磨耗作用金屬之腐蝕電流,I_T為磨耗作用下同時考慮前述溫度上升及表面活化加速效應之腐蝕電流,而I_P則為磨耗作用下僅考慮表面活化效應之腐蝕電流。

(3)磨耗刮除表面氧化層或鈍態膜效應

某些金屬材料經氧化或腐蝕反應後,表面會形成保護性之氧化層,而使其氧化或腐蝕速率降低,例如一般鋁合金;另有某些金屬材料在含氧環境中,表面會自然形成鈍態膜,而使這些材料具有極佳之耐蝕性,例如不銹鋼;然而一旦磨耗作用施加於材料,則材料表面之氧化層或鈍膜將不斷被磨除,而使材料表面維持於活性狀態,失去保護作用。圖9.30為一 SAE 304 不銹鋼在蒸餾水中之磨耗腐蝕實驗結果,由圖中可見到SAE 304 不銹鋼在靜止狀態蒸餾水中呈

表 9.6　磨耗對金屬腐蝕行為之影響(Heidemeyer, 1975)

金屬	硬度 ($dar/m\,m^2$)	腐蝕液	溫度 (℃)	磨擦係數	ϕ_{corr} (mV)	$\Delta\phi$ (mV)	$\dfrac{I_T}{I_{corr}}$	$\dfrac{I_P}{I_{corr}}$
Cd	18	$5\%H_3PO_4$	40	0.61	-387	$+30$	2.5	2.2
Fe	67	$0.05m\ CuSO_4\,/$ $1n\ H_2SO_4$	60	0.41	$+332$	$+8$	3.0	3.0
Fe	81	$1m\ NaClO_4$ $PH=1(HClO_4)$	40	0.40	-253	$+30$	30.0	30.0
Ni	122	$0.5m\ Na_2SO_4$ $PH=1(H_2SO_4)$	40	0.32	$+19$	$+100$	88.0	80.0
Ni	122	$0.5m\ Na_2SO_4$ $PH=1(H_2SO_4)$	60	0.44	-33	$+60$	107.0	80.0

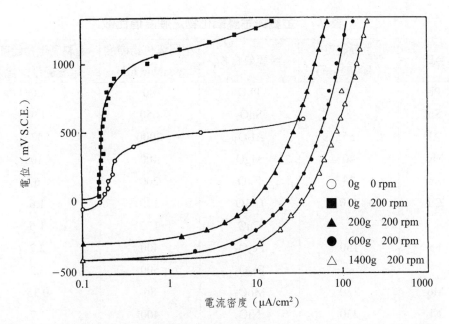

圖 9.30　SAE 304 不銹鋼磨耗腐蝕極化曲線（Fang, Chuang and Lee, 1988）

現鈍態行為，當樣品以 200 rpm 速度轉動時，由於氧的充分供應，鈍態膜更容易形成，因此鈍態電流降低，而孔蝕電位提高，當磨耗作用加入時，SAE 304 不銹鋼之鈍態特性消失，其腐蝕行為如同一般碳鋼，腐蝕電流增加大約 100 倍，且隨磨耗負荷的增加而增加；由此可見對於有鈍態膜或保護性氧化層之材料，磨耗對其氧化或腐蝕速率之增強將遠超過前述之溫度升高及表面機械活化效應。上述評估磨耗對腐蝕的效應，是使用作者所開發一種特殊設計的磨耗腐蝕試驗裝置，將在下一章節說明。

2. 氧化或腐蝕對磨耗之影響

　　氧化或腐蝕對磨耗之影響主要決定於反應所生成氧化物或腐蝕生成物與磨耗金屬底材的硬度比較，表 9.7 為 Dies 於 1943 年經由實驗所得一般金屬及其氧化物之硬度比較，由表中可見到隨金屬材料的不同，此硬度差異亦有極大不同；Habig 等人於 1972 年亦研究發現 Fe 與 Fe 同質接觸在真空中有極高之磨耗量，而在空氣中則由於 Fe_2O_3 及 Fe_3O_4 之形成，而使其磨耗大為降低，對於 Mg

表 9.7 金屬與金屬氧化物之硬度值比較

金屬	金屬硬度 （daN/m m^2）	金屬氧化物	金屬氧化物硬度 （daN/m m^2）	金屬氧化物硬度對 金屬硬度之比值
Pb	4	PbO	80	20
Sn	5	SnO$_2$	650	130
Al	35	Al$_2$O$_3$	2000	57
Mg	40	MgO	400	10
Zn	35	ZnO	200	6
Cu	110	Cu$_2$O	175	1.6
		CuO	175	1.6
Fe	150	Fe$_3$O$_4$	400	2.7
		Fe$_2$O$_3$	500	3.3
Mo	230	MoO$_3$	80	0.35
Ni	230	NiO	400	1.7

與 Mg 之磨耗結果則完全相反，由於 MgO 之硬度遠高於 Mg，而使其在空氣中之磨耗遠大於在真空中；一般金屬氧化物之硬度低於或略高於原金屬底材者，如 Mo、Ta、Cu、Nb 及 Ni 等均如同 Fe，其氧化對磨耗有緩和作用，而金屬氧化物硬度遠高於原金屬底材者，如 Pb、Al 及 Sn 等均如同 Mg，其氧化對磨耗有增強作用。對於鋼鐵材料，Pomey（1948）及 Knappwost 等人（1971）均證實 Fe$_3$O$_4$ 之磨耗緩和作用較 α-Fe$_2$O$_3$ 為高，因此 Wochnowski 等人於 1976 年建議於鋼鐵材料機件以 Ca(OH)$_2$ 為潤滑劑，其目的即在於使其磨耗腐蝕之氧化鐵生成物為 r-Fe$_3$O$_4$。

根據 Archard 於 1980 年所提出之磨耗理論，當氧化層厚度大於一臨界值 dc 時，在兩磨耗物體之間將可由此氧化層脫落產生磨耗顆粒，將其理論綜合前述之磨耗所造成溫度升高及表面活化腐蝕增強效應，可得到磨耗化學機制之材料破壞量（即磨耗量）：

$$Wv = Ko \cdot \frac{F_N}{H} \cdot \ell$$

$$Ko = \frac{Ap \cdot \exp - [(Q - \Delta Q)/R(T + \Delta T)]}{v \cdot \rho^2 \cdot dc^2}$$

　　典型的磨耗氧化破壞形貌示於圖 9.31，對於鋼鐵材料以肉眼或光學顯微鏡即可見到其表面深褐色氧化物（圖 9.31a 及 b），其組成為α-Fe$_2$O$_3$ 及 r-Fe$_3$O$_4$，一般氧化反應對磨耗有緩和作用者，其氧化生成物常緊密附著於金屬表面（圖 9.31c 及 d），而對磨耗具增強作用者，則可見鬆散之顆粒，這些顆粒常密佈於金屬表面（圖 9.31e 及 f）。

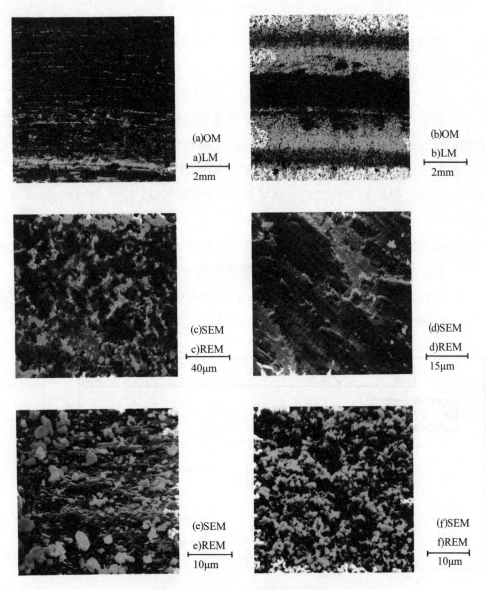

(a)OM
a)LM
2mm

(b)OM
b)LM
2mm

(c)SEM
c)REM
40μm

(d)SEM
d)REM
15μm

(e)SEM
e)REM
10μm

(f)SEM
f)REM
10μm

圖 9.31　典型之磨耗氧化型態

　　綜合以上四種磨耗機制，顯然均可利用 Archard 關係式說明，亦即磨耗量（Wv）與正向負荷（F_N）成正比，而與硬度（H）成反比，其比例係數稱為磨耗係數 Kw：$Wv = Kw \cdot \dfrac{F_N}{H} \cdot \ell$，圖 9.32 說明對於四種磨耗機制之磨耗係數值範圍。

三、磨耗檢測方法

　　「磨耗」由於其系統及機制之特異及多元性，對於磨耗破壞之檢測評估很難制定統一的標準規範，而必須針對特定之磨耗系統與工程需求選用或設計適合之檢測方法。目前常用之磨耗檢測方法大致上可歸納為圖 9.33 之數種形式，大部分商用之磨耗檢測裝置均根據這些形式所設計，以下對這些檢測形式作一說明：

　　㈠梢與圓盤式（pin and disc）：將一加有固定負荷之梢下壓於一圓盤之盤面上，經由圓盤之旋轉而產生磨耗作用，如圖 9.33a 所示。

　　㈡梢與圓輪式（pin and wheel）：將一加有固定負荷之梢以頂端接觸（圖 9.33b）或側邊接觸（圖 9.33c）下壓於一旋轉之圓輪上，形成磨耗作用。

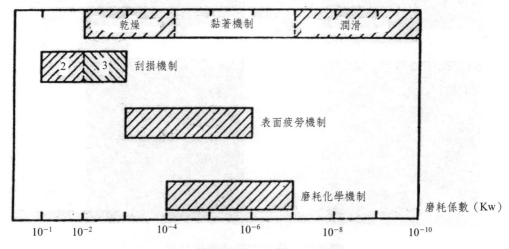

圖 9.32　四種磨耗機制之磨耗係數值範圍

㈢交叉圓柱式（cross cylinder）：由兩根旋轉圓柱以其側邊交叉接觸（圖
　9.33d），並承受一下壓之固定負荷，針對特殊需求，其中之一根圓柱亦
　可往後運動。

㈣雙滾輪式（double wheel）：由兩個滾輪互相接觸並相互運轉，並承受
　一固定負荷（圖 9.33e），主要可模擬齒輪之磨耗。亦可使兩滾輪平行
　並列，於一圓盤之盤面上環繞運行（圖 9.33f），為商用上相當普遍之
　檢測方式。

以上之各種磨耗檢測方法只能以間斷方式量度磨耗重量損失，及觀察磨耗
後表面損傷，亦即只能由間斷之實驗數據評估磨耗破壞，對於磨耗機制之判斷
將受到極大限制。針對此問題，可將前述「梢與圓輪式」磨耗檢測方式改良成
一連續量測磨耗應力及磨耗係數之裝置，圖 9.34 為其組合之示意圖，此裝置主
要利用一可水平移動之槓桿傳動軸，其前端懸掛一可加砝碼之負荷架，槓桿傳
動軸中央為一中空固定座，用以固定一陶瓷磨塊，樣品為環狀，套於一由馬達

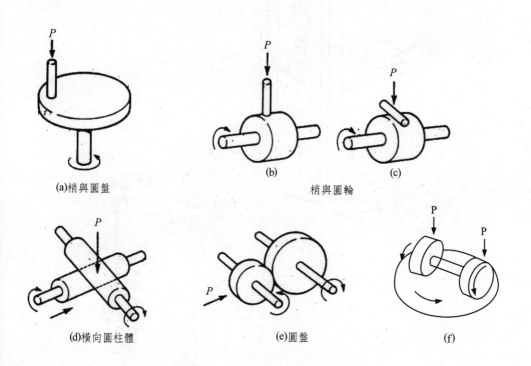

(a)梢與圓盤

(b)　(c)

梢與圓輪

(d)橫向圓柱體　(e)圓盤　(f)

圖 9.33　各種磨耗檢測方法

傳動之樣品軸，陶瓷磨塊壓於此旋轉待測樣品，而對樣品進行固定負荷之磨耗，磨耗應力使槓桿傳動軸水平向前移動，而牽動槓桿傳動軸支點上方之聯動桿，槓桿傳動軸末端為槓桿平衡塊，用以使負荷架在未加砝碼時，旋轉樣品承受之磨耗負荷歸零，槓桿傳動軸支點須與陶瓷磨塊及槓桿傳動軸保持水平，磨耗應力牽動聯動桿後，使聯動桿將其上方之彈簧片頂彎曲，彈簧片上貼有一應變規，再藉由應變放大器，將訊號傳至記錄器連續檢測；聯動桿位於槓桿傳動軸上方，可使磨耗解除時，聯動桿藉重力及彈簧片之彈力自動歸回原位，亦即磨耗應力指示自動歸零。本裝置之最大特色為可在任意固定磨耗負荷下，連續精確檢測材料之磨擦係數（$f = \dfrac{F_W}{F_N}$），靈敏度極高。環狀樣品可隨意取下進行磨耗重量損失及磨耗表面觀察。

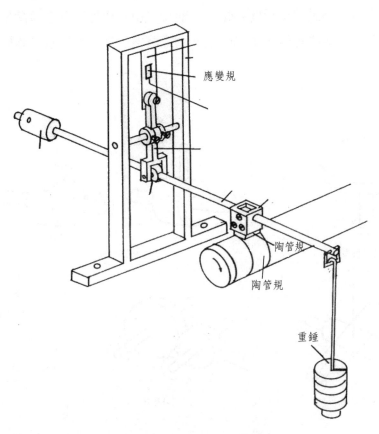

應變規

陶管規

陶管規

重錘

圖 9.34　磨耗連續檢測裝置

　　針對磨耗與腐蝕共同作用之下材料之破壞評估，可將圖 9.35 裝置之旋轉樣品部位浸入一內置腐蝕液之壓克力槽，而成為一「磨耗腐蝕檢測裝置」（如圖 9.35 所示），此時可另加甘汞參考電極及白金輔助電極，而以一恆電位儀量測不同磨耗條件下（負荷、轉速等）樣品之腐蝕行為，亦可經由此恆電位儀控制樣品於不同腐蝕狀態（活性狀態、鈍態及過鈍態等），評估腐蝕對磨耗之作用，圖 9.30 即為一試驗實例。

　　以上之各種磨耗檢測方法均為針對塊狀材料與塊狀材料之相對磨耗評估，工程上亦常利用堅硬顆粒打擊材料，以檢測其耐磨耗性，此檢測方式稱為「噴砂磨耗試驗」，與前述各種磨耗檢測方法相較，「噴砂磨耗試驗」已有相當一致之標準規範，例如：德國 DIN 50332 號（1984）、美國 ASTM-D658 號（1981）、日本 JIS-H8682 號（1980）及英國 BS 1615 號（1972）均對此一檢測技術有完善且大致統一之規定，其中對於檢測裝置亦有詳盡之描述，圖 9.36 為 JIS-H8682 號標準所揭示之「噴砂磨耗試驗裝置」，其裝置之空氣壓力噴射部分係參照 BS 1615 號標準之設計，而該設計為根據 Schuh 與 Kern 之方法所改良。此外，亦可直接利用砂粒自由落體打擊材料表面作為磨耗檢測方法，此即為「落砂試驗」，日本 JIS-H8692 號及美國 ASTM-D968 號均有相關標準規範，圖 9.37 為日本 JIS-H8962 號落砂試驗裝置。

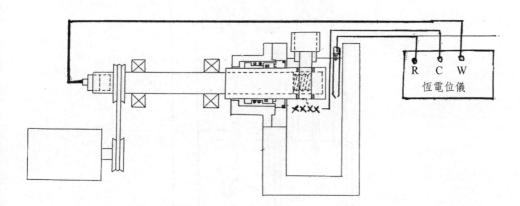

圖 9.35　磨耗腐蝕檢測方法及其裝置（莊東漢、林英權：中華民國發明專利第 83,264 號）

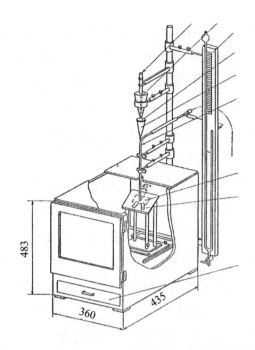

圖 9.36　JIS-H8682 號「噴砂磨耗試驗裝置」

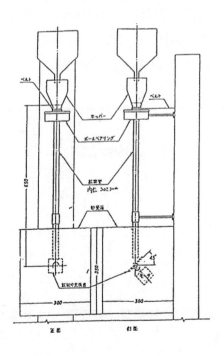

圖 9.37　JIS-H8692 號「落砂試驗裝置」

　　對於兩個接觸物體以高頻方式相對運動所造成之特殊磨耗現象—「擦蝕」（fertting）目前亦逐漸受到重視，其檢測之原理與前述兩個塊狀物體相對磨耗之檢測方法類似，僅對其相對運動賦以高頻振動方式。針對電接觸元件之擦蝕問題，Neijzen 與 Glashoerster 提出檢測裝置設計（圖 9.38），利用圖 9.38 之裝置除了可檢測兩個相對電接觸元件之擦蝕破壞，並可同時量測擦蝕過程之接觸電阻變化，此一擦蝕所造成接觸電阻變化已在圖 9.28 說明。

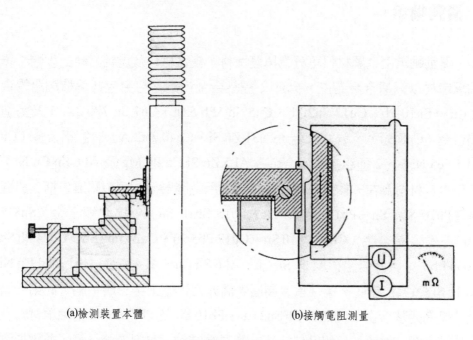

(a)檢測裝置本體　　　　　　　　　　(b)接觸電阻測量

圖 9.38　電接觸元件擦蝕磨耗試驗裝置（Neijzen & Glashorster, 1987）

四、耐磨耗機件及其材料

(一)滑動軸承

滑動軸承用金屬材料可分為單體塊材、複合材料及燒結材料三大類：單體軸承塊材以銅基合金為主，另有 2 種鋁合金，銅基合金包括鑄造銅鉛錫合金（Cu10 Sn10 Pb，Cu12 Sn2 Pb，Cu5 Sn 5Pb 5Zn，Cu7 Sn 7Pb 3Zn）及鍛造銅錫合金（Cu8 Sn）、銅鋅合金（Cu31 Zn Si、Cu40 Zn2 A）、銅鋁合金（Cu10 Al 5 Fe5 Ni），2 種鋁基軸承合金為 Al 5 Zn Si Cu Pb Mg 及 Al 6 Sn Cu Ni；軸承用複合材料為在一鋼質底層表面覆敷軸承金屬層，此類金屬層包括：鉛銻錫金（Pb10 Sb6 Sn、Pb15 Sb Sn As、Pb15 Sb10 Sn）、錫銻銅合金（Sn8 Sb4 Cu）、銅鉛錫合金（Cu10 Pb10 Sn、Cu17 Pb5 Sn、Cu24 Pb4 Sn、Cu24 Pb Sn、Cu30 Pb）、鋁基合金（Al 20 Sn Cu、Al 6 Sn Cu、Al 4 Si Cd、Al 3 Cd Cu Ni、Al 11 Si Cu），在此被覆軸承金屬層表面亦常再塗鍍第三層金屬，此第三層金屬一般為鉛基合金，例如：Pb Sn2 Cu、Pb10 Sn 及 Pb7 In；燒結軸承材料主要為燒結青銅，並添加石墨及鉛，另一常見燒結軸承材料為燒結鐵，並添加銅及石墨。

(二)輥軋軸承

一般輥輪須承受高達 1000N/mm^2 之壓應力，因此輥軋軸承材料要求高強度及高硬度，在 18 世紀即由工具鋼中挑選特定成分作為輥軋軸承材料，1901年 Stribeck 所發展之 100Cr6 輥軋軸承鋼仍沿用至今，此外尚有少數成分合金鋼可用作輥軋軸承材料，其合金組成一般均在下列範圍： C1%，Mn 0.25～1.25%，Cr 0.4～1.65%，表 9.8 列出這些輥軋軸承鋼成分，這些輥軋軸承

鋼均經完全硬化，使其硬度介於 58 至 65 HRC 之間，其組織主要為麻田散鐵及雪明碳鐵。輥軋軸承鋼的硬度隨溫度升高而下降（圖 9.39），故表 9.8 同時亦列出其最高使用溫度；對於較高溫操作輥軋軸承材料目前亦嘗試使用陶瓷材料，但一般硬度高達 2000 至 2750 HV 之 Al_2O_3、SiC 或 TiC 陶瓷材料其室溫動態承受能力只有 AISI M-1 金屬的 10%，WC 陶瓷已獲滿意結果，此外 Si_3N_4 陶瓷亦顯示極佳結果。

表 9.8　輥軋軸承鋼成分及最高使用溫度

材料代號	最高使用溫度（℃）	合金成分（%重量）									
		C	P (max)	S (max)	Mn	Si	Cr	V	W	Mo	Co
440C	180	1.03	0.018	0.014	0.48	0.41	1.73	0.14	-	0.50	-
SAE52100	180	1.00	0.025	0.025	0.35	0.30	1.45	-	-	-	-
MHT*	280	1.03	0.025	0.025	0.35	0.35	1.50	-	-	-	-
HALMO	350	0.65	0.030	0.030	0.27	1.20	4.60	0.55	-	5.20	-
AISIM-50	350	0.80	0.030	0.030	0.30	0.25	4.00	1.00	-	4.25	-
T-1	450	0.70	0.030	0.030	0.30	0.25	4.00	1.00	18.0	-	-
AISIM-10	450	0.85	0.030	0.030	0.25	0.30	4.00	2.00	-	8.00	-
AISIM-1	500	0.80	0.030	0.030	0.30	0.30	4.00	1.00	1.50	8.00	-
AISIM-2	500	0.83	0.030	0.030	0.30	0.30	3.85	1.90	6.15	5.00	-
WB-49	560	1.07	0.006	0.007	0.30	0.02	4.00	2.00	6.80	3.90	5.2

*另含 1.3%Al

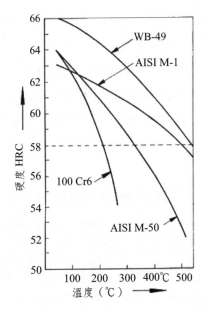

圖 9.39　輥輪軸承鋼之硬度與溫度關係

㈢齒輪

　　對於齒輪使用壽命可根據其不會產生磨耗坑洞之最低應力（稱為「持續滾動強度 Sd」）評估，Niemann 於 1943 年曾推導出此「持續滾動強度」（Sd）與維克式硬度（HV）之關係：

$$Sd = Ck\left(\frac{HV}{100}\right)^2 \text{，} 0.4\text{mm}^2/N < Ck < 1.5\text{mm}^2/N \text{，}$$

對於鋼鐵材料，Rettig（1969）得到下式關係：$Sd(daN/mm^2) = 0.1\left(\frac{HV}{100}\right)^2$；常用之齒輪材料包括：20 Mn Cr 5、42 Cr Mo 4、15 Cr Ni 6、37 Mn Si 5 等合金鋼及鑄鐵，黃銅及磷青銅之持續滾動強度與鑄鐵相近，鋼鐵齒輪材料常施以滲碳、滲氮及火焰、高週波等硬面處理，Niemann 與 Rettig（1967）材料表面鍍 Sn 及 Cu 等軟金屬，可使齒輪之持續滾動強度提高約 1.9 倍，其作用主要為防止潤滑油滲入磨耗裂縫而使裂縫擴大。滲氮處理之硬度雖低於滲碳及硬面處理，但對齒輪壽命提高卻較為有效。

㈣凸輪

引擎凸輪一般使用鋼鐵材料，特別是以金屬模冷卻之非合金鑄鐵或合金鑄鐵，亦可利用火焰或高週波硬面處理；此外亦使用經滲碳或硬化合金鋼；表 9.9 顯示各種凸輪材料之抗表面疲勞損傷磨耗及抗黏著磨耗傾向，由表可看出兩種磨耗傾向相反，因此選擇凸輪材料須在兩者之間作一妥協。滲氮可同時提高抗表面疲勞損傷磨耗性及抗黏著磨耗性，但根據 Just 於 1970 年所發表之研究結果，滲氮以解決凸輪磨耗問題須鋼鐵材料內含 Cr、Al 或 Mo 等形成氮化物之元素。利用雷射對凸輪材料表面施以硬化處理，目前亦已應用於汽車製造業。

表 9.9　凸輪材料之抗表面疲勞損傷磨耗及抗黏著磨耗傾向

抗表面疲勞損傷磨耗性 ↓

金屬模冷卻非合金鑄鐵
金屬模冷卻合金鑄鐵
球狀石墨鑄鐵
片狀石墨硬化合金鑄鐵
火焰硬面處理鋼
滲碳及硬化鋼

↑ 抗黏著磨耗性

㈤煞車鼓及煞車塊

煞車為利用磨擦原理使物體停止運動，其動能主要轉換成熱能，因此磨擦物體溫度將大為提高，在飛機煞車器溫度可上升至 1000℃，而在一般車輛溫度亦可提高至 600℃，因此煞車鼓除要求磨擦係數（$f > 0.3$）以外，此磨擦係數亦必須儘可能不受溫度及速度影響；滿足此條件最理想之煞車鼓材料為鑄鐵。

除了煞車鼓以外，煞車塊為磨耗系統之另一磨耗單元，煞車塊材料可分為 1.有機材（天然及人工）；2.石棉材料；3.金屬材料；4.瓷金材料，表 9.10 比較各種煞車塊之特性；金屬材料用為煞車塊過去均為灰鑄鐵，已使用於火車煞車

塊幾個世紀，近年來由於車輛速度加快，煞車塊已改為煞車片，而材料亦改為其他燒結金屬材料，例如：鐵—石墨燒結材料、Cu-（Sn、Zn、Pb、Fe、Si、SiO_2、MoS_2、石墨）、Cu-（Pb、Fe、MgO_2）等，瓷金煞車塊材料一般用於高速度及高負荷煞車，例如飛機煞車器，是由金屬與陶瓷材料複合而成，其金屬部分一般為銅合金或鎳合金，而陶瓷部分為 WC、SiC、BC、TaC、TiC、Si_3N_4、AI_2O_3 及 MgO，為了增進煞車磨擦效果，常另外再添加石墨、MoS_2、CuS 或不同之金屬磷化物。

表 9.10　各種煞車塊材料特性

材料	硬度	磨擦係數（與鑄鐵磨擦）	運動溫度（℃）	最高溫度（℃）	工作壓力（kn/m^2）
有機材料	增加	0.50	100	150	70～700
石棉		0.45	125	250	70～700
燒結金屬		0.30	300	600	350～3500
瓷金材料		0.32	400	800	350～1050

㈥電接觸元件

電接觸元件為了避免磨耗問題常須使用硬質材料，表 9.11 為一般電接觸材料之硬度及電導性；理想的電接觸元件為較高硬度及較高電導性，以纖維或鬚晶補強銀基複合材料是一種正在發展的電接觸材料，此纖維材料包括：鋼鐵、石墨、W、Mo 及 Ni 等，鬚晶材料包括：AI_2O_3 及 Si_3N_4，此纖維及鬚晶材料針對抗磨耗性，而銀基地則提供高電導性；對於 W 基電接觸材料可藉著添加 CuB 而大幅提高其硬度及抗磨耗性，此時生成硬度高達 2000～2900 HV 之 W_2B_5 及硬度 1000 HV 之 WB，而使 W-Cu 複合材料硬度由 200 提高至 300 HB，此外亦可於 W-Cu 複合材料內添加 Co 以形成 Co_7W_6，而提高此種電接觸材料硬度。

表 9.11 電接觸材料特性

材料	硬度（daN/mm²）		電導性
	退火	加工硬化	（m/Ωmm²）
金基合金			
Au	18	50	45
Au 20 Ag	37	90	10
Au 5 Ni	100	170	7.1
Au 5 Co	140	150	16.7
Au 10 Ag 30 Cu		279(HV 0.3)	
Au 20 Ag 8.5 Cu 1.5 Ni		237(HV 0.3)	
Au 19.65 Cu 5.35 Ni 2.5 Pd		285(HV 0.3)	
Au 10 Pt	45	90-115	8
銀基合金			
Ag	28	100	61-62.9
Ag 3 Cu	40	120	55
Ag 10 Cu	60	140	50
Ag 28 Cu	85	150-170	48
Ag 15 Cd	40	110	20
Ag 4 Pd	38	105	30
Ag 30 Pd	70	160	6.7
Ag 20 Ni	55-60	<120	43-46
Ag 2.5 Graphit	42-46		46-49
Ag 10 Graphit	36-40		32-35
Ag 10 CdO	70-75		43-46
Ag 2 SnO	65-83		29-82
鉑基合金			
Pt 8 Ni	140	220	3.6
Pt 5 W	130	230	2.4
Pt 5 Ir	70	140	5.5
Pt 20 Ir	180	240	3.2
Pt 10 Ru	190	280	2.4

表 9.11　電接觸材料特性（續）

材料	硬度（daN/mm^2）		電導性（m/Ωmm^2）
	退火	加工硬化	
鈀基合金			
Pd 15 Cu	90	210	2.6
Pd 40 Cu	120	250	2.3
Pd 50 Ag	90	200	3.1
鎢基合金			
W 20 Cu		200-250	18-20
W 40 Cu		160-190	23-26
W 20 Ag		220-250	20-23
W 40 Ag		150-180	26-29

㈦切削工具

　　一般切削用工具材料列於表 9.12。使用高速鋼切削工具較工具鋼之切削速度可快 200%，而使用燒結碳化物切削工具之切削速度可較高速鋼快 200～500%，使用陶瓷切削工具則較 WC 燒結工具之切削速度可快 200～300%，一般燒結碳化物及陶瓷切削工具均以「可置換切削刃」（throwaway cutting chips）形式使用，切削陶瓷工件之工具一般只能使用鑽石刀具。此外以 CVD 或 PVD 方式被覆 TiN、TiC 等陶瓷材料於金屬切削工具為目前增加切削工具抗磨耗性之一極有效方法。

表 9.12　切削工具材料

材料類別	化學成分（%）	硬度（HV）		
		25℃	500℃	750℃
工具鋼	Fe:90.90; C:0,8.2,22; Si:9,15.1,7 Mn:0,1.2,0; Pmax,Smax:0,020.0,035 Cr:0.12; V:0-2,5 W:0-5; Ni:0-4 Mo:0-1,2	700-900	280-400	<150
快速工作鋼	Fe:70.90; C:0,7.1,5; Si:<0,40 Mn:<0,40; Pmax,Smax:0,0025 Cr:<4,5; V:<5 W:2-18,5; Mo:0-9,2 Co:0-15	760-1060	640-750	240-360
Stellit	C:1,5-3; Cr:～30 W:10-18; Co:Rest	670-785	500-640	360-540
硬金屬	WC:30-93 TiC+TaC:0.64 Co:5-16	1250-1800	980-1400	650-1000
切削陶瓷	Al_2O_3:50...100% 添加金屬、碳化物或氧化物	1200-2500	1420-1560	1000-1160
鑽石	C（立方）：100	300-10000	－	約 800 氧化

㈧成型模具

　　針對一般鍛造（冷鍛、熱鍛）、擠形、壓延、抽線、深引等成型加工所須之模具材料列於表 9.13，與表 9.12 相比較，可發現成型模具材料硬度遠低於切削工具材料，事實上，在壓延車身或飛機板材甚至使用 Epoxy 樹脂模具，鋁青銅模具用以成型沃斯田鐵鋼具有特殊優點，即鋁青銅模具與沃斯田鐵鋼材工作不會產生黏著磨耗，而可避免刮痕及溝槽等磨耗現象出現。

表 9.13　成型模具材料

材料類別	化學成分（%）	硬度（HV）（daN/m m²）
冷作工具鋼	C:0,06-2,2; Si:0,1.1,7 Mn:0,1.2,0; Pmax,Smax ≤ 0,035 Cr:0-13; Mo:0-1,2 Ni:0-4,5; V:0-2,5 W:0-5,0; Co:0-1,3 Al:0-1,0	480-850
熱作工具鋼	C:0,06-2,1; Si:0,1.1,5 Mn:0,1.2,0; Pmax,Smax ≤ 0,035 Cr:0-13; Mo:0-2,8 Ni:0-13; V:0-1,0 W:0-9,0; Co:0-2,3 Al:0-1,0	85-235 (zwischen 300 und 700℃)
冷作鑄鋼	C:1,165; Si:0,3.0,6 Mn:0,3.12; Co:0-3,5 Cr:1,5-12,0; Mo:0-1,1 V:0-0,2; W:0-0,5	～300-670
熱作鑄鋼	C:0,2.2,5; Si:0,4.1,2 Mn:0,3.0,7; Co:0.1,3 Cr:0.26; Ni:0.2,4 V:0.0,5; W:0-2,0	～300-670
輥輪用硬鑄鋼	C:2,6.3,8; Si:0,3.1,5 Mn:0,2.2,0; P:0,05.0,55 S:0,06.0,02; Cr:0.2,0 Mo:0.1,0; Ni:0.5,0	450-850
片狀石墨鑄鐵	C:1,7.4 Si:0,3.3 Mn:0,3.1,2 P:0,1.0,6	100-300
球狀石墨鑄鐵	S:<0,12 Ni:Cr,Mo,V,Alin verschiedenen Gehalten	140-320

表 9.13 成型模具材料（續）

材料類別	化學成分（%）	硬度（HV）（daN/m m^2）
硬金屬（G 03. G 60）	Co:6.30% TiC＋TaC:0.3% WC:Rest	900-1750
鋁青銅	Al:13.14; Fe:2,56,5 Ni:0.6,5; Cu: ≈ 80	300-400
鋅合金	Al:3.4,5; Cu:2,5.3,75 Mg:0,03.1,25 Zn:Rest	100-150
環氧樹脂		

五、耐磨耗表面改質技術

　　由於磨耗主要發生於材料表面，因此可藉著各種表面改質技術（surface modification），使金屬材料表面形成或覆蓋一耐磨耗層，以間接提高金屬之耐磨耗性；由於金屬材料本身耐磨耗性有其限制，且耐磨耗性或硬度的提高往往使材料韌性降低，而使得應用機件為考慮本身材質韌性需要，常須在耐磨耗性需要上作一妥協，利用金屬表面形成或覆蓋一耐磨耗層，可兼顧耐磨耗性，同時保有材料本身韌性，此外耐磨耗層所佔材料量極少，具有較高經濟效益，故表面改質技術針對耐磨耗之工程需求一直廣受重視。

　　表面改質技術可分為表面處理（surface treatment）及塗敷處理（coating process），前者為利用熱處理方式使材料表面組織改變（高週波感應硬化、火焰硬化、雷射硬化、火花硬化、電子束硬化）或利用元素擴散方式使材料表面成分改變（滲碳、滲碳氮化、滲氮碳化、氮化、硼化、鉻化、矽化、鋁化），亦可以物理方式將元素以離子狀態佈植於材料內部表面。塗敷處理則包括電鍍、無電鍍、硬面焊、火焰噴敷、電弧噴敷、電漿噴敷、爆炸噴敷、化學氣相

沉積、物理氣相沉積等），其中物理氣相沉積尚包括：真空鍍、離子濺鍍、離子塗敷及離子佈植等）。圖 9.40 歸納出各種抗磨耗表面改質技術，另表 9.14 為 C45 碳鋼以數種不同表面改質技術處理後之抗黏著磨耗性、抗刮損磨耗性、抗疲勞性及抗腐蝕性之比較。

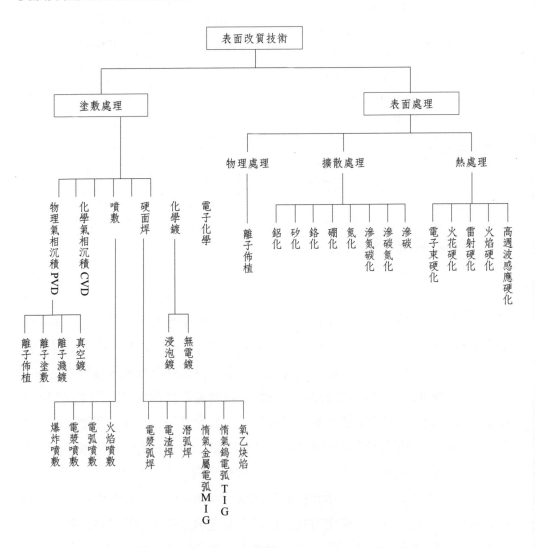

圖 9.40　抗磨耗表面改質技術

表 9.14 C45 碳鋼表面改質結果比較

表面改質表	抗黏著磨耗性			抗刮損磨耗性			抗疲勞性		抗腐蝕性	
	C45	碳化物鋼	Al_2O_3	燧石	剛玉	SiC	彎曲	旋轉	SO_2	鹽霧
底材（硬化）	－	－	＋	－	－	－	△	△	－－	－－
電鍍鉻		－	－	＋	－	－	＋	－	＋	－
無電鍍鎳	＋	＋	＋	－	－	－	＋	＋	△	△
無電鍍鎳（硬化）	－		＋						＋＋	＋＋
氮化	＋＋	＋	＋	＋	－	－	＋＋	＋＋	＋＋	＋
硼化	＋	＋	＋	＋	＋	＋	＋	＋	－－	－－
TiC(CVD)	＋＋	△	－	＋	＋	＋	△	△	＋	＋
CrC(CVD)	＋＋	△	－	＋	＋	－	△	△	＋＋	－－
WC(CVD) Ni 中間層	－			＋	＋	＋	＋	＋	＋	△

＋＋：極佳，＋：佳，△：尚可，－：差，－－：極差。

六、金屬材料耐磨耗性

㈠鐵金屬

1. 碳鋼

　　碳鋼價格低廉，其材質可藉由適當的熱處理加以調整，為針對耐磨需要常用之金屬材料。一般而言，鋼鐵材料的硬度隨含碳量的增加，而其耐磨耗性亦

與硬度成正比。

低碳鋼之含碳量大約 0.06 至 0.25%，含碳量低於 0.15%者，其耐磨耗性與強度均較差，在工程上主要是取其易於常溫加工，而非針對耐磨需要；含碳量在 0.15 至 0.3%之低碳鋼耐磨耗性與硬度均較為提高，而可用作汽車傳動及齒輪需求，在這些耐磨應用上，其表面常以滲碳或淬火加以硬化處理。

中碳鋼含碳量大約 0.25 至 0.6%，常利用淬火及回火熱處理以獲得較高之硬度及韌性，並增加其耐磨耗性，常用於剪刀及刀器。

高碳鋼含碳量大約 0.6 至 1.4%，具有極高之硬度與強度，其耐磨耗性亦最佳，常用於農具及刀器，為確保材料韌性，除須施以適當熱處理，使內部軟化，其外層尚須施以淬火及其他表面硬化處理，以形成硬度達 500 至 600Bhn 之表面硬化層。

2. 合金鋼

低合金鋼是指合金元素添加總量低於 10%者，其材質須藉適當熱處理或硬化處理以提高耐磨耗性，一般可區分為表面硬化型與直接硬化型兩類，表面硬化型是針對含碳量在 0.3%以下之合金鋼，常藉滲碳或滲氮使表面硬化，可用作齒輪、彈簧及軸承。直接硬化型是針對含碳量在 0.3%以上者，隨含碳量之增加可利用熱處理以獲得最高之強度、韌性及耐磨耗性。

高強度合金鋼是利用添加特定合金元素及適當熱處理使其具有極佳之耐磨耗性與強度，可用作傳輸機件、挖土機及推土機件。高合金鋼中特別針對耐磨耗需要的是高錳鋼及高鉻鉬合金鋼；高錳鋼之含錳量大約 12 至 13%，不僅耐磨耗且抗衝擊，強度與韌性亦均極優異，高錳鋼之沃斯田鐵相可在鑄造後保留至常溫，其初期之硬度雖只有 200Bhn，但由於其加工硬化之特性，經過短時間使用後，其硬度可增加到 550Bhn 以上，此加工硬化的程度及深度與加工強度有關，高錳鋼可針對特殊需要同時兼顧耐磨耗性與耐衝擊、振動、韌性等，這些工程應用機件包括：鑽孔機、壓土機、軋碎機、鎚打機及齒輪等。高鉻鉬合金鋼內含鉻 7%及鉬 1%，常用作球磨機之磨球，合金元素中之鉻及鉬可提高其硬化能，此外鉬亦可增加材料之硬度及韌性。

不銹鋼隨其合金成分之不同，而有肥粒鐵系（例如 430 不銹鋼含 18%鉻）、奧斯田鐵系（例如 304 不銹鋼含 18%鉻及 8%鎳，316 不銹鋼含 18%鉻、8%鎳及 3%鉬）以及麻田散鐵系（例如 420、440 及 400 不銹鋼），其耐磨耗性亦有極大差別，肥粒鐵系不銹鋼硬度約 170Bhn，奧斯田鐵系不銹鋼硬度約 165Bhn，而麻田散鐵系不銹鋼硬度可達 590Bhn，為不銹鋼中耐磨耗性最高者，麻田散鐵系不銹鋼主要利用淬火及回火熱處理加以硬化，可應用於須兼顧硬度、強度及耐蝕性之情況，420 不銹鋼常用作輥輪切削工具及紡織機件，此外 440 型不銹鋼可用作鋼珠、軸承及活塞，400 型不銹鋼則常用作外科用具。

合金工具鋼是在碳工具鋼（C：0.6～1.5%，Si：0.35%以下，Mn：0.5%以下）內添加 Cr、W、Mo、V、Mn 及 Si 等以增加硬化能、抗磨耗性及抗回火軟化性，特別針對耐磨耗需要之合金工具鋼有 Mn-Cr-W 鋼或高碳高鉻鋼（JIS-SKS 或 SKD 鋼）。此外添加大量 W、Cr、V、Mo 及 Co 之高速鋼常用以製造高速切削工具（JIS-SKH 或 AISI-T 類及 M 類），此類合金鋼經 1300℃左右淬火後再回火到 400～600℃時，不但殘留沃斯田鐵會變為麻田散鐵，且 W 及 V 會和 C 形成 W_2C 及 V_4C_3 等特殊碳化物，而產生二次硬化現象，因此高速工具鋼具有極佳之耐磨耗性，且在紅熱之工作溫度亦能保持高硬度。

3. 鑄鐵

鑄鐵隨其內部的石墨形狀及分佈可區分為灰口鑄鐵、白口鑄鐵、冷激硬面鑄鐵、球墨鑄鐵及可鍛鑄鐵，含矽量增加及冷卻速度降低均可促進石墨化，而利用矽鐵或矽化鈣接種處理可使石墨細化且分佈均勻。鑄鐵的耐磨耗性主要來自其所含石墨之潤滑作用，而且外加的潤滑油亦可積存在石墨位置，增加潤滑效果，另方面鑄鐵內部可能出現堅硬的 Fe_3C 亦是其耐磨耗主因。

灰口鑄鐵內的碳除少部分形成 Fe_3C 而與肥粒鐵成為波來鐵外，其餘均以條狀石墨存在（圖 9.40），此石墨可發揮潤滑作用，而波來鐵中之堅硬化合碳 Fe_3C 則有助於提高其耐磨耗性，經過淬火及回火熱處理之灰口鑄鐵，其耐磨耗性比波來鐵的灰口鑄鐵高五倍，回火溫度愈高則耐磨耗性也愈佳，碳、矽含量低之灰口鑄鐵在淬火及回火後，其耐磨耗性更佳。

 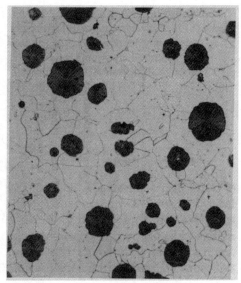

圖 9.40　灰口鑄鐵金相組織圖　　　9.41　球墨鑄鐵金相組織

　　球墨鑄鐵（又稱延性鑄鐵），為藉著添加 Mg 或 Mg 合金之球化劑而使石墨在鑄造狀態即形成球狀組織，可提高其韌性，隨著鑄鐵成分之不同，球墨鑄鐵的基地可成為波來鐵、肥粒鐵或牛眼組織（圖 9.41），一般高碳、高錳及低矽均有利於形成波來鐵組織，就耐磨耗性而言，波來鐵基地球墨鑄鐵較肥粒鐵基地者為佳。球墨鑄鐵亦可利用火焰或感應加熱使其表面硬化，而提其耐磨耗性。

　　白口鑄鐵為其內部所含之碳幾乎完全形成化合碳 Fe_3C，而未石墨化，如圖 9.42 所示，其硬度極高，因此耐磨耗性亦極高，但抗衝擊性不佳，如調整其成分（C：3～3.7%，Si：0.7%，Mn：0.5～1.2%，P：0.3%，S：0.08%）並將熔解的金屬液澆鑄於冷金屬模，則與金屬模接觸之表面會因急冷而形成白口鑄鐵，內部則成為灰口鑄鐵稱為冷鍛硬面鑄鐵，如此可兼顧其表面之耐磨耗性與內部的強度及抗衝擊性。

　　將白口鑄鐵施以長時間退火處理，可使其 Fe_3C 石墨化，而提高韌性，此即為可鍛鑄鐵（或稱展性鑄鐵）其組織如圖 9.43 所示，由此 Fe_3C 分解所生成之石墨稱為回火碳，呈顆粒狀。

 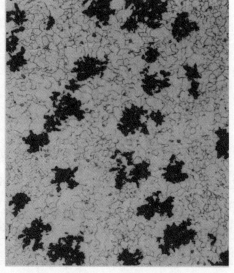

圖 9.42　白口鑄鐵金相組織　　　圖 9.43　可鍛鑄鐵金相組織

4. 合金鑄鐵

　　添加 Ni、Cr、Cu 或 Mo 等合金元素於鑄鐵中，可改變其組織，藉此增進其耐磨耗性及其他機械性能，其中添加少量之 Cr 及 Mo 可增加強度及硬度，Cr 含量單獨添加至 1.5%以上或與少量 Mo 或 V 配合添加可使耐磨耗性大為提高。典型之耐磨耗合金鑄鐵包括： Ni 含量 2.5 至 4.75%之高鎳型、Cr 含量 10 至 35%之高鉻型、Mo 含量 0.3 至 12%之高鉬型以及 P 含量在 0.9 至 1.4%之高磷鑄鐵（形成 $Fe_3C\text{-}Fe_3P$ 三元共晶組織之史帝田鐵 Steadite），此外如 Ni 含量 4 至 4.75%及 Cr 含量 3 至 36%之合金鑄鐵亦常用於耐磨用途，這些合金鑄鐵均可藉著組織內形成許多微細碳化物，而增加其耐磨性能，且在高溫仍能保持良好耐磨耗性。

(二)非鐵金屬

1. 鋁合金

　　鋁合金材質較軟，工程應用上主要取其重量輕及耐蝕之優點，如針對耐磨耗之需求，表面需施加陽極硬面處理或施加被覆層。陽極硬面處理層厚度大約50 至 100μm，較一般陽極處理層厚且其耐磨耗性較一般陽極處理增加一倍；鋁表面鍍硬鉻亦可有效提高其耐磨耗性，其鍍層厚度大約 25 至 125μm，目前已用於汽車之引擎汽缸及飛機起落架等。

2. 鈷合金

　　鈷合金常添加 Cr、W 及 Mo 等元素，用於刀具及機件時有極佳之耐磨耗性，其磨擦係數極低，此外其在高溫仍具有相當之強度與硬度，其硬度值與其含碳量及澆鑄方法有關，含碳量 2.5% 之硬度大約 RC62，含碳量 1% 時硬度大約 RC41，以冷硬鑄造之硬度大約 RC60，殼模鑄造硬度大約 RC56，砂模鑄造硬度大約 RC55，脫腊鑄造硬度大約 RC52。

3. 銅合金

　　銅合金很少單獨針對耐磨耗需求使用，一般工程應用均配合其所具有之耐蝕式高導電等特性，其中考慮耐蝕與耐磨耗性者，例如：海軍黃銅、鎂、青銅、鉛黃銅、磷青銅等，考慮導電性與耐磨耗性者，例如：電解韌煉銅、鈹銅合金及鋯銅合金，主要用於電接點、開關整流器以及集電環等。

4. 鎂合金

鎂合金與鋁合金就耐磨耗性而言兩者相似，均須藉助於陽極硬面處理或表面鍍硬鉻處理以達到足夠之耐磨耗性，鎂合金表面鍍硬鉻須先利用化學還原法沉積鋅，再電鍍銅作為底層，鎂合金之針對耐磨需要求應用亦是配合其重量輕之優點，例如須耐磨且快速轉動之印刷滾筒。

5. 鎳合金

鎳合金一般具有耐蝕、耐熱及耐磨耗等特性，例如：Illium B（50%Ni，28%Cr，8.5%Mo，5.5%Cu）常用於耐蝕軸承及泵之葉片，Monel（63%Ni，30%Cu）常用於造紙機械、噴嘴、閥座等，此外，Inconel則用於高溫時仍要求高強度、耐蝕、抗氧化與耐磨耗特性之機件，例如燃煙噴嘴及滑輪葉片等。

6. 貴金屬

某些貴金屬也具有相當優異之耐磨性，但由於價格太高，只適合一些特殊用途，這些耐磨之貴金屬包括銀、鉑、鈀、銠、鋨、銥等金屬及其合金，應用在如：鋼筆尖、電接頭、擠形及紡織零件等。

7. 鈦合金

鈦合金本質上即相當耐磨，但工程上應用鈦合金主要仍取其比強度較高之優點，鈦合金以滲碳方式於表面形成 TiC 或滲氮形成 TiN 均可再提高耐磨性。

8. 鋅合金

鋅合金本質上不耐磨性，可利用鍍鎳鉻以提高其耐磨性。

㈢粉末冶金材料

金屬粉末冶金材料常用於耐磨耗工程需要，其耐磨性主要由於可控制多孔組織以積存潤滑劑，亦可藉著合金熱處理及滲碳等方法以提高耐磨耗性。低密度粉末冶金材料可利用其潤滑性以抵消其低硬度之缺點而保持其耐磨耗性，中密度粉末冶金材料有較佳之耐磨耗性，可用作齒輪，而高密度粉末冶金材料則不僅有極佳之耐磨耗性，其耐衝擊性、強度以及表面光度亦均極佳，可用作金屬加工輥輪。

㈣瓷金

以 Co、Ni 或 Ni 合金作為基地，而結合 WC、TiC 或 CrC 等硬碳化物顆粒燒結而成之瓷金具有極高之耐磨耗性，一般金屬基地含量亦高，其韌性較佳，但耐磨耗性亦較差，此外小顆粒（6μm）碳化物較大顆粒（約 15）組成者之硬度較高，耐磨耗性亦較佳，但韌性較差。燒結碳化物瓷金之磨耗壽命較工具鋼高 30 至 60 倍。

七、總結

磨耗是一種由機械力作用所造成的表面破損，其破損機制主要為黏著磨耗、刮損磨耗、表面疲勞損傷及及磨耗化學等四種，不同的磨耗機制會形成不同的破損特徵，此提供破損鑑定的重要依據。磨耗試驗沒有統一的標準規範，

必須針對不同的應用需求設計適合的試驗方法。常見的磨耗機件包括滑動軸承、輥軋軸承、齒輪、凸輪、煞車鼓／煞車塊、電接觸元件、切削工具及成型模具等，分別有其適用的材料。耐磨耗表面改質技術可以兼顧耐磨耗需求及底材韌性，主要方法可分為表面處理及塗敷處理兩大類。各種金屬有其耐磨耗特性，必須正確選用，以滿足工程需求。

參考資料

1. Karl-Heinz Habig: Verschleiss und Härte von Werkstoffen, Carl Hanser Verlag, Munchen, Wien (1980).

2. The Appearante of Cracks and Fractures in Metallic Materials, VDE, DVM, DGM Stahleisen Verlag, Dusseldorf (1983).

3. DIN50320: Verschleiss- Begriffe, Systemanalyse von Verschleissvorgängen Gleiterung des Verschleissgebietes, Beuth Verlag, Berlin.

4. DIN50321: Verschleiss-Messgrössen, Beuth Verlag, Berlin.

5. J.F.Archard, "Contact and Rubbing of Flat Surfaces," Appl, Phys, 24s (1P53) 981-988.

6. J.F.Archard, "The Temperatuve of Rubbing Surtaces",Wear,2S(1958/59) 438-435.

7. F.P.Bowden and D.Tabor: The Friction and Lubrication of Solids, Clarendon Press, Oxford (1964).

8. K.Wellinger, H.Uetz, and M.Gurleyik, "Gleitverscheiss-untersuchungen an Metallen und nichtmetallischen Hartstoffen unter Wirkung Körniger stoffe", Wear,11S (1968) 173-199.

9. K.Wellinger and H.Uetz, "Verschleiss durch Körnige mineralische Stoffe", Aufbereitungstechnik, 4S (1963) 193-204 & 319-335.

10.J.H.M.Neijzen and J.H.A.Glashorster, "Fretting Corrosion of Tin-Coated Electrical Contacts",IEEE Trans.Compon.Hybrids, and Mannf. Techno, vol.10, No.1

(1987) 68-74.

11.R.G Bayer and T.C.Ku: Handbook of Analytical Design for Wear, Plenum Press, New York (1964).

12.J.Pomey, NACA Techn, Note 1318 (1952).

13.A.Knappwost and H.Wochnowski, Schmiertechnik & Tribologie,18(1971) 221-223

14.H.Wochnowski, A.Knappwost and B.Wustefeld, Schmiertechnik & Tribologie, 23 (1976) 12.

CHAPTER 10

腐蝕破壞

腐蝕破壞主要發生在材料表面，但間接亦會造成強度的降低，甚至材料的斷裂，台灣屬海島氣候，又地處亞熱帶，大氣中之腐蝕因子極強，因此材料使用中均受腐蝕作用，由腐蝕所造成的材料破壞不容忽視。腐蝕具有各種不同類型，各種腐蝕類型有其特定之反應機制，分析腐蝕作用破壞必須先鑑別其腐蝕類型，並藉此推斷腐蝕之反應機制，而此反應機制之推斷應從腐蝕原理之了解著手，腐蝕原理以熱力學及動力學為基本架構，同時包含物理冶金及物理化學領域；腐蝕為電化學反應，因此可藉助電化學技術有效進行各種腐蝕檢測及腐蝕防制工作。

一、腐蝕概論

腐蝕是指材料與其環境產生化學或電化學反應所造成的破壞（DIN 50900），通常在腐蝕破壞所針對的材料是金屬材料，而金屬材料具有高導電率，因此其與環境之反應本質上大多是「電化學反應」。

所謂化學反應是指一個反應前後無電子轉移，原子價數不發生增減，例如硝酸銀與氯化鈉之反應：

$$AgNO_3 + NaCl \rightarrow AgCl_{(s)} + NaNO_3$$

此反應可寫成：

$$Ag^+ + NO_3^- + Na^+ + Cl^- \rightarrow Ag^+Cl^-_{(s)} + Na^+ + NO_3^-$$

在此反應中 Na^+ 與 NO_3^- 未參與反應，因此真正的反應為：

$$Ag^+ + Cl^- \rightarrow Ag^+Cl^-_{(s)}$$

顯然此反應前後 Ag^+ 與 Cl^- 的原子價數未改變，亦即無氧化或還原反應，而為一般化學反應。

相反的，如果一個反應前後包含電子轉移，原子價數發生增減，則屬於電化學反應，例如鋅溶解於鹽酸：

$$Zn + 2HCl \rightarrow ZnCl_2 + H_2 \uparrow$$

此反應可寫成：

$$Zn + 2H^+ + 2Cl^- \rightarrow Zn^{++}Cl_2^- + H_2 \uparrow$$

在此反應中 Cl^- 未參與反應，因此真正的反應為：

$$Zn + 2H^+ \rightarrow Zn^{++} + H_2 \uparrow$$

此反應可分為兩個半反應，亦即陽極的氧化半反應：$Zn \rightarrow Zn^{++} + 2e^-$，與陰極的還原半反應：$2H^+ + 2e^- \rightarrow H_2 \uparrow$，此稱為電化學反應。

金屬腐蝕一般均為電化學反應，亦即當金屬浸入水溶液時，表面即不斷進行著陽極與陰極反應，陽極為金屬的溶解：$M \rightarrow M^{+n} + ne^-$，陰極通常為氫的釋放：$2H^+ + 2e^- \rightarrow H_2$，或氧的還原：$O_2 + 4H^+ + 4e^- \rightarrow 2H_2O$（酸性溶液中），$O_2 + 2H_2O + 4e^- \rightarrow 4OH^-$（中性或鹼性溶液中），圖 10.1 為金屬腐蝕之電化學反應示意圖；早期學者認為金屬腐蝕的陽極與陰極反應是一些分佈在金屬表面的局部陽極區與局部陰極區，這些局部陽極區與陰極區可能不斷變動位置以形成均勻腐蝕，或因其他因素而被固定以形成局部腐蝕（例如：孔蝕、間隙腐蝕、粒間腐蝕等），造成這些局部電池的原因可以是材料本身成分或結構的不均勻，或是環境的微觀擾動，因此即使是純金屬也能形成局部電池而腐蝕；近代的腐蝕理論則不贊成此種局部陽極與局部陰極區的論點，而認為陽極與陰極反應同時且互相獨立的在整個金屬材料表面發生；儘管說法不同，但均不影響以電化學理論來解釋腐蝕反應機制。

實際上，腐蝕可視為金屬回復其本來面目，在一般日常所見到的金屬材料，其本質上是處在熱力學的不穩定狀態，亦即這些閃亮光澤的金屬原來是由金屬礦石藉著人為外加大量能量（冶煉）而形成的，因此就熱力學觀點，這些金屬材料本身就有一自然趨勢要回復到其較穩定的金屬礦石狀態，例如鐵是由鐵礦（氧化鐵）經冶煉而成，因此有一自然趨勢回復為鐵礦，以釋放出冶煉時所外加的能量，鐵回復到鐵礦（氧化鐵）即是鐵的腐蝕，或者稱為鐵的生鏽。

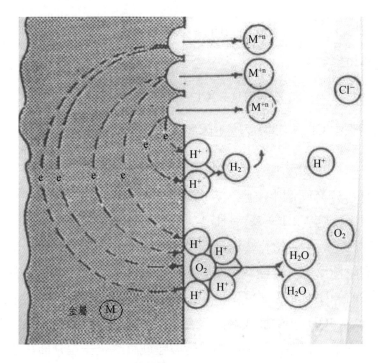

圖 10.1　金屬腐蝕之電化學反應示意圖

　　既然金屬腐蝕可視為金屬回復到其金屬礦石狀態，那麼從能量觀點，此意味著當初冶鍊所加入的能量完全被浪費掉，亦即材料本身的浪費，這是腐蝕所造成的直接損失，除此之外，腐蝕更會造成機件損壞，工作效率降低以及產品品質不良，在日常生活亦會造成建築景觀破壞，根據統計，美國每年由腐蝕所造成的材料破壞損失大約 55 億美元，國內估計每年損失約 1000 億台幣，約佔我國的國民生產毛額 5%，這些腐蝕性破壞有些是可以藉著各種防蝕技術加以避免或減輕，以國內而言，估計約 1/5 的腐蝕性破壞其實是可以避免的，亦即正確的防蝕技術每年至少可為國內節省 200 億台幣；以上所討論的腐蝕性破壞所造成的損失尚不包含錯誤的防蝕設計所導致的浪費，以國內而言，不銹鋼被普遍的濫用，實際上，大部分的場合可以由價格低廉的鍍鋅鋼取代，錯誤的防蝕設計，即使可避免腐蝕破壞，仍屬於材料資源的浪費。

　　腐蝕原理主要是由熱力學、動力學、物理冶金及物理化學所組成（圖10.2）：

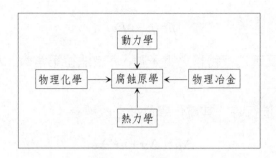

圖 10.2　腐蝕原理

　　「腐蝕熱力學」由化學自由能與電化學位能之關聯以描述腐蝕反應之自然趨勢，亦即決定腐蝕反應之進行方向；「腐蝕動力學」則以化學反應動力論及電化學原理為基礎，推導出反應之速率，亦即決定腐蝕反應之進行快慢；「腐蝕熱力學」與「腐蝕動力學」為腐蝕原理的基本骨幹，另外，再由「物理冶金學」討論材料本身的成分、組織與微結構對腐蝕反應之影響，以及由「物理化學」討論腐蝕反應的界面現象、反應機制及其他基本性質，如此共同組成「腐蝕原理」之內容。本章之腐蝕原理主要針對「腐蝕熱力學」與「腐蝕動力學」之討論。

二、腐蝕熱力學

㈠化學位勢、電位勢與電化學位勢

　　熱力學上描述一般化學反應之趨勢是經由一所謂的「化學位勢」μ，亦即單位摩爾數物質之自由能（$\mu = \dfrac{\partial G}{\partial n}$），對於「腐蝕」，由於是電化學反應，伴隨著物質的化學變化，尚有電子的傳輸，因此除了化學位勢，另需考慮「電位勢」e，由此定義一「電化學位勢」$\bar{\mu}$：

$$\bar{\mu} = \mu + nFe$$

上式中，n 為反應過程轉移之電子數，F 為法拉第常數（$F = 96485$ 庫侖 / 克當量）。

當電化學反應進行時，其電化學位勢之改變為：

$$\Delta\bar{\mu} = \Delta\mu + nF\Delta e$$

在平衡狀態，$\Delta\bar{\mu} = 0$，亦即在電化學反應界面（例如：金屬與金屬離子溶液之界面）化學位勢與電位勢相互抵消，而無淨電流傳輸，此時，電位勢與化學位勢成如下之關係：

$$\Delta\bar{\mu} = -nF\Delta e$$

$$\text{或} \quad \Delta G = -nFE$$

上式中，ΔG 為自由能改變，E 稱為電極電位。對於標準情況（純金屬且溶液中之金屬離子活度為 1）：

$$\Delta G^\circ = -nFE^\circ$$

(二) Nernst 方程式

考慮下列之反應：

$$aA + bB + \cdots\cdots \rightarrow pP + qQ + \cdots\cdots$$

上式中，$a, b\cdots\cdots p, q\cdots\cdots$ 分別為化學種 A、$B\cdots\cdots P$、$Q\cdots\cdots$ 之摩爾數。

在反應過程，反應物與生成物自由能之改變為：

$$\Delta G = (p\mu_P + q\mu_Q + \cdots\cdots) - (a\mu_A + b\mu_B + \cdots\cdots)$$

根據熱力學理論，$\mu_i = \mu_i^\circ + RT\ln a_i$，其中 μ_i° 為標準化學位勢，a_i 為活度。因此，上式自由能改變可寫成：

$$\Delta G = \Delta G^\circ + RT\ln \frac{a_P^p \cdot a_Q^q \cdots\cdots}{a_A^a \cdot a_B^b \cdots\cdots}$$

$$\Delta G^\circ = (p\mu_P^\circ + q\mu_Q^\circ + \cdots\cdots) - (a\mu_A^\circ + b\mu_B^\circ + \cdots\cdots)$$

在平衡狀態時，$\Delta G = 0$，由此可得到：

$$\Delta G^\circ = -RT\ln\frac{a_P^p \cdot a_Q^q \cdots\cdots}{a_A^a \cdot a_B^b \cdots\cdots}$$

對於電化學反應，由前述自由能與電極電位之關係：$\Delta G = -nFE$，$\Delta G^\circ = -nFE^\circ$，可得到 Nernst 方程式：

$$E = E^\circ - \frac{RT}{nF}\ln\frac{a_P^p \cdot a_Q^q \cdots\cdots}{a_A^a \cdot a_B^b \cdots\cdots}$$

$$= E^\circ - \frac{0.0592}{n}\log\frac{a_P^p \cdot a_Q^q \cdots\cdots}{a_A^a \cdot a_B^b \cdots\cdots}$$

此處之電極電位是採氧化電位，對於還原電位 ϕ，其符號相反，亦即：$\phi = -E$，$\phi^\circ = -E^\circ$。

在 Nernst 方程式中的活度（a_i）對於固態化學種取 $a_i = 1$，氣態化學種取 $a_i =$ 氣體壓力，液態化學種則取 $a_i = M \cdot r$，其中 M 為摩爾濃度，r 為活度係數，其值可由表 10.1 取得。

表 10.1 強電解質的活度係數（M 為摩爾濃度）

M→	0.001	0.002	0.005	0.01	0.02	0.05	0.1	0.2	0.5	1.0	2.0	3.0	4.0
HCl	0.966	0.952	0.928	0.904	0.875	0.830	0.795	0.767	0.758	0.809	1.01	1.32	1.76
HBr	0.966	—	0.929	0.906	0.870	0.838	0.805	0.782	0.790	0.871	1.17	1.67	—
HNO_3	0.965	0.951	0.927	0.902	0.871	0.823	0.785	0.748	0.715	0.720	0.783	0.876	0.982
$HClO_4$	—	—	—	—	—	—	—	—	0.81	1.04	1.42	2.02
HIO_3	0.96	0.94	0.91	0.86	0.80	0.69	0.58	0.40	0.29	0.19	0.10	0.073	0.050
H_2SO_4	0.830	0.757	0.639	0.544	0.453	0.340	0.265	0.209	0.154	0.130	0.124	0.141	0.171
NaOH	—	—	—	—	0.82		0.73	0.69	0.68	0.70	0.77	0.89
KOH	—	—	0.92	0.90	0.86	0.82	0.80	—	0.73	0.76	0.89	1.08	1.35
CaOH	—	—	0.92	0.88	0.83	0.80	0.76	0.74	0.78	—	—	—
$Ba(OH)_2$	—	0.853	0.773	0.712	0.627	0.525	0.443	0.370	—	—	—	—
$AgNO_3$	—	—	0.92	0.90	0.86	0.79	0.72	0.64	0.51	0.40	0.28	—	—
$Al(NO_2)_3$	—	—	—	—	—	0.20	0.16	0.14	0.19	0.45	1 0	1 2

表 10.1 強電解質的活度係數（M為摩爾濃度）（續）

M→	0.001	0.002	0.005	0.01	0.02	0.05	0.1	0.2	0.5	1.0	2.0	3.0	4.0
$BaCl_2$	0.88	—	0.77	0.72	—	0.56	0.49	0.44	0.39	0.39	0.44 (18M)	—	—
$Ba(NO_3)_2$	0.88	0.84	0.77	0.71	0.63	0.52	0.43	0.34	—	—	—	—	—
$Ba(IO_2)_2$	0.83	0.79	0.71	0.64	0.55	—	—	—	—	—	—	—	—
$CaCl_2$	0.80	0.85	0.785	0.725	0.66	0.57	0.515	0.48	0.52	0.71	—	—	—
$Ca(NO_3)_2$	0.88	0.84	0.77	0.71	0.64	0.54	0.48	0.42	0.38	0.35	0.35	0.37	0.42
$CdCl_4$	0.76	0.68	0.57	0.47	0.38	0.28	0.21	0.15	0.09	0.06	—	—	—
CdI_2	0.76	0.55	0.49	0.38	0.28	0.17	0.11	0.068	0.036	0.025	0.018	—	—
CsF	0.98	0.97	0.96	0.95	0.94	0.91	0.89	0.87	0.85	0.87	—	—	—
$CaCl$	—	—	0.92	0.90	0.80	0.79	0.75	0.69	0.00	0.54	0.49	0.48	0.47
$CaBr$	—	—	0.93	0.90	0.86	0.79	0.75	0.60	0.60	0.53	0.48	0.46	0.46
CsI	—	—	—	—	—	—	0.75	0.69	0.60	0.53	0.47	0.43	—
$CaNO_3$	—	—	—	—	—	—	0.73	0.65	0.52	0.42	—	—	—
$CsAc$							0.79	0.77	0.76	0.80	0.95	1.15	
$CuCl_2$	0.89	0.85	0.78	0.72	0.65	0.58	0.52	0.47	0.42	0.43	0.51	0.59	
$CuSO_4$	0.74		0.53	0.41	0.31	0.21	0.16	0.11	0.068	0.047			
$FeCL_2$	0.89	0.86	0.80	0.75	0.70	0.62	0.58	0.55	0.59	0.67			
$In_2(SO_2)_3$				0.142	0.092	0.054	0.035	0.022					
KF		0.96	0.95	0.93	0.92	0.88	0.85	0.81	0.74	0.71	0.71		
KCl	0.965	0.952	0.927	0.901		0.815	0.769	0.719	0.651	0.600	0.576	0.571	0.579
KBr	0.965	0.952	0.927	0.903	0.872	0.822	0.777	0.728	0.665	0.625	0.602	0.603	0.522
KI	0.965	0.951	0.927	0.905	0.89	0.84	0.80	0.76	0.71	0.68	0.69	0.72	0.75
$K_4Fe(CN)_4$					0.19	0.14	0.11	0.067					
$KClO_3$	0.967	0.955	0.932	0.907	0.875	0.813	0.755						
K_2CO_2	0.89	0.86	0.81	0.74	0.08	0.58	0.50	0.43	0.36	0.33	0.33	0.39	0.49
$KClO_4$	0.965	0.951	0.924	0.895	0.957	0.788							
K_2SO_4	0.89		0.78	0.71	0.64	0.52	0.43	0.36					
$LaCl_2$						0.38	0.32	0.28	0.27	0.36			
$La(NO_3)_4$				0.57	0.49	0.39	0.33	0.27					
$LiCl$	0.963	0.948	0.921	0.89	0.88	0.85	0.78	0.75	0.73	0.76	0.91	1.18	1.46
$LiBr$	0.006	0.954	0.932	0.909	0.882	0.842	0.810	0.784	0.783	0.848	1.06	1.85	

表 10.1 強電解質的活度係數（M為摩爾濃度）（續）

M→	0.001	0.002	0.005	0.01	0.02	0.05	0.1	0.2	0.5	1.0	2.0	3.0	4.0
LiI							0.81	0.80	0.81	0.89	1.19	1.70	
LiNO$_3$	0.966	0.953	0.930	0.904	0.878	0.834	0.708	0.765	0.743	0.76	0.84	0.97	
LiClO$_2$	0.967	0.955	0.933	0.911	0.884	0.842	0.810	0.782	0.77	0.81			
LiClO$_4$	0.967	0.956	0.935	0.915	0.890	0.853	0.825	0.805	0.82	0.91			
MgCl$_2$							0.50	0.53	0.52	0.62	1.05	2.1	
Mg(NO$_3$)$_3$	0.88	0.84	0.77	0.71	0.64	0.55	0.51	0.46	0.44	0.50	0.69	0.93	
MgSO$_4$				0.40	0.32	0.22	0.18	0.13	0.088	0.064	0.055	0.064	
MnSO$_4$							0.25	0.17	0.11	0.073	0.058	0.062	0.079
NiSO$_4$							0.18	0.13	0.075	0.051	0.041		
NH$_4$Cl	0.961	0.944	0.911	0.88	0.84	0.79	0.74	0.69	0.62	0.57			
NH$_4$Br	0.964	0.949	0.901	0.87	0.83	0.78	0.73	0.68	0.02	0.57			
NH$_4$I	0.962	0.946	0.917	0.89	0.86	0.80	0.76	0.71	0.65	0.60			
NH$_4$NO$_3$	0.959	0.942	0.912	0.88	0.84	0.78	0.73	0.66	0.56	0.47			
(NH$_4$)$_2$SO$_4$	0.874	0.821	0.726	0.67	0.59	0.46	0.40	0.32	0.22	0.16			
NaF			0.93	0.90	0.87	0.81	0.75	0.69	0.62				
NaCl	0.960	0.953	0.929	0.904	0.875	0.823	0.780	0.730	0.68	0.60	0.67	0.71	0.78
NaBr	0.966	0.955	0.923	0.914	0.887	0.844	0.800	0.740	0.695	0.686	0.734	0.826	0.934
NaI	0.97	0.96	0.94	0.91	0.89	0.86	0.83	0.81	0.78	0.80	0.95		
NaNO$_3$	0.966	0.953	0.93	0.90	0.87	0.82	0.77	0.70	0.62	0.55	0.48	0.44	0.41
Na$_2$SO$_4$	0.887	0.847	0.778	0.714	0.641	0.53	0.45	0.36	0.27	0.20			
NaClO$_4$	0.97	0.95	0.93	0.90	0.87	0.82	0.77	0.72	0.64	0.58			
PbCl$_2$	0.86	0.80	0.70	0.61	0.50								
Pb(NO$_3$)$_2$	0.88	0.84	0.76	0.60	0.60	0.46	0.37	0.27	0.17	0.11			
RbCl			0.93	0.90			0.76	0.71	0.63	0.58	0.54	0.54	0.54
RbBr							0.76	0.70	0.63	0.56	0.53	0.52	0.51
RbI							0.76	0.70	0.63	0.57	0.53	0.52	0.51
RbNO$_3$							0.73	0.65	0.53	0.43	0.32	0.25	0.21
RbAc							0.73	0.65	0.52	0.42			
TlCl	0.96	0.95	0.93	0.90									
TlNO$_3$						0.77	0.70	0.60					
TlClO$_4$						0.70	0.73	0.65	0.53				

表 10.1　強電解質的活度係數（*M*為摩爾濃度）（續）

M→	0.001	0.002	0.005	0.01	0.02	0.05	0.1	0.2	0.5	1.0	2.0	3.0	4.0
TIAc						0.80	0.74	0.68	0.59	0.51	0.44	0.40	0.38
ZnCl$_2$	0.88	0.84	0.77	0.71	0.64	0.56	0.50	0.45	0.38	0.33			
ZnSO$_4$	0.70	0.61	0.48	0.39			0.15	0.11	0.065	0.045	0.036	0.04	

Oridation Potentials, W.Latimer, Prentice-Hall, Englewood Cliffs, N. J., 1952.

㈢標準電極

實際上測量電極之絕對電位值是不可能的，而必須定義一標準電極之電位，再由實驗所得待測電極相對於此標準電極之電位作為其電極電位。其意義就如同山岳的海拔高度。

最基本之標準電極為氫電極（Standard Hydrogen Eelectrode , S.H.E），其反應為：

$$H_2 \rightarrow 2H^+ + 2e^-$$

人為定義此電極之標準電位（E_{H2}^0）為 0，則其電極電位為：

$$\phi_{H2} = O + \frac{RT}{2F}\ln\frac{(H^+)^2}{P_{H2}} = -0.0592\text{PH} - 0.0296\log P_{H2}$$

上式中，（H^+）為氫離子之活度，（P_{H2}）為氫氣之分壓。

由於其他電極之電位均為參考此標準電極電位而測定，此標準電極亦稱為參考電極。當氫電極被選定為標準電極時，亦有其他電極系統之電位被確定，而這些電極之電位亦具有固定性及實驗再現性，因此可同樣被用作電極電位量測之參考電極。其中以甘汞電極為目前使用最普遍之參考電極，其反應是：

$$2Hg + 2Cl^- \rightarrow Hg_2Cl_2 + 2e^-$$

相對於氫標準電極電位，此反應之標準電位為 0.268 伏特，而其電極電位為：

$$\phi = 0.268 - 0.0592 \log(Cl^-)$$

表 10.2　不同氯離子濃度時，甘汞電極之電位

KCl 濃度	ϕ（伏特）	溫度係數（伏特／°C）
0.1 N	0.334	-0.88×10^{-4}
1.0 N	0.280	-2.75×10^{-4}
飽和 KCl	0.242	-6.6×10^{-4}

　　甘汞電極內含不同 KCl 濃度時，其電極電位會有差異（表 10.2），在實用上，均採飽和 KCl 濃度，此為標準甘汞電極（Standard Calomel Electrode, S.C.E），其與標準氫電極（S.C.E）之電位關係為：$\phi_{S.C.E.} = 0.242 + \phi_{S.H.E.}$

　　此外，銀—氯化銀亦為常用之參考電極，其反應為：

$$Ag + Cl^- \rightarrow AgCl + e^-$$

　　其標準電位為 0.222 伏特，其電極電位隨 KCl 濃度提高而愈活性，在 0.1N KCl 時，電位值為 0.228 伏特，溫度係數為 -4.3×10^{-4} 伏特／°C。銀—氯化銀電極在高溫水溶液中具有較低的溶解度，不易產生水解反應，並且其穩定性較不受氧氣或氯離子的影響，因此特別適用於高溫腐蝕系統，包括高溫水溶液腐蝕及高溫熔融鹽腐蝕，均常使用銀—氯化銀為其參考電極。

(四)標準電位序列與伽凡尼序列

　　將各種金屬相對於氫電極所得之標準電位依順序排列，即成一標準電位序列，如表 10.3 所示，表中所列為氧化電位（E^o），如為標準還原電位（ϕ^o）則取相反符號。

表 10.3　標準氧化電位系列

電極反應	E^o(V), 25℃	電極反應	E^o(V), 25℃
$Li = Li^+ + e^-$	3.05	$Zn + 4NH_3 \rightarrow Zn(NH_3)_4^{++} + 2e^-$	1.03
$K = K^+ + e^-$	2.93	$H_2 + 2OH^- \rightarrow 2H_2O + 2e^-$	0.828
$Ca = Ca^{++} + 2e^-$	2.87	$Pb + 3OH^- \rightarrow HPbO_3^- + H_2O + e^-$	0.54
$Na = Na^+ + e^-$	2.71	$Pb + SO_4^{--} \rightarrow PbSO_4 + 2e^-$	0.356
$Mg = Mg^{++} + 2e^-$	2.37	$Ag + 2CN^- \rightarrow Ag(CN)_2^- + e^-$	0.31
$Be = Be^{++} + 2e^-$	1.85	$Cu + 2NH_2^- \rightarrow Cu(NH_2)_2^+ + e^-$	0.12
$U = U^{+2} + 3e^-$	1.80	$Ag + Br^- \rightarrow AgBr + e^-$	-0.095
$Hf = Hf^{+4} + 4e^-$	1.70	$Sn^{++} \rightarrow Sn^{+4} + 2e^-$	-0.15
$Al = Al^{+2} + 3e^-$	1.66	$Cu^+ \rightarrow Cu^{++} + e^-$	-0.153
$Ti = Ti^{4+} + 2e^-$	1.63	$H_2SO_2 + H_2O \rightarrow SO_4^{--} + 4H^+ + 2e^-$	-0.17
$Zr = Zr^{+4} + 4e^-$	1.63	$Ag + Cl^- \rightarrow AgCl + e^-$	-0.222
$Mn = Mn^{++} + 2e^-$	1.18	$2Hg + 2Cl^- \rightarrow Hg_2Cl_2 + 2e^-$	-0.2676
$Nb = Nb^{+3} + 3e^-$	ca. 1.1	$4OH^- \rightarrow O_2 + 2H_2O + 4e^-$	-0.401
$Zn = Zn^{++} + 2e^-$	0.763	$2I^- \rightarrow I_2 + 2e^-$	-0.5355
$Cr = Cr^{+3} + 3e^-$	0.74	$H_2O_2 \rightarrow O_2 + 2H^+ + 2e^-$	-0.682
$Ga = Ga^{+3} + 3e^-$	0.63	$Fe^{++} \rightarrow Fe^{+2} + e^-$	-0.771
$Fe = Fe^{+4} + 2e^-$	0.440	$3Br^- \rightarrow Br_2(I) + 2e^-$	-1.0652
$Cd = Cd^{++} + 2e^-$	0.403	$2H_2O \rightarrow O_2 + 4H^+ + 4e^-$	-1.229^*
$In = In^{+2} + 3e^-$	0.342	$2Cr^{+3} + 7H_2O \rightarrow Cr_2O_7^{--} + 14H^+ + 6e^-$	-1.33
$Tl = Tl^+ + e^-$	0.330	$2Cl^- \rightarrow Cl_2 + 2e^-$	-1.3595
$Co = Co^{++} + 2e^-$	0.277	$Pb^{++} + 2H_2O \rightarrow PbO_2 + 4H^+ + 2e^-$	-1.455
$Ni = Ni^{++} + 2e^-$	0.250	$Mn^{++} \rightarrow Mn^{+2} + e^-$	-1.51
$Ma = Ma^{+2} + 3e^-$	ca. 0.2	$Ni^{4+} + 2H_2O \rightarrow NiO_2 + 4H^+ + 2e^-$	-1.68
$Sn = Sn^{++} + 2e^-$	0.136	$PbSO_4 + 2H_2O \rightarrow PbO_2 + SO_4^{--} + 4H^+ + 2e^-$	-1.685
$Pb = Pb^{++} + 2e^-$	0.126	$Co^{++} \rightarrow Co^{+2} + e^-$	-1.82
$H_2 = 2H^+ + 2e^-$	0.000	$Fe^{+3} + 4H_2O \rightarrow FeO_4^{--} + 8H^+ + 3e^-$	-1.9
$Cu = Cu^{++} + 2e^-$	-0.337		
$Cu = Cu^+ + e^-$	-0.521		
$2Hg = Hg_2^{++} + 2e^-$	-0.789		
$Ag = Ag^+ + e^-$	-0.800		
$Pb = Pb^{++} + 2e^-$	-0.987		
$Hg = Hg^{++} + 2e^-$	-0.854		
$Pt = Pt^{++} + 2e^-$	ca. -1.2		
$Au = Au^{+3} + 3e^-$	-1.50		

註解：標準還原電位（ϕ°）符號相反

　　表 10.3 是以氧化電位方式表示，當金屬之氧化電位正值愈大時，相當於金屬活性愈大，因此標準電位序列提供了金屬腐蝕趨勢之最基本指標。

　　由於標準電位是指純金屬與其離子濃度為 1 時之平衡電位，而實際情況，由於金屬鹽溶解度之限制，使得離子濃度為 1 之溶液很難達到；在另方面，某些金屬在腐蝕過程會形成氧化層或鈍態膜，因此其電極表面狀態包含「活性」與「鈍態」兩種，而在標準電位序列表上，每一個金屬電極反應僅有一個標準電位，無法涵蓋實際之電極表面狀態。針對此限制，可將金屬及其合金，依照其在實際環境所測得之電極電位，依順序排列而成一「伽凡尼序列」（如表 10.4 所示）。

表 10.4　金屬或合金在海水中之伽凡尼序列

（活性）

向上愈趨活性		
鎂	鎳（活性）
鎂合金	Inconel 超合金（活性）
鋅	黃銅
鋁合金	鋁青銅
軟鋼	紅黃銅
鍛鐵	銅
鑄鐵	矽
410 不銹鋼（活性）	矽青銅
50/50 焊煬	Ambrac 銅合金
304 不銹鋼（活性）	銅鎳合金（70Cu/30Ni）
316 不銹鋼（活性）	鎳（鈍態）
鉛	Inconel 超合金（鈍態）
錫	Monel 合金（70Ni/30Cu）
錳青銅	304 不銹鋼（鈍態）
海軍黃銅	316 不銹鋼（鈍態）

（貴性）

㈤ 電位—PH 圖（Pourbaix 圖）

　　由於金屬在水溶液中的腐蝕反應主要涉及電位（電子的交換）及 PH 值（陰極的 H^+ 或 OH^- 反應），因此以電位與 PH 作圖將可提供腐蝕反應之完整熱力學平衡資料，其中電位控制了金屬與其離子間的平衡溶解度，而 PH 值控制了陰極反應並決定鈍態膜的穩定性，於是「電位－PH 圖」（Pourbaix 圖）在腐蝕電化學上具備了特殊意義，由此圖可預測腐蝕反應之熱力學趨勢及其生成物，並可作為防蝕的一個根據，其作用相當於冶金學上的相平衡圖。

　　在「電位—PH 圖」中各平衡區域由三種形式之直線所分隔，如圖 10.3 所示；此三種形式直線及其所代表意義分別為：

⑴水平線：僅與電位有關者。

⑵垂直線：僅與 PH 值有關者。

⑶斜　線：與電位及 PH 值均有關者。

　　圖 10.3 中，當還原電位（縱軸）向正值增加時，有利於金屬之溶解($M \rightarrow M^{+n} + ne^-$)，或就其他化學種之溶解而言，傾向於使氧化物對還原物比值 $\left(\dfrac{O_x}{Red}\right)$ 增加；而當 PH 值（橫軸）增加時，有利於氫氧化物沈澱，但 PH 值很高時，可能再度使氫氧化物溶解。

　　以圖 10.4 之純鐵在水溶液中之「電位—PH 圖」說明：圖中有兩條水平線，其所代表之電極反應及電極電位分別為：

⑴ $Fe^{+2} \Leftrightarrow Fe^{+3} + e^-$

$$\phi = \phi^o_{Fe^{+2}/Fe^{+3}} + \frac{RT}{F}\ln\frac{[Fe^{+3}]}{[Fe^{+2}]} = 0.771 + 0.0592 \log\frac{[Fe^{+3}]}{[Fe^{+2}]}$$

⑵ $Fe \Leftrightarrow Fe^{+2} + 2e^-$

$$\phi = \phi^o_{Fe/Fe^{+2}} + \frac{RT}{2F}\ln[Fe^{+2}] = -0.440 + 0.0296 \log[Fe^{+2}]$$

當電位（ϕ）向正值增加時，有利於 Fe 的溶解或 $\dfrac{[Fe^{+3}]}{[Fe^{+2}]}$ 增加。

　　另外圖 10.4 中有兩條主要之垂直線，其所代表之電極反應分別為：

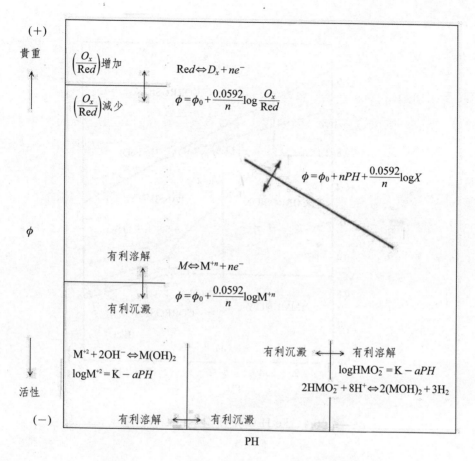

圖 10.3　「電化學─PH 圖」一般構成及意義

$$Fe^{+2} + 2H_2O \Leftrightarrow Fe(OH)_2 + 2H^+$$

$$\log[Fe^{+2}] = 13.29 - 2PH$$

$$Fe^{+2} + 2H_2O \Leftrightarrow HFeO_2^- + 3H^+$$

$$\log \frac{[HFeO_2^-]}{[Fe^{+2}]} = -31.58 + 3PH$$

　　當 PH 值增加時，有利於 $Fe(OH)_2$ 沈澱，直到 PH 值極高時，$Fe(OH)_2$ 又溶解為 $HFeO_2^-$。

　　圖 10.4 中另有幾條斜線，為同時涉及電位改變及 H^+ 或 OH^- 反應者，例如：

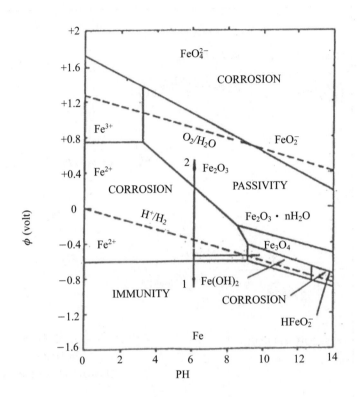

圖 10.4　Fe-H_2O 系統之電位—PH 圖

$$2Fe^{+2} + 3H_2O \Leftrightarrow Fe_2O_3 + 6H^+ + 2e^-$$

$$\phi = \phi^o_{Fe^{+2}/Fe_2O_3} + \frac{3RT}{F}\ln[H^+] - \frac{RT}{F}\ln[Fe^{+2}]$$

$$= 0.73 - 0.177PH - 0.0592\log[Fe^{+2}]$$

一般「電位—PH 圖」均另包含兩條斜向虛線，分別代表溶液與氧及氫之平衡反應：

(1) $2H_2O \Leftrightarrow O_2 + 4H^+ + 4e^-$

$\phi = 1.228 - 0.0592PH + 0.0148\log P_{O_2}$

(2) $H_2 \Leftrightarrow 2H^+ + 2e^-$

$\phi = -0.0592PH - 0.0296\log P_{H_2}$

由於金屬腐蝕在溶液中未含其他氧化種時，其陰極反應主要為氫氣的釋放

或氧氣的還原，因此這兩條氧與氫之平衡線對腐蝕趨勢的預測亦極為重要。

三、腐蝕動力學

㈠腐蝕速率與電極電流

腐蝕動力學主要在探討腐蝕速率，腐蝕速率最直接的描述為重量損失率 $\left(\dfrac{dm}{dt}\right)$，而由於腐蝕反應為電化學反應，亦即反應伴隨著電子的流動，因此可根據一般反應動力學原理得到重量損失率與電極電流之關係，如此可由電極電流取代重量損失量測，在實用上，提供了一個較為精確（accurate）、靈敏（sensitive）且具連續性（continuous）之腐蝕速率評估方法，在理論上，更構成了腐蝕動力學的主要基礎。

考慮一個金屬溶解之電極反應：$M \rightarrow M^{+n} + ne^-$，由一般動力學理論可得到下列關係：

$$\frac{d[M]}{dt} = -\frac{d[M^{+n}]}{dt} = -\frac{1}{n}\frac{d[e^-]}{dt} = -K_M[M]$$

金屬經過腐蝕反應後，其重量損失率為：

$$\frac{dm}{dt} = -\frac{A}{N}\frac{d[M]}{dt}$$

而電極電流為：

$$i = \frac{F}{N}\frac{d[e^-]}{dt}$$

前兩式中，F 為法拉第常數（F ＝ 96485 庫侖／克當量），A 為克分子量，N 為亞佛加德羅常數（$A = 6.02 \times 10^{23}$）；因此，重量損失率與電極電流之間存在有一關係：

$$i = \frac{nF}{A} \cdot \frac{dm}{dt}$$

　　此關係式提供了腐蝕動力學分析的重要依據，亦即：可經由電化學方法量測反應的電極電流，而得到金屬的腐蝕速率。

㈡極化

　　金屬在水溶液中平衡狀態時，具有一個平衡電位，但是當一個電極反應在金屬表面進行時，電位會隨著變化，此種現象稱為「極化」（Polarization），因此，「極化」可視為電極的一種非平衡狀態，造成極化的原因包括活化能所產生的「活性極化」、離子擴散極限所形成的「濃度極化」及電流流動所伴隨的「電阻極化」；對於極化過程，電位與電流之關係一般以「極化曲線」表示，而整個腐蝕動力學可說是建立在極化曲線的討論。

1. 活性極化（Activation Polarization）

　　金屬腐蝕為一電化學反應，因此可以利用電極動力學（Electrode Kinetics）加以分析，圖 10.5 說明一個金屬腐蝕反應至少由兩個電極反應（四個半反應）所組成，亦即陽極的金屬氧化還原反應：

$$M \underset{K_{red}^{A}}{\overset{K_{Ox}^{A}}{\rightleftharpoons}} M^{+n} + ne^{-}$$

以及陰極的氫氣或氧氣的氧化還原反應：

$$H_2 \underset{K_{red}^{C}}{\overset{K_{Ox}^{C}}{\rightleftharpoons}} 2H^{+} + 2e^{-} \quad \text{或} \quad 2H_2O \underset{K_{red}^{C}}{\overset{K_{Ox}^{C}}{\rightleftharpoons}} O_2 + 4H^{+} + 4e^{-}$$

首先考慮單一電極反應：$M \underset{K_{red}^{A}}{\overset{K_{Ox}^{A}}{\rightleftharpoons}} M^{+n} + ne^{-}$

此反應之氧化與還原半反應電流分別為：

$$i_{OX}^{A} = j_{OX}^{A} \cdot S = nFK_{OX}[M] \cdot S_{A}$$
$$i_{red}^{A} = j_{red}^{A} \cdot S = nFK_{red}[M^{+n}] \cdot S_{A}$$

　　上式中，j_{OX}^{A} 與 j_{red}^{A} 分別為此陽極之氧化與還原半反應電流密度，K_{OX} 與 K_{red} 則分別為其反應常數，S_A 為陽極面積。

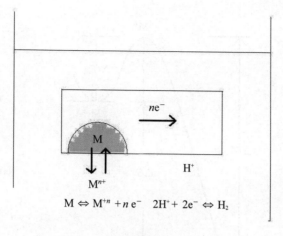

(a)金屬腐蝕

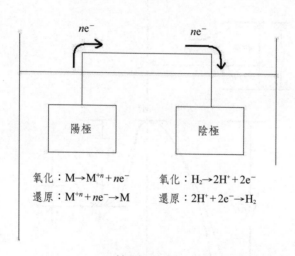

(b)電極反應

圖 10.5　金屬腐蝕的電化學解析

　　反應常數主要由反應頻率（μ）與反應或然率（P）所決定，所謂反應頻率是指化學種於反應物態（M）與中間暫穩態（M^*）間之跳動頻率（如圖 10.6 所示），而反應或然率是指化學種能獲得足夠能量越過中間暫穩態之機會，由動力學理論已知：

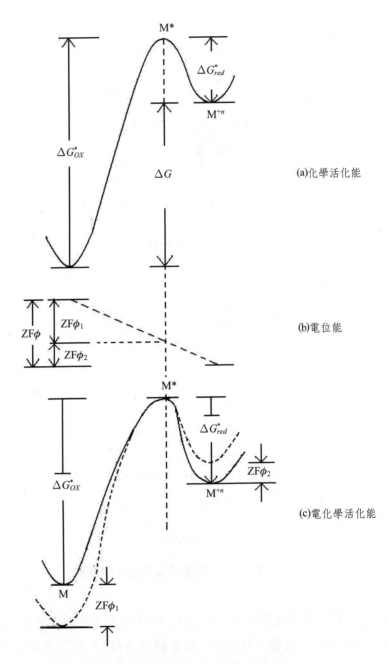

(a)化學活化能

(b)電位能

(c)電化學活化能

圖 10.6   陽極電極反應之活化能示意圖

$$\mu \propto \frac{kT}{h}$$

$$P \propto e^{\frac{\Delta \overline{G}^*}{RT}}$$

因此：$K = c \cdot \frac{kT}{h} e^{\frac{\Delta \overline{G}^*}{RT}}$，此處 $\Delta \overline{G}^*$ 為電化學活化能。陽極之氧化與還原半反應電流可表示為：

$$i_{OX}^A = j_{OX}^A \cdot S = n_A F \cdot C \cdot \frac{kT}{h} e^{\frac{\Delta \overline{G}_{OX}^*}{RT}} \cdot [M] \cdot S_A$$

$$i_{red}^A = j_{red}^A \cdot S = n_A F \cdot C \cdot \frac{kT}{h} e^{\frac{\Delta \overline{G}_{red}^*}{RT}} \cdot [M^{+n}] \cdot S_A$$

在前節腐蝕熱力學中已經討論過：對於一個電化學反應，除了化學位勢尚須考慮電位勢，因此上式之電化學活化能（$\Delta \overline{G}^*$）包括化學活化能（ΔG^*）及電位能（$nF\phi$）：

$$\Delta \overline{G}_{OX}^* = \Delta G_{OX}^* - n_A F \phi_1 = G_{OX}^* - n_A F \alpha \phi$$

$$\Delta \overline{G}_{red}^* = \Delta G_{red}^* - n_A F \phi_2 = G_{red}^* - n_A F(1 - \alpha)\phi$$

此處 $\alpha = \frac{\phi_1}{\phi}$，$1 - \alpha = \frac{\phi_2}{\phi}$；以上電位能對電極反應活化能之影響可由圖 10.6 表示，電位能的形成主要是來自於電極表面的「電雙層」（double layer），此電雙層是由於電極反應過程電子與溶解金屬離子分別在電極／溶液界面兩邊堆聚所造成，如圖 10.7 所示。

陽極之氧化與還原半反應電流可再重寫成：

$$i_{OX}^A = j_{OX}^A \cdot S_A = nF \cdot C \cdot \frac{kT}{h} e^{\frac{[\Delta G_{OX}^* - Z_A F \propto \phi]}{RT}} \cdot [M] \cdot S_A$$

$$i_{red}^A = j_{red}^A \cdot S_A = nF \cdot C \cdot \frac{kT}{h} e^{\frac{[\Delta G_{OX}^* + Z_A F(1-d)\phi]}{RT}} \cdot [M] \cdot S_A$$

令 $K = nFC \frac{kT}{h}$，$f = \frac{F}{RT}$，$\eta^A = \phi - \phi_O^A$，此處 ϕ_O^A 為平衡電位，或稱為「開放電位」（open potential），η^A 稱為「過電位」（over potential），則電極電流可表示為：

$$i_{OX}^A = j_{OX}^A \cdot S_A = K e^{-\left[\frac{\Delta G_{OX}^*}{RT} - \eta_A f \alpha \phi_O^A\right]} e^{\eta_A f \alpha \eta_A} \cdot [M] \cdot S_A$$

$$i_{red}^A = j_{red}^A \cdot S_A = K e^{-\left[\frac{\Delta G_{red}^*}{RT} + \eta_A f(1-\alpha)\phi_O^A\right]} e^{-\eta_A f(1-\alpha)\eta_A} \cdot [M^{+n}] \cdot S_A$$

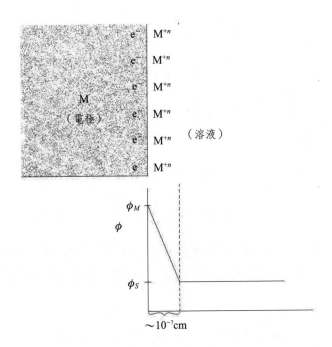

圖 10.7 　電雙層及其所造成電位勢 （Helmholtz 模型，1836）

在平衡狀態，亦即 ϕ 處於平衡電位時（$\phi = \phi_0^A$，$\eta_A = 0$），氧化與還原半反應電流相等：$i_{OX}^A = i_{red}^A = i_O^A$

$$i_O^A = j_O^A \cdot S_A = K\,e^{-\left[\frac{\Delta G_{OX}^*}{RT} - f\alpha\phi_0^*\right]} \cdot [M] \cdot S_A$$
$$= K\,e^{-\left[\frac{\Delta G_{red}^*}{RT} + f(1-\alpha)\phi_0^*\right]} \cdot [M^{+n}] \cdot S_A$$

上式中，i_O^A 與 j_O^A 分別稱為「交換電流」（exchange current）與「交換電流密度」（exchange current density）；因此，陽極之氧化與還原半反應電流可重寫成：

$$i_{OX}^A = j_{OX}^A \cdot S_A = j_O^A \cdot e^{\eta_A f\alpha\eta_A} \cdot S_A$$
$$i_{red}^A = j_{red}^A \cdot S_A = j_O^A \cdot e^{-\eta_A f(1-\alpha)\eta_A} \cdot S_A$$

通過陽極之淨電流（i_{net}^A）為：

$$i_{net}^A = i_{OX}^A - i_{red}^A = j_O^A\left[e^{\eta_A f\alpha\eta_A} - e^{-\eta_A f(1-\alpha)\eta_A}\right] \cdot S$$

將電位（ϕ）對電流密度（j）作圖，即為極化曲線，極化曲線之作圖方式

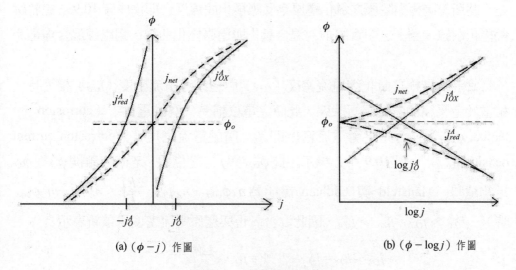

(a)（$\phi - j$）作圖　　　　　　　　(b)（$\phi - \log j$）作圖

圖 10.8　陰極極化曲線

有兩種，一為直線座標方式（$\phi - j$），如圖 10.8a 所示，另一為半對數座標方式，如圖 10.8b 所示。

同理，可得到陰極之氧化與還原半反應電流：

$$i_{OX}^C = j_{OX}^C \cdot S_C = j_O^C \cdot e^{\eta_{cf}\alpha\eta_c} \cdot S_C$$

$$i_{red}^C = j_{red}^C \cdot S_C = j_O^C \cdot e^{-\eta_{cf}(1-\alpha)\eta_c} \cdot S_C$$

通過陰極之淨電流（i_{net}^C）為：

$$i_{net}^C = i_{OX}^C - i_{red}^C = j_O^C[e^{\eta_{cf}\alpha\eta_c} - e^{-\eta_{cf}(1-\alpha)\eta_c}] \cdot S_C$$

而金屬腐蝕是由此陽極與陰極之氧化與還原半反應共同組成，亦即構成一混合電極，其混合氧化電流密度（j_{OX}）與混合還原電流密度（j_{red}）分別為：

$$j_{OX} = j_{OX}^A + j_{OX}^C = j_O^A \cdot e^{\eta_{Af}\alpha\eta_A} + j_O^C \cdot e^{\eta_{cf}\alpha\eta_c}$$

$$j_{red} = j_{red}^A + j_{red}^C = j_O^A \cdot e^{-\eta_{Af}(1-\alpha)\eta_A} + j_O^C \cdot e^{-\eta_{cf}(1-\alpha)\eta_c}$$

而完整之金屬腐蝕淨電流為：

$$j_{net} = j_{net}^A + j_{net}^C$$

$$= j_{OX}^A + j_{OX}^C - j_{red}^A - j_{red}^C$$

$$= j_{OX} - j_{red}$$

　　將所有陽極與陰極之氧化還原半反應極化曲線混合即構成圖 10.9 之完整腐蝕極化曲線，圖上之粗實線則為混合氧化與還原極化曲線，粗虛線混合淨電流曲線。

　　當混合電極之氧化總電流密度（j_{ox}）與還原總電流密度（j_{red}）相等時，相當於金屬腐蝕處於平衡狀態，此時之電位稱為「腐蝕電位」（corrosion potential, ϕ_{corr}），而此平衡電流密度即為「腐蝕電流密度」（corrosion current density, j_{corr}），圖 10.9 中亦標示出此 ϕ_{corr} 與 j_{corr} 之位置。若 ϕ_{corr} 離開 ϕ_O^A 與 ϕ_O^C 足夠遠時（Mansfeld 與 Oldham 證明為 $n_A\phi_{corr} - n_A\phi_O^A > \dfrac{2RT}{F} < n_C\phi_O^C - n_C\phi_{corr}$ 時），$j_{OX}^A \gg j_{OX}^C$，$j_{red}^C \gg j_{red}^A$，因此混合氧化與還原電流密度可重新表示為：

$$j_{ox} \sim j_{OX}^A = j_O^A \cdot e^{n_A f \alpha \eta_A} = j_O^A \cdot e^{\frac{2.3(\phi - \phi_O^A)}{bA}}$$

$$j_{red} \sim j_{red}^C = j_O^C \cdot e^{-n_C f(1-\alpha)\eta_C} = j_O^C \cdot e^{\frac{2.3(\phi - \phi_O^C)}{bC}}$$

　　上兩式中，b_A 與 b_C 分別為圖 10.9b 中 j_{OX}^A 與 j_{red}^C 兩條直線之斜率，亦即在 ϕ_{corr} 遠離 ϕ_O^A 與 ϕ_O^C 時，為 j_{OX}^A 與 j_{red}^C 兩條直線之斜率，此稱 Tafel 斜率（Tafel slope）。由於在 $\phi = \phi_{corr}$ 處，$j_{OX} = j_{red} = j_{corr}$，因此：

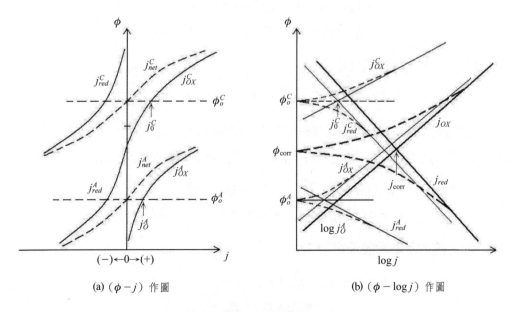

(a)（$\phi - j$）作圖　　　　　　　(b)（$\phi - \log j$）作圖

圖 10.9　完整之金屬腐蝕極化曲線

$$j_{corr} = j_O^A \cdot e^{\frac{2.3(\phi_{corr} - \phi_O^A)}{bA}}$$

$$= j_O^C \cdot e^{\frac{-2.3(\phi_{corr} - \phi_O^C)}{bC}}$$

混合氧化與還原電流密度可改寫成：

$$j_{OX} = j_{corr} \cdot e^{\frac{2.3(\phi - \phi_{corr})}{bA}}$$

$$j_{red} = j_{corr} \cdot e^{\frac{-2.3(\phi - \phi_{corr})}{bC}}$$

其淨電流密度為：

$$j_{net} = j_{OX} - j_{red} = j_{corr} \left[e^{\frac{2.3(\phi - \phi_{corr})}{bA}} - e^{\frac{-2.3(\phi - \phi_{corr})}{bC}} \right]$$

2. 濃度極化（Concentration Polarization）

由於電極反應過程，溶液中物質的傳輸是經由擴散作用，當活性極化達到一極限時，對於陰極還原反應，氫離子或氧氣在金屬表面被快速消耗，而溶液中之氫離子或氧氣受擴散速率限制，來不及供應至電極表面而使電極電流受到抑制；同樣對於陽極金屬溶解反應，金屬離子受到擴散速率限制，來不及自電極表面移去，電極電流亦會受到抑制，此現象稱為「濃度極化」。對於濃度極化之討論，一般以陰極反應（氫離子或氧氣之還原）為主。

利用 Fick 第一定律可推導出反應之電流密度與溶液中反應物種濃度梯度之關係：

$$j = -nFD \frac{dC}{dx}$$

就此處所討論之陰極還原反應：

$$j_{red}^C = -nFD \frac{C_C - C_S}{\delta}$$

上式中，D 為擴散係數，C_c 與 C_s 分別為溶液在金屬表面及溶液內部之濃度，δ 為擴散層厚度；當濃度極化發生時，金屬表面之反應物種（氫離子或氧氣）被完全消耗，亦即 $C_c = O$，此時之「極限電流密度」（limiting current density, j_l）為：

$$j_l = nFD \frac{C_3}{\delta}$$

在活性極化理論中所定義之「交換電流密度」（j_o）實際上包含反應物種之濃度，因此濃度極化對電極電流密度將產生直接影響，就此處所討論之陰極反應物種之濃度極化而言，其還原半反應電流密度在同時考慮活性極化與濃度極化時應為：

$$j_{red}^C = j_o^C \left(\frac{C_c}{C_s} \right) e^{-n_c f(1-\alpha)\eta_C}$$

而由前述極限電流密度之推導，可得到：

$$\frac{j_{red}^C}{j_l} = \frac{C_s - C_c}{C_s} = 1 - \frac{C_c}{C_s}$$

因此，還原半反應電流密度可改寫成：

$$j_{red}^C = j_o^C \left(1 - \frac{j_{red}^C}{j_l} \right) e^{-n_c f(1-d)\eta_C}$$

由於濃度極化發生在電流密度增加至一極限值時（$j_{red}^C \rightarrow j_l$），亦即電位已遠離平衡電位（$\phi$ 遠低於 ϕ_o 或 η_C 極負值），此時 $j_{ox}^C \ll j_{red}^C$，$j_{net}^C = j_{ox}^C - j_{red}^C \sim -j_{red}^C$，因此可將前式之 j_{red}^C 改以 j_{net}^C 表示：

$$j_{net}^C = -j_o^C \left(1 - \frac{j_{net}^C}{j_l} \right) e^{-n_c f(1-\alpha)\eta_C}$$

亦即在考慮擴散限制所造成的濃度極化時，只須將活性極化所得電流密度乘上一個值：$\left(1 - \frac{j_{net}}{j_l} \right)$

上式兩邊取對數，可得到過電位之表示：

$$\eta_C = \left[\frac{2.3}{Z_C f(1-d)} \log j_o^C - \frac{2.3}{Z_C f(1-d)} \log j_{net} \right] - \frac{2.3}{Z_C f(1-d)} \log \frac{j_l}{j_{net}^C - j_l}$$
$$= \eta_a + \eta_d$$

亦即由濃度極化所造成過電位（η_d）為：

$$\eta_d = -\frac{2.3}{Z_C f(1-d)} \log \frac{j_l}{j_{net}^C - j_l}$$

3. 電阻極化（Resistance Polarization）

　　由於電極材料、外線路以及溶液本身之綜合電阻（R）所造成電極反應之額外過電位即為「電阻極化」，此電阻極化過電位值（η_R）為：

$$\eta_R = i_{net} \cdot R$$

　　由活性極化所得到之極化曲線會受到濃度極化及電阻極化之影響，以圖10.10a 之活性極化所得極化曲線為例，分別考慮濃度極化或電阻極化之影響時，可得到圖 10.10b 及圖 10.10c 之極化曲線，而將三種極化同時考慮時，可得到圖 10.10d 之極化曲線。

　　腐蝕極化曲線的量測，針對一般材料可採用「定電流法」，即固定電流而使電位達一穩定值量度之，其基本接線方式如圖 10.11 所示：

　　對某些金屬，由於極化過程產生保護膜或氧氣吸附，電流驟減，而呈現特別的陽極極化曲線，稱為「鈍態」，如圖 10.12 所示。

　　這類材料須以「恆電位法」以獲得完整的極化曲線，其原理是利用一個運算放大器的反饋電路來自動固定金屬（W.E.）相對於參考電極（R.E.）間之電位，而量度由輔助電極（AUX.）所供給之電流（i_{app}），其裝置如圖 10.13 所示：

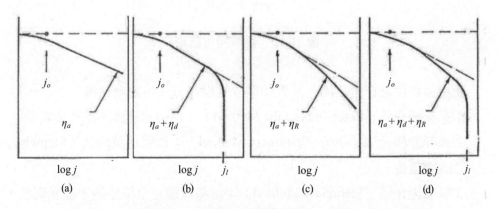

圖 10.10　活性極化、濃度極化與電阻極化對極化曲線之影響
　　　　　 (a)活性極化；(b)活性極化＋濃度極化；(c)活性極化＋電阻極化
　　　　　 (d)活性極化＋濃度極化＋電阻極化

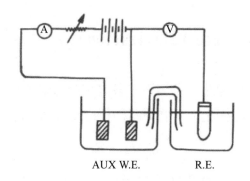

圖 10.11　定電流極化裝置

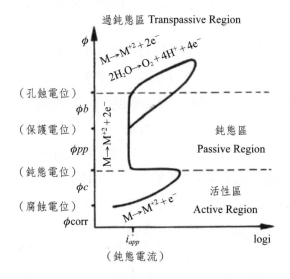

圖 10.12　鈍態極化圖形

使用恆電位法作極化圖，其變換電位的操作方式可分為三種：

(1)動態極化法（Potentiodynamic Method）：以恆速連續不斷改變電位。

(2)準靜態極化法（Quasi-Stationary Method）：以恆速階段式（Stepwise）
　改變電位。

(3)靜態極化法（Stationary Method）：當電流達完全穩定後才變換電位。

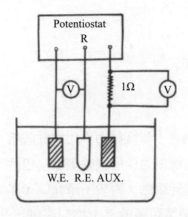

圖 10.13　定電位極化裝置

　　實驗證實以靜態極化法可得到最精確的結果。以上方法均必須使電極在極化前先在電解液中放置一段時間達到平衡，一種較新的技術－快速掃描極化是使電極在達到平衡前即快速掃描完成，如此可得到更具再現性（Reproducible）的結果，亦可先快速向陰極極化，使材料表面氧化層還原，在變換極化方向，得到陰極與陽極極化曲線。定電位極化法主要使用如圖 10.14 之恆電位儀（Potentiostat）。

圖 10.14　恆電位儀量測極化曲線之整體裝置

四、腐蝕破壞型式

腐蝕破壞可大致歸納為「無機械力作用腐蝕破壞」與「有機械力作用腐蝕破壞」兩大類,其中「有機械力作用腐蝕破壞」包括:應力腐蝕、疲勞腐蝕、氫脆、液態金屬脆裂及磨耗腐蝕,將於下章介紹,本章針對無機械力作用之單純腐蝕破壞,此類腐蝕破壞可區分為:均勻腐蝕、孔蝕、間隙腐蝕、粒間腐蝕、伽凡尼腐蝕及去合金腐蝕,分述如下:

㈠均勻腐蝕 (uniform corrosion)

電極反應均勻在材料表面進行,而使得腐蝕破壞亦均勻分佈在整個材料暴露面;就腐蝕總量而言,雖然均勻腐蝕的重量損失極大,但由於腐蝕速率固定,材料使用壽命可以預先估計,必要時,事先以加大設計尺寸方式,即可增長使用壽命,同時由於材料表面均勻耗損,不易形成應力集中問題,因此就材料破壞危險性評估,均勻腐蝕反而較不嚴重。

均勻腐蝕的表面通常略顯緩和的高低起伏,一般均有腐蝕生成物堆積,圖10.15 是一個典型的均勻腐蝕破壞面。

圖 10.15　均勻腐蝕表面形態(高壓水反應器之蒸氣管路)

(二)孔蝕（pitting corrosion）

由於孔蝕因子（pitter）破壞材料表面鈍態膜（passive film），而使得腐蝕之陽極金屬溶解反應固定集中在許多點狀微小區域，最後造成材料破壞以針孔深入穿透方式進行；當孔蝕發生時，雖然腐蝕重量損失極小，但由於穿孔極深，同時造成應力集中，對材料破壞之危險性極高。

孔蝕的破壞機制可就孔蝕的初生（pitting initiation）及成長（pitting growth）兩個階段分別討論，孔蝕的初生可由圖 10.16 加以說明：在孔蝕未發生之前，一些鈍態材料表面受到如圖 10.16a 所示之鈍態膜保護，其結構主要是一層氧原子或氧分子在金屬表面吸附，當腐蝕液中含有一些氯離子或其他鹵素離子，其與金屬之親和力較氧與金屬之吸附力為強，因而取代部分氧原子或氧分子位置，如此將使這些位置之鈍態膜被破壞，金屬原子暴露在腐蝕液中，而使得這些局部位置發生溶解，如圖 10.16b 所示。

孔蝕一旦生成，在該處溶解之金屬離子不易向外擴散，而累積正電荷，此將吸引較多氯離子以維持電中性，使孔蝕位置之氯離子濃度提高，接著金屬離子與氯離子所形成之 MCl 發生水解（$M^+Cl^- + H_2O \rightarrow MOH_{(s)} + H^+ + Cl^-$），而使氫離子濃度亦提高，氫離子與氯離子均會促進大部分金屬腐蝕，因此孔蝕位置之金屬溶解被加速，而同時由於孔蝕位置之氫離子與氯離子濃度提高，使該處

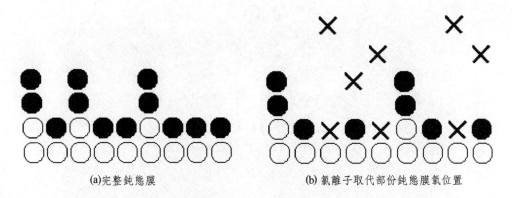

(a)完整鈍態膜　　　　　　　　(b) 氯離子取代部份鈍態膜氧位置

圖 10.16　孔蝕初生機制（○：金屬，●：氧，×：氯離子）

所溶解之氧氣含量降低，亦即提供另一還原反應（$O_2 + 2H_2O + 4e^- \rightarrow 4OH^-$）之化學種濃度降低，這將使金屬溶解之陽極反應固定在孔蝕位置進行，而孔蝕以外之區域主要進行陰極還原反應，以上兩種作用形成孔蝕位置之腐蝕「自催化現象」（autocatalytic process），圖 10.17 說明此一現象，腐蝕破壞因此集中於孔蝕位置，在大部分情況，孔蝕以外之區域反而受到陰極保護，這是孔蝕的成長機制。

　　孔蝕的主要特徵是表面形成許多針孔，針孔直徑大約介於 0.02mm 至 2mm，一般均為垂直深入穿透，但亦可能在進入相當深度後即開始橫向擴展，圖 10.19 為 ASTM-G46-76 所歸納之孔蝕各種截面類型，圖 10.18 則為典型之孔蝕破壞形貌；當材料暴露面不在水平方向時，由於部分孔蝕內之金屬離子與氫

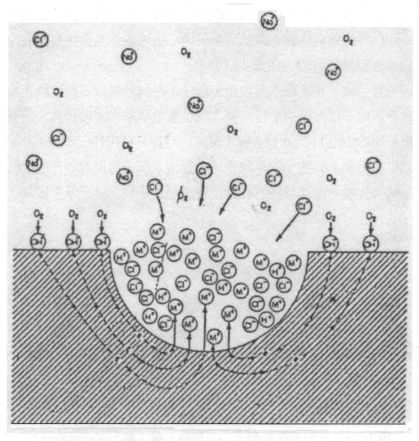

圖 10.17　孔蝕之自催化現象

離子將沿重力方向流出,而引發其下方材料繼續發生孔蝕,如此將使孔蝕之針孔形狀沿重力方向被拉長,同時針孔分佈亦沿重力方向排列,圖 10.20 為一典型案例。

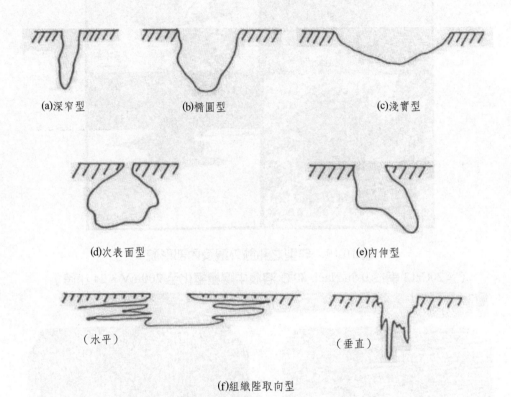

(a)深窄型　　　　　　　(b)橢圓型　　　　　　　　(c)淺寬型

(d)次表面型　　　　　　　　　　　　(e)內伸型

（水平）　　　　　　　　　　　　　　　（垂直）

(f)組織陞取向型

圖 10.18　各種孔蝕截面類型（ASTM-G46-76）

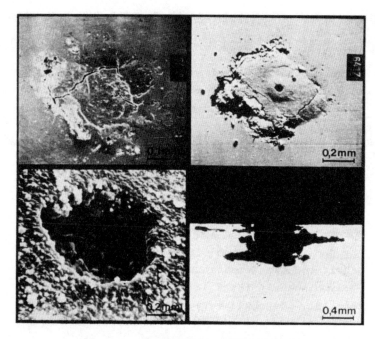

圖 10.19 典型之孔蝕外觀及內部形貌
（×20Cr13 鋼於 0.5n Nacl, 80℃ 溶液中陽極極化至 200mV，24 小時）

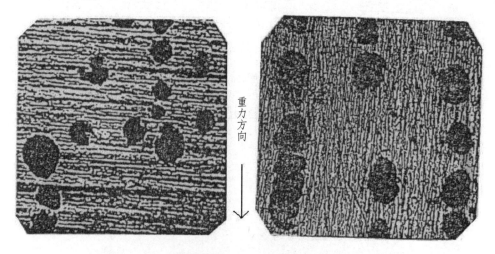

圖 10.20 孔蝕形狀拉長，並沿重力方向排列分佈
（SAE 430 不銹鋼在 3%NaCl 水溶液中陽極極化至 100mV，10 分鐘）

㈢間隙腐蝕（crevice corrosion）

材料本身設計上之間隙（例如圖 10.21 之螺栓間隙）實質上相當於一個現成的孔蝕初生位置，因此間隙腐蝕的機制與孔蝕成長機制大致相同，亦同樣具有腐蝕自催化作用，而使陽極金屬溶解反應主要集中在此間隙位置，圖 10.21 亦以螺栓間隙為例，說明間隙腐蝕之機制。圖 10.22 為一典型之螺栓間隙在海水中浸泡發生間隙腐蝕之形貌。由於間隙腐蝕相當於孔蝕直接成長，對於一個材料的耐間隙腐蝕性，可視為其孔蝕再癒合（或再鈍化）能力，此將於下節極化曲線應用於腐蝕量測技術中再討論。

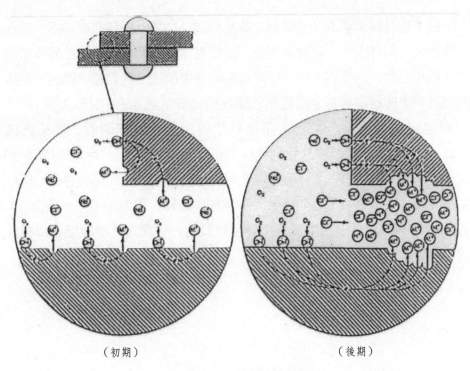

（初期） （後期）

圖 10.21 間隙腐蝕機制

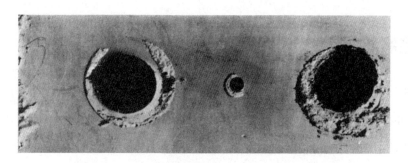

圖 10.22　螺栓間隙在海水中浸泡發生間隙腐蝕

㈣粒間腐蝕（intergranular corrosion）

　　一般工程材料大都為多晶結構，其晶粒間之粒界為一結晶缺陷區，因此存在一應變能，同時由於一些雜質合金元素較易在粒界偏析，或者粒界易形成一些二次相析出物，這些因素造成粒界較晶粒易被腐蝕，此為粒間腐蝕，嚴重之粒間腐蝕可能使材料接近表面區域之部分晶粒被完全溶解，而形成圖 10.23 之截面破壞形貌。鋁合金由於常存在有粒界析出及粒界附近「無析出區」（PFZ），是典型的粒間腐蝕發生材料（圖 10.24）；此外，SAE 304 不銹鋼在敏感溫度（500℃至 750℃），粒界常形成 $Cr_{23}C_6$ 析出物，而使粒界鄰近區域之含鉻量降低，亦容易發生粒間腐蝕；不銹鋼焊接時，焊道附近亦常因為此 $Cr_{23}C_6$ 粒界析出，導致材料沿焊道邊緣發生粒間腐蝕破壞，此種破壞有時被稱為「刀切腐蝕」（Knife-cut corrosion）。

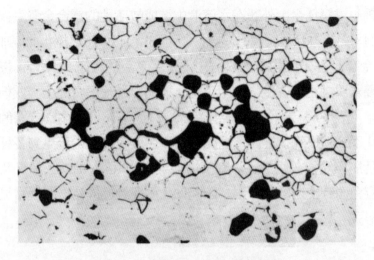

圖 10.23　晶粒溶解之粒間腐蝕

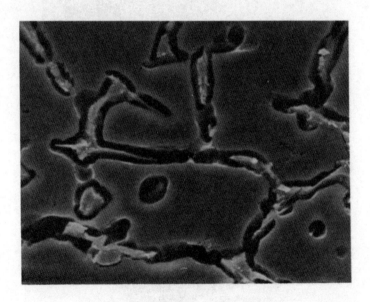

圖 10.24　鋁銅合金粒間腐蝕

(五)**伽凡尼腐蝕**（galvanic corrosion）

　　當不同金屬在腐蝕環境中互相接觸時，較活性金屬將加速破壞，圖 11.25

為一鋼鐵軸心澆鑄鎂合金外殼在水溶液中造成較活性的鎂合金發生伽凡尼加速腐蝕的實例。對於伽凡尼腐蝕的反應機制可利用圖10.26之極化曲線加以說明：金屬 A 與金屬 C 在未接觸前，個別之腐蝕電流密度為 j_{corr}^A 與 j_{corr}^C，接觸後，較活性之金屬 A 腐蝕電流密度增加至 jg，此稱為「伽凡尼腐蝕」，或稱為「異種金屬腐蝕」；表10.5 為一些常用合金在 3% NaCl 溶液中個別之腐蝕數據及其與 SAE 430 不銹鋼接觸後之伽凡尼腐蝕電流密度，由表中可見到各種鋁合金與不銹鋼伽凡尼接觸後，腐蝕電流密度增加大約 10 倍。由於工業上及日常生活中常無法避免同時使用數種金屬，因此伽凡尼腐蝕亦成為一種極常見而嚴重之腐蝕破壞形式。

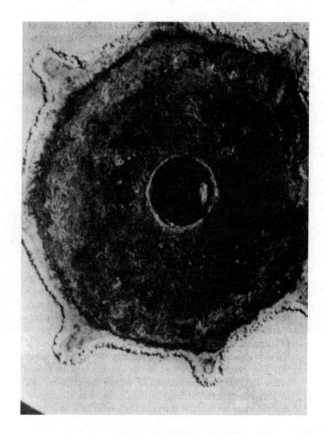

圖 10.25　鋼鐵軸心包覆鎂合金外殼發生伽凡尼腐蝕

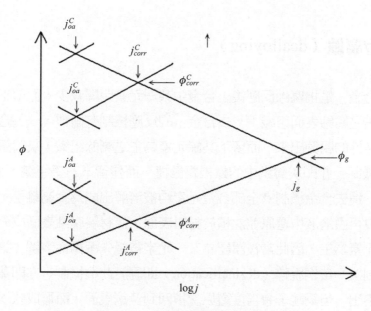

圖 10.26 伽凡尼腐蝕極化曲線

表 10.5 一些常用金屬在 3%NaCl 溶液中之腐蝕數據及其與 430 不銹鋼伽凡尼偶合之腐蝕電流密度。（ϕ_{corr}^A：腐蝕電位，ϕ_b^A：孔蝕電位，j_{corr}^A：腐蝕電流密度，jg：伽凡尼腐蝕電流密度）

材　料	ϕ_{corr}^A（mv）	ϕ_b^A（mv）	$j_{corr}^A\left(\dfrac{\mu A}{cm^2}\right)$	$jg\left(\dfrac{\mu A}{cm^2}\right)$
Al 1100	− 725	− 715	2,6	26,0
Al 2014	− 615	− 603	5,2	16,5
Al 3003	− 705	− 689	2,4	21,5
Al 5052	− 725	− 716	2,5	22,0
Al 6061	− 715	− 710	2,9	28,0
Al-Zn-Mg	− 920	− 911	9,0	53,0
Zn	− 1020	− 1030	104,0	72,0
碳鋼	− 615	− 603	20,0	21,0

㈥去合金腐蝕（dealloying）

　　「去合金」是指腐蝕反應後，合金中某一元素明顯減少，而留下以其餘合金元素為主之腐蝕表面組織；「去合金」的反應機制有兩種，一為合金中某一元素被選擇性的腐蝕出來，而留下其餘元素為主之剩餘組織，灰鑄鐵的去合金屬於此種機制，亦即灰鑄鐵中的鐵被腐蝕掉，而殘留下石墨組織，如圖 10.27 所示；另一種去合金機制為全部合金元素均被溶解出成為金屬離子，但部分元素之離子會再由溶液中還原並沈積於材料表面，使材料腐蝕表面成分以這些沈積之金屬元素為主，因此常被誤認為某一元素被優先選擇性溶解（第一種去合金腐蝕機制），黃銅脫鋅（dezincification）即屬於此種機制，亦即黃銅中之銅與鋅均被溶出，但銅離子會再度還原沈積回到黃銅表面，而形成軟木塞狀的銅生成物，如圖 10.28 所示。

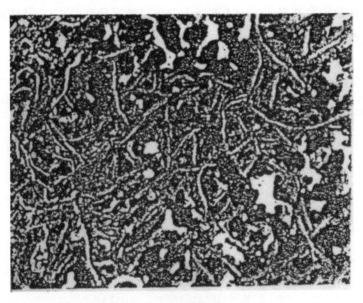

圖 10.27　灰鑄鐵選擇性腐蝕

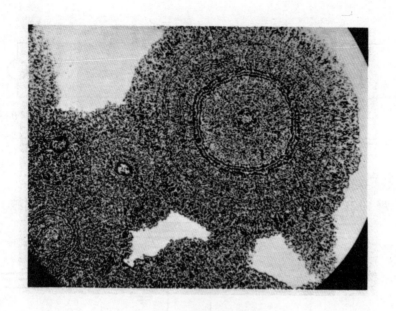

圖 10.28 黃銅脫鋅組織

㈦**雜散電流腐蝕**（stray current corrosion）

「雜散電流腐蝕」又稱為「迷失電流腐蝕」，是指電力系統內部的電流未依其正規路徑行走，這些迷途的電流在土壤中遇到金屬結構物或管線時，即藉助此良導體傳輸，如此將造成電流再度離開的部位產生腐蝕，圖 10.29 為電車線的雜散電流經土壤進入鄰近的金屬管線（部位 A），雜散電流在金屬管線行進一段距離後，在部位 B 離開，並造成該區域腐蝕。避免此種破壞，可將圖 10.29 之 B-C 兩端連通，或者在部位 B 另外接上一塊廢鋼，使廢鋼取代管線被腐蝕。另一破壞例如圖 10.30 所示，一般正在岸邊進行電焊修補的船舶，由於施工之電流從焊接電極經過船身及海水進入岸邊設施，再經由電焊機之接地構成迴路，在電流離開船身之鋼板部位將發生雜散電流腐蝕，較理想的方式是將電焊機放在船上，並且使用交流電源，通常交流電洩漏所產生的雜散電流腐蝕較輕微。

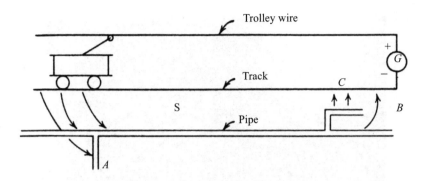

圖 10.29　電車線造成鄰近土壤內的金屬管線發生雜散電流腐蝕

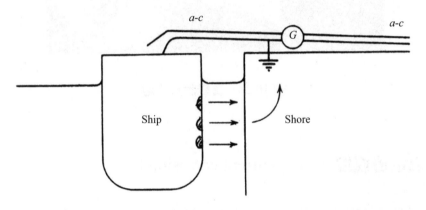

圖 10.30　在岸邊進行電焊修補的船舶，其甲板發生雜散電流腐蝕

五、腐蝕破壞試驗

針對腐蝕破壞評估有許多種試驗方法，但大致上可歸納為「現場試驗」與「模擬試驗」兩種方式：

(一)現場試驗

現場試驗是將材料依照特定規範，直接暴露於實際之腐蝕環境，於特定時段分別取出，觀察其破壞形態並根據其重量損失量測其腐蝕速率。常見之腐蝕現場試驗有：大氣佈放試驗、水底佈放試驗及土壤佈放試驗。

1. 大氣佈放試驗

針對不同之大氣環境，評估其腐蝕破壞程度，或者針對不同材料及表面處理，評估其對大氣環境之抗蝕性；試驗方式是將樣品固定於佈放架上，直接暴露於大氣環境，定期取樣，以觀察樣品表面腐蝕狀態，並量測重量損失，圖10.31 為一典型的大氣腐蝕佈放試驗。大氣佈放地點除特別要求外，應同時選擇具有不同腐蝕特色之大氣環境，例如：鄉村環境、海邊環境、都市環境、工業環境等；大氣佈放試驗進行期間，應同時收集各種氣象資料及腐蝕污染物資料，氣象資料包括：溫度、濕度、降雨量、日照時間、風速等，腐蝕污染物包括：鹽分、硫酸鹽、硝酸鹽、磷酸鹽等。

圖 10.31　大氣腐蝕佈放試驗（澎湖跨海大橋海邊）

2. 水底佈放實驗

　　針對特定水域（例如港口），評估其水質或水底生物對金屬材料之腐蝕破壞，或者針對不同的材料及表面處理，評估其對海水之抗蝕性；試驗方式是將樣品如圖 10.32 固定在佈放架上，直接浸泡在水底。試驗條件一般須考慮佈放地點在整體試驗水域之特性、浸泡深度、潮水狀況等。試驗項目須涵蓋水質分析、水底浮游生物以及樣品表面附著物。

㈡實驗室模擬試驗

　　模擬試驗是在實驗室內將材料浸泡在特定化學藥品或實際腐蝕溶液中，利用嚴密控制之條件以及相關儀器進行腐蝕試驗，以模擬或加速材料在真實環境

圖 10.32　水底佈放試驗吊浸作業實況

的腐蝕行為。實驗室模擬試驗主要包括：浸泡試驗、鹽霧試驗及電化學試驗，其中電化學試驗具有精確、靈敏、連續、省時等優點，已成為最常用的一種腐蝕評估技術。

電化學腐蝕試驗是利用前述之電化學理論以進行腐蝕反應的熱力學與動力學分析：在熱力學方面經由腐蝕電位的量測，可以了解腐蝕趨勢，進而判定腐蝕型式；至於動力學方面，極化曲線不僅是腐蝕速率量測的重要依據，更提供了鈍態安定性及孔蝕再癒合能力的鑑別方法，其中孔蝕再癒合能力亦相當於材料承受間隙腐蝕的抵抗性；此外，電化學技術也可以用於伽凡尼腐蝕的分析。

1. 腐蝕趨勢與腐蝕型式

腐蝕電位代表材料在熱力學上的腐蝕趨勢，其試驗方法如圖 10.33 所示，使用一電位計（Electrometer）量測材料相對於一參考電極的電位差，所謂電位計是指一種特殊的高阻抗伏特計（阻抗至少高於 10^{10} 歐姆），此一高阻抗特性可以避免電位量測過程產生太大的電流迴路而造成材料表面極化。

經由腐蝕電位對時間的變化（圖 10.34），可以分辨腐蝕的型式：如果腐蝕電位最初在較活性位置，隨著量測時間，電位逐漸向貴性移動，並且達到穩定狀態，則此材料在此溶液中可以形成穩定保護膜；相反的，如果腐蝕電位隨時間持續變的更活性，則為均勻腐蝕型式；腐蝕電位雖然有形成保護膜的傾向

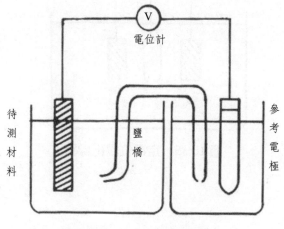

圖 10.33　腐蝕電位量測

（朝向較貴性電位變化），但持續抖動（代表鈍態膜不斷被破壞及再癒合），
則此材料有明顯的孔蝕趨勢。

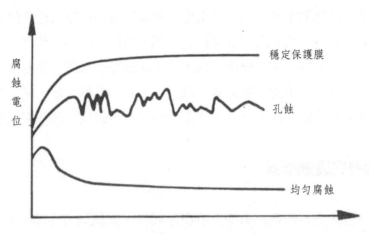

圖 10.34　腐蝕電位隨時間的變化

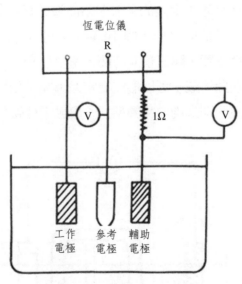

圖 10.35　定電位極化線路

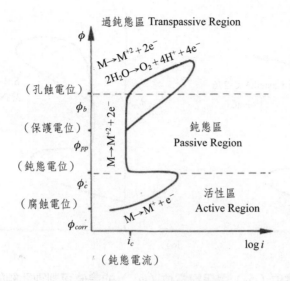

圖 10.36　鈍態極化圖形

2. 鈍態膜安定性與再癒合性

　　利用恆電位儀（Potentiostat）對樣品進行極化，其線路如圖 10.35 所示，其中 W.E. 為工作電極（待測樣品），R.E. 為參考電極，常使用甘汞電極或銀—氯化銀電極，AUX 為輔助電極，常使用白金或石墨電極。由圖 10.36 的陽極極化曲線可以分辨出均勻腐蝕或鈍態，對於鈍態陽極極化曲線，可由鈍態區的電流密度決定此鈍態膜的保護性，由孔蝕電位（ϕ_b）與腐蝕電位（ϕ_c）之間的差（$\phi_b - \phi_c$）可決定此鈍態膜的安定性，例如：304 不銹鋼的（$\phi_b - \phi_c$）值略高於 430 不銹鋼，316 不銹鋼則遠高於 304 及 430 不銹鋼，由此可見 304 不銹鋼的抗孔蝕性優於 430 不銹鋼，而 316 不銹鋼有極佳的孔蝕抵抗性。此外，由過鈍態區（transpassive）返回向活性電位方向極化，當電流降至鈍態電流時的電位（保護電位 ϕ_{pp}）可決定鈍態膜一旦破壞時（例如：材料表面受到刮損），再癒合的能力（再鈍態化），亦即：（$\phi_b - \phi_{pp}$）值愈小，再鈍態化能力愈強，例如圖 10.37 的 Hastelloy C-276 合金保護電位幾乎回歸到孔蝕起始電位（$\phi_{pp} = \phi_b$），其再鈍態化能力極佳，而 430 不銹鋼的（$\phi_b - \phi_{pp}$）值很大，其再鈍態化能力較差。

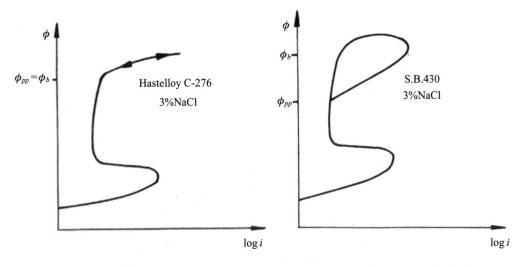

圖 10.37　由孔蝕電位（ϕ_b）與保護電位（ϕ_{pp}）的差值可判別孔蝕的再癒合能力

3. 間隙腐蝕抵抗性

由於間隙腐蝕的機制與孔蝕的成長機制相似，孔蝕的再癒合能力愈強，亦同樣代表其間隙腐蝕抵抗性較佳，因此經由圖 10.36 極化曲線上的保護電位（ϕ_{pp}）與孔蝕電位（ϕ_b）差值亦可以判別材料的抗間隙腐蝕性。

4. 腐蝕速率測定

傳統重量損失法有許多缺點：耗時、腐蝕生成物去除方法難有定論、精確度差、無法連續量測，以致於對腐蝕過程無法了解。利用電化學方法測定腐蝕速率則具有省時、簡便、精確、可連續量測之優點，可以說這是電化學理論對腐蝕研究的最大貢獻。電化學量測腐蝕速率使用恆電位儀對樣品進行極化，在利用 Tafel 外插法或線性極化得到腐蝕電流密度。

(1) Tafel 外插法（Tafel Extrapolation）

根據腐蝕動力學，由陰極極化曲線之線性區（即 Tafel 區）外插至腐蝕電

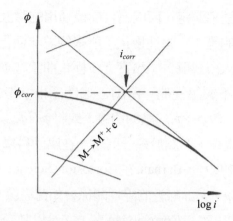

圖 10.38 Tafel 外插法

位所得之電流，即為腐蝕電流，M. Stern（1955）首先建議此法可作為腐蝕速率測定之根據（圖 10.38）。

雖然理論上，由陽極極化曲線外差亦可得到同樣的結果，但因實際上對陽極極化，將造成金屬表面的擾動，甚至破壞，因此不被採用。

使用 Tafel 近似法時，必須注意所得結果可能等於或大於真正腐蝕速率，這是因為利用 Tafel 近似法須假定陰極反應發生在整個金屬表面，而實際上並不一定如此，例如：碳鋼在氯化鈉溶液中的腐蝕，在常溫時，確是大部分表面進行陰極反應（金屬表面保持光亮），但溫度提高時陰極反應面積將逐漸減少。M.Stern（1955）在其論文亦承認此一面積比效應，並指出其實驗（純鐵在去氧之 4%NaCl 液中）在腐蝕過程中具有大部分陰極反應面積，只有當外加電流極大時，金屬表面才漸增陽極反應，他並指出這種外加電流增大造成面積比改變的效應，可解釋陽極極化時的遲滯現象與極化時間及每次電流增加量有關。

(2)線性極化法（Linear Polarization）

線性極化法導源於 1938 年 Wagner & Traud 的觀點：極化曲線在 $\phi \rightarrow \phi_{corr}$ 時趨近於線性。後由 Stern & Geary（1955）導出其關係式：

$$i_{corr} = \frac{1}{2.3} \frac{babc}{ba + bc} \left(\frac{di_{app}}{d\phi} \right) \phi_{corr}$$

並實際用於腐蝕速率測定，而成為目前最通用的腐蝕速率測定方法。

有一點必須強調的是：「線性極化」所指的並非極化曲線本身$\phi \rightarrow \phi_{corr}$處真正成線性（此為後人所誤解）；事實上，極化曲線在$\phi \rightarrow \phi_{corr}$附近，對於一般情況（$bz \neq bc$）是不成線性的。所謂「線性極化」指的是把實驗值在$\phi \rightarrow \phi_{corr}$處予以線性處理（取$\phi \rightarrow \phi_{corr}$處的切線，或將$\phi \rightarrow \phi_{corr}$附近實驗值以「least square method」求取直線）；關於這一問題，在腐蝕科學上曾有一場有趣的爭議，在此值得一提：1969年Barnatt在Corrosion Science發表一文懷疑許多實驗報告的極化曲線在$\phi \rightarrow \phi_{corr}$附近的線性關係會如此完美。Oldham & Mansfeld根據此一想法，於1971年在Corrosion發表一文，以數學計算證實：「極化曲線在通常情況（$ba = bc$）時，在$\phi \rightarrow \phi_{corr}$附近並非直線」，以下是他的推導：

$$i_{app} = i_a - i_c = i_{oa}\exp\frac{2.3(\phi - \phi a)}{ba} - i_{oc}\exp\frac{2.3(\phi - \phi c)}{bc}$$

$$\frac{di_{app}}{d\phi} = \frac{i_{oa}}{ba}2.3\exp\frac{2.3(\phi - \phi a)}{ba} + \frac{i_{oc}}{bc}2.3\exp\frac{-2.3(\phi - \phi c)}{bc}$$

$$\frac{d_2 i_{app}}{d\phi^2} = \frac{i_{oa}}{ba^2}(2.3)^2\exp\frac{2.3(\phi - \phi a)}{ba} + \frac{i_{oc}}{bc^2}(2.3)^2\exp\frac{-2.3(\phi - \phi c)}{bc}$$

極化曲線的曲率$d^2 i_{app}/d\phi^2$只有在某一點為0，唯有此點才能滿足線性關性，而此點並不一定在$\phi \rightarrow \phi_{corr}$處，只有當$ba = bc$時，在$\phi \rightarrow \phi_{corr}$處的曲率（$d^2 i_{app}/d\phi^2$）$\phi_{corr}$才為0。所以對於$ba \neq bc$，若實驗結果在$\phi \rightarrow \phi_{corr}$附近得到太完美的直線極化曲線，則必然已混入電阻極化，而無法再適用線性極化法了。

Oldham & Mansfeld該文一發表，立刻引起一場論戰，最初Jones於1972年純粹就實驗觀點提出異議，Mansfeld給予極合理而精彩的答辯，到此為止，Mansfeld此一完全由數學為出發點的立論似乎頗站得住腳，可惜次年Leroy即提出另一論點，同時有三位義大利學者Palombarini、Felloni與Cammarota（1973）更完備的加以補充，使Mansfeld（1974）的論點頗有難以招架之勢。

其實仔細分析這場論戰，會發現雙方均不曾否認線性極化法的價值及可行性，所爭論的只是對「線性極化」本身意義的澄清（尤其是極化圖中「線性」的真正涵義），以及尋求一種最精確的方法以計算極化電阻（$di_{app}/d\phi$）ϕ_{corr}；關於後者，Mansfeld建議在$\phi \rightarrow \phi_{corr}$處作出切線，Leroy則建議只對陽極或只對陰極曲線作出least square line；P.L.C.三人則完全檢查以上各種情形，發現極

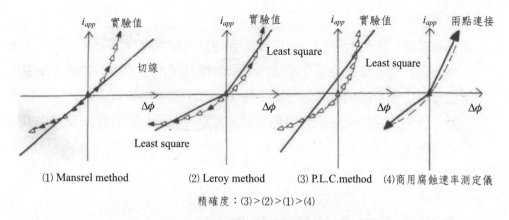

(1) Mansrel method　(2) Leroy method　(3) P.L.C.method　(4)商用腐蝕速率測定儀

精確度：(3)＞(2)＞(1)＞(4)

圖 10.39　線性極化法之極化電阻（R_p）取法

化程度（$\Delta\phi = \phi \rightarrow \phi_{corr}$）不同，所得結果就有不同的精確度，並證實在固定極化範圍（$\Delta\phi = 10mv$）同時向陽極及陰極極化所作的完整極化曲線取 least square line 可得到較精確的極化電阻，而此直線不一定通過原點（$\Delta\phi = 0$）；以上情形以圖 10.39 表示。使用線性極化法的另一個問題是 Tafel 斜率 (ba, bc) 的決定，由實驗經驗得知（$ba^{-1} + bc^{-1}$）值變化範圍不大：$0.02 < 2.3\ (ba^{-1} + bc^{-1}) < 0.12$，而 i_{corr} 的變化通常隨材料及腐蝕環境而有幾個數量級的巨大差異，因此一般實驗之 ba 與 bc 值即由其他測定或由參考資料獲得，而在整個實驗過程中即始終保持採用這一數值，例如：不論碳鋼、不銹鋼、鑄鐵均用相同的Tafel 值，而任何鋁合金均用鋁的 Tafel 值。Stern 指出 ba 與 bc 值大約介於 60 至 120mV 之間，因此 Fontana 直接假設 $ba = bc = 120mV$。

儘管電化學技術對腐蝕破壞提供了很好的評估方法，但是其應用上仍有一些必須留意的問題：

①某些具有高氫氣交換電流之材料（如：T-304SS，Ni Cr Fe Alloy 600）在飽和氫氣中（$35cc/kgH_2O$），以電化學測定腐蝕速率為重量損失法的 10 倍以上，此因為腐蝕電流（在鈍態區）被氫的交換電流所掩蓋，而無法決定，此時電化學方法不能適用。但是若將氫氣排除，或在高溫腐蝕研究不另加氫氣時，則電化學方法可適用。

②對於一般蒸氣中或土壤中（泥漿等）之腐蝕，常為表面覆蓋一層薄水溶液，因此仍應以電化學反應觀點來處理，但是電阻極化及擴散控制效應

必須加以考量。

③一般處理電極動力學均以單電極反應加以簡化,實際情況大部分為多電極參與反應,這是由極化曲線推斷腐蝕機制經常導致誤判的重要原因。

④儘管電化學各種測定方法已廣為採用,許多基本操作技術卻始終未獲定論,例如線性極化法的使用仍為討論焦點,而極化圖的作法及掃描方式更是各家方法不一。

六、電化學原理金屬防蝕技術

對於金屬防蝕,一般最容易想到的方法是在金屬表面塗上一層絕緣物質,這種方法有一些缺點:一旦有塗層瑕疵發生在表面,將加速該部位的局部腐蝕,此外,在高溫或部分化學藥品中,塗層往往無法使用。在工程上,電化學等技術提供相當有效的防蝕方法,一般電化學金屬防蝕原理有陰極保護法及陽極保護法。

(一)陰極保護法

利用外加電流或連接一較活性之電極(犧牲陽極),可使電位降至被保護材料的陽極的平衡電位(ϕ_a),此時腐蝕電流降至陽極交換電流(i_a^o),金屬將完全受到保護,理論上這種方法可使材料腐蝕完全停止,即使稍有過度保護也只是浪費電力,不會造成損害,圖 10.40 表示陰極防蝕法的原理。若使用外加電流,一般是用 A.C.100～400V 電,經變壓器及整流器成為 D.C.0～60V 電流;當作陽極的不溶性電極有磁性氧化鐵、黑鉛、高矽鐵、鉛銀及最近採用的白金電極(鈦表面鍍 0.5～30μmPt),甚至可使用廢鋼,此時金屬相對的成為陰極而受到保護;若採用犧牲陽極法,通常材料是 Al,Mg,Zn,Fe,等活性金屬,其中鍍鋁鋼為較新發展。對於高強度或高硬度鋼,實施陰極防蝕時,應注意氫脆化。

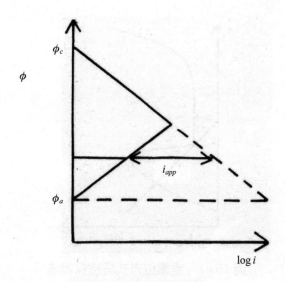

圖 10.40 陰極保護法

(二)陽極保護法

對於具有鈍態的材料,可利用各種方法使腐蝕電位移至鈍態區,而使腐蝕電流降低至鈍態電流(i_p),一般可用以下方法:

1. 利用恆電位方式固定電位於鈍態區,也相當於供給一外加陽極電流,此法之外加電流遠小於陰極保護法之外加電流,但若外加電流不足或過量,以至於脫離鈍態區將反而造成更壞結果(圖 10.41)。

2. 在腐蝕液中加入氧化劑,使陰極可逆電位移至腐蝕電位交於鈍態區,此即一般所言的陽極腐蝕抑制劑,所加抑制劑不可過量或不足,否則電位脫離鈍態區,將會加重腐蝕(圖 10.42)(此情況與一般陰極腐蝕抑制劑不同,所謂陰極腐蝕抑制劑為使腐蝕電位往活性區移動,因此加入量愈多,則防蝕效果愈佳,不虞過量),表 10.6 為添加陽極抑制劑之效應。

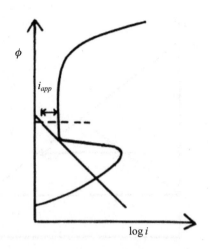

圖 10.41　恆電位方式陽極保護法

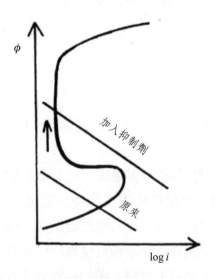

圖 10.42　抑制劑方式陽極保護法

表 10.6 不銹鋼在沸騰之 1%H_2SO_4 溶液中添加各種氧化劑對其腐蝕之抑制效應

氧化劑	濃度（摩爾）	重量損失（mdd）
未添加	—	1150
$Fe(SO_4)_3$	0.01	2
$CuSO_4$	0.01	2
Ag_2SO_4	0.01	0
$HgSO_4$	0.01	0
$Ce(SO_4)_2$	0.01	30
$KAu(CN)_2$	0.01	0
HNO_3	0.01	6110
HNO_3	0.1	1
$NaNO_3$	0.01	6030
$NaNO_3$	0.1	3
$NaNO_2$	0.01	1
$KMnO_4$	0.01	1
$Na_2Cr_2O_7$	0.01	2
Na_2MoO_4	0.01	0
Na_2WO_4	0.01	0
$NaIO_3$	0.01	1
$NaBrO_3$	0.01	15
$NaClO_3$	0.01	11
H_2O_2	0.1	0
奎寧	0.01	0

3. 在材料內部添加具有高陰極交換電流之元素（如：Pt、Pd、Rh、Ir），使腐蝕電流移至鈍態區（圖 10.43），或者直接把此種高陰極交換電流之材料與受保護金屬伽凡尼偶合，效果亦極顯著。此外，針對鋼材表面鍍 TiN，常因 TiN 之孔洞造成之腐蝕問題，而於 TiN 內加入 Pt 或 Pd，使 TiN 孔洞區所裸露之鋼材表面鈍態化，以封堵孔洞並降低腐蝕速率。

4. 某些合金（如：一般鋁合金）施行陽極處理至鈍態區後產生氧化膜，當外加電流解除時，氧化膜仍留著，恆久保護此合金，此種陽極處理，工

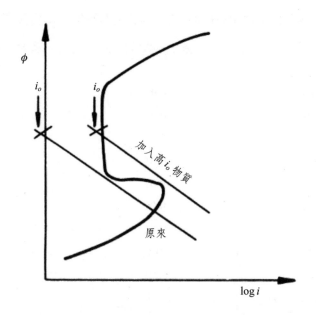

圖 10.43　添加貴性元素式陽極保護法

　　業上甚有價值。

　　使用陽極保護法有兩個限制：(1)對於孔隙極難進行保護，(2)只有對於浸入電解液之部位，陽極保護法才有效。

七、總結

　　金屬腐蝕是材料受到環境作用的主要破壞方式，其所造成的損失大約是國民生產毛額的 3.5%至 5%。腐蝕破損機制包括腐蝕熱力學與腐蝕動力學，前者主要描述腐蝕反應趨勢，後者說明腐蝕反應速率。腐蝕破損型式包括：均勻腐蝕、孔蝕、間隙腐蝕、粒間腐蝕、伽凡尼腐蝕、去合金腐蝕、雜散電流腐蝕。腐蝕試驗主要可分為現場佈放試驗及實驗室模擬試驗，其中實驗室腐蝕試驗以電化學技術為主，除了經由腐蝕電位量測評估材料腐蝕趨勢，更可以利用電化學極化方法（電極動力學）得到極化曲線，以評估腐蝕速率、鈍態膜安定性、

鈍態膜再癒合性及間隙腐蝕抵抗性。此外電化學原理也提供了極有效的防蝕技術。

參考資料

1. Herbert H. Uhlig: Corrosion and Corrosion Contro;, (1971).

2. 莊東漢：電化學原理於腐蝕研究上之應用，防蝕工程，vol.4, No.3(1990).

3. E.H. Phelps, "Electrochemical Techniques for Measurement and Interpretation of Corrosion", Corrosion, 18,(1962) 239.

4. M. Stern and A.L. Geary, "Electrochemical Polarization Ⅰ. A Theoretical Analysis of the Shape of Polarization Curves", J. Electrochem. Soc., 104(1957) 56.

5. M. Stern, "Electrochemical Polarization Ⅱ. Ferrous-Ferric Electrode Kinetics on Stainless Steel", J. Electrochem. Soc., 104(1957) 559.

6. M. Stern, "Electrochemical Polarization Ⅲ. Futher Aspects of the Shape of Polarization Curves", J. Electrochem. Soc., 104(1957) 645.

7. M. Stern, "A Method for Determing Corrosion Rates from Linear Polarization Data", Corrosion, 14(1958) 440.

8. N.D. Greene, "Experimental Electrode Kinetics", Rensselar Polytechnic Institute Troy. N.Y.

9. A. Broli and H. Holtan, "Use of Potentiokinetic Methods for the Determination of Characteristic Potentials for Pitting Corrosion of Aluminum in a Deaerated Solution of 3% NaCl", Corrosion Science, 13(1973) 237.

10. P.E. Morris and R.C. Scarberry, "Predicting Corrosion Rates with Potentiostat", Corrosion, 28(1972) 444.

11. A.C. Makrides, "Some Electrochemical Methods in Corrosion Research", Corrosion, 18(1962) 338t.

12. H.C. Shih and T.H. Chuang, "Einfluss der Nattiumchlodrid-Konzentration auf die

Kontaktkorrosion von Aluminium-Legierungen", Metall, 41(1987) 278.

13.F. Mansfeld and E. Oldham, "On the so-called Linear Polarization Method for Measurement of Corrosion Rate", Corrosion, 27(1971) 434t.

14.N.D. Greene, C.R. Bishop and M. Stern, "Corrosion and Electrochemical Behavior of Chromium- Noble Metal Alloys", J. Electrochem. Soc. 108(1961) 836.

15.N.D. Tomashov, "Development of the Electrochemical Theory of Metallic Corrosion", Corrosion, 20(1964) 7t.

16.W.A. Mueller, "The Polarization Curve and Anodic Protection", Corrosion, 18) 1962) 359t.

17.J.E. Reinoehl and F.H. Beck, "Passivity and Anodic Protection", Corrosion, 25 (1969) 233.

18.R.F. Steigerwald, "Electrochemistry of Corrosion", Corrosion, 24(1968) 1.

CHAPTER *11*

機械力與腐蝕
共同作用破壞

>>>>>>>>>>>>>>>>>>>>>>>>>>>>>>>>

　　當材料在特定環境中受到機械力作用時，將由於環境中之腐蝕因子或其他化學因子共同參與反應，而使材料在低於其抗拉強度甚至降伏強度之機械應力下發生加速破壞。典型之機械力與化學力共同作用破壞包括：應力腐蝕破裂、腐蝕疲勞破裂、氫脆裂、液態金屬脆裂及磨耗腐蝕破壞，其中磨耗腐蝕破壞已於第九章「磨耗破壞」中加以說明，本章將討論其餘之四種破壞；實際上，磨耗腐蝕破壞為表面之耗損現象，而其餘四種破壞為材料本身之破斷現象，在本質上亦有所差異。

一、應力腐蝕破裂

㈠定義與特性

　　應力腐蝕破裂（Stress Corrosion Cracking，簡稱 SCC）是指材料在特定環境中受到固定之機械應力所產生之加速破裂，圖 11.1 說明應力腐蝕破裂之發生條件。應力腐蝕破裂最早是在鍋爐發現，鍋爐水通常保持鹼性以減少腐蝕，而鍋爐鋼板間的鉚釘所承受壓力往往超過其彈性極限，當鋼板和鉚釘之間狹縫內的鍋爐水濃縮到足夠鹼性時，會引發應力腐蝕破裂（Caustic Embrittlement）。另一例子是發生在黃銅彈殼與彈頭的接縫處，經由應力腐蝕而導致破裂，尤其是在熱帶雨林地區，由於有機物的腐爛所產生氨氣構成應力腐蝕環境條件，此一黃銅應力腐蝕被稱為季節破裂（Season Cracking）。

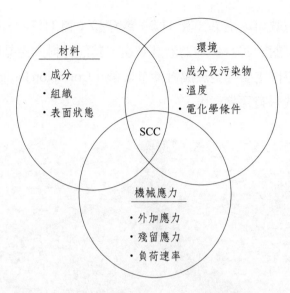

圖 11.1 應力腐蝕破裂（SCC）之發生條件

應力腐蝕破裂具有下列特性：

1. 材料斷裂時之應力低於其抗拉強度甚至降伏強度。

2. 材料與環境間有很強的選擇性，亦即某種材料只有在某些特定環境中才會發生應力腐蝕破裂，表 11.1 為一些常用合金材料形成應力腐蝕破裂之環境種類，由表中可見到強腐蝕環境並不一定會引起應力腐蝕破裂，相反的，非腐蝕性環境卻亦有可能發生應力腐蝕破裂，例如高強度鋼或鋁合金在純水中。

表 11.1 常用合金材料發生應力腐蝕破裂之環境

合金	環境
碳鋼	NO_3^-，OH^-
高強度鋼	H_2O
奧斯田鐵不銹鋼	Cl^-，Br^-，OH^-
α黃銅	NH_3，Amines
鈦合金	Cl^-，Br^-，I^-
鋁合金	H_2O，NaCl 溶液
金銅合金	$FeCl_3$，Aguaregia

3.材料破裂方式可能沿晶（圖 11.2）或穿晶（圖 11.3），甚至可能沿晶與穿晶並存；對於鋁合金均為沿晶破裂，其他材料則沿晶與穿晶破裂均可能。此一特性主要相對於腐蝕疲勞破裂（Corrosion Fatigue Cracking），其破裂方式只有穿晶形態。

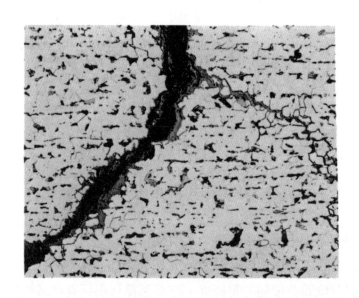

圖 11.2　鍋爐鋼板在鹼性溶液中產生沿晶應力腐蝕破裂

圖 11.3　304 不銹鋼片在氯化物溶液中的穿晶應力腐蝕破裂

4. 拉伸應力與壓縮應力均可形成應力腐蝕破裂；過去的觀點均強調「只有拉伸應力才能產生應力腐蝕破裂」，甚至一般教科書均以此為應力腐蝕破裂之基本條件，最近由北京鋼鐵學院 W. Y. Chu 等人所進行之一系列實驗已經證實「壓縮應力同樣會引發材料應力腐蝕破裂」，例如：SAE 304 不銹鋼在 42%$MgCl_2$沸騰溶液中、碳鋼在沸騰硝酸溶液中以及 7075 鋁合金在3.5NaCl溶液中，均可見到由壓縮應力所造成之應力腐蝕破裂，Chu 等人之研究主要是以圖 11.4 之特殊 WOL 試件以螺紋施力方式直接在裂縫前端之區域製造一壓縮應力，並觀察其是否產生應力腐蝕破裂，在針對 7075 鋁合金之研究，Chu 等人更分別對圖 11.4 之試件施加不同拉伸及壓縮應力，而比較其開始發生應力腐蝕破裂之時間，圖 11.5 為其結果，由圖上顯示在壓縮狀態產生應力腐蝕破裂之時間約為拉伸應力狀態之 100 倍，同時在壓縮應力狀態 7075 鋁合金在 3.5%NaCl溶液中形成應力腐蝕破裂之極限應力強度係數（KI）為 27.6MPa · $m^{1/2}$，而在拉伸應力狀態為 8.3MPa · $m^{1/2}$。

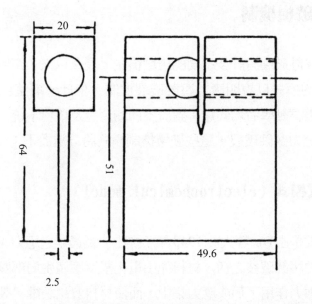

圖 11.4　Chu 等人研究壓縮應力材料應力腐蝕破裂所使用之修改 WOL 試件

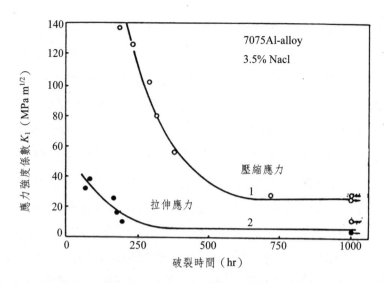

圖 11.5　7075 鋁合金在 3.5% NaCl 溶液中受不同壓縮及拉伸應力開始引發應力腐蝕破裂之時間（W.Y.Chu C.M.Hsiao & J.W.Wang, 1985）

(二)應力腐蝕破損機制

　　針對應力腐蝕破裂有許多不同的破壞機制，長久以來，腐蝕學者一直期望建立一個統一的模式以說明應力腐蝕破裂機制，但此一期望目前已逐漸被放棄，現今大多數腐蝕學者均同意：對於不同的合金及環境系統，必須由不同的機制以說明其應力腐蝕破裂，這些破壞機制模式將分述於下：

1. 電化學模式模式（electrochemical model）

　　電化學模式是由 Dix 等人於 1940 年所提出，為最早之應力腐蝕破裂機制，此模式認為應力腐蝕破裂之初，材料先由電化學反應產生局部腐蝕，此局部腐蝕區域在機械應力作用下形成應力集中，而使材料發生裂縫，裂縫的形成使新鮮材料表面露出，此一新鮮材料表面繼續經由電化學反應產生局部腐蝕並重複前述步驟，直到材料斷裂；因此，電化學模式相當於重複交替進行局部腐蝕與機械力撕裂，圖 11.6 為此模式之示意圖。

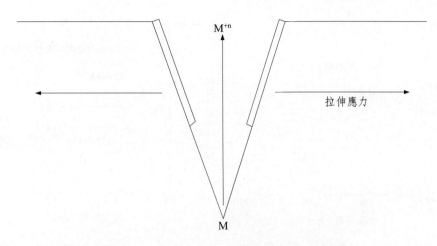

圖 11.6　電化學模式之應力腐蝕破裂機制

　　電化學模式的主要問題在於環境必須具有腐蝕性，而實際上，由表 11.1 可知部分材料發生應力腐蝕的環境並不具有腐蝕性；在另方面，即使是在腐蝕性環境，電化學模式對於某些應力腐蝕系統仍有其矛盾之處。

　　假如應力腐蝕反應遵循電化學機制，則降低電位，腐蝕速率減小，應力腐蝕破裂將被延緩，亦即如圖 11.7 所示，應力腐蝕斷裂時間隨電位降低而增長，直到一極限電位（Φ^{scc}_{crit}），應力腐蝕斷裂不再發生；而就腐蝕觀點，當電位降至陽極平衡電位（Φ^A_0）時，材料受到完全陰極保護，腐蝕反應停止，根據電化學機制，應力腐蝕破裂將無法發生，因此前述之極限電位應相等於此陽極平衡電位（$\Phi^{scc}_{crit} = \Phi^A_0$）；然而極限電位可高於或低於材料腐蝕電位（$\Phi_{corr}$），亦即極限電位有可能較腐蝕電位更貴性，實驗上即發現對於不銹鋼在 $MgCl_2$ 溶液中之應力腐蝕破裂，添加醋酸鈉抑制劑，可使極限電位上升，甚至較腐蝕電位更貴性，而根據前述推論，應力腐蝕破裂之極限電位相等於完全陰極保護之陽極平衡電位，如此將表示陽極平衡電位有可能較腐蝕電位更貴性（$\Phi^A_0 > \Phi_{corr}$），此一結論就腐蝕動力學理論而言完全不合理，亦即電化學模式在此案例是錯誤的，因此電化學模式對於某些應力腐蝕破裂系統或許適用，但並無法涵蓋全部情況。

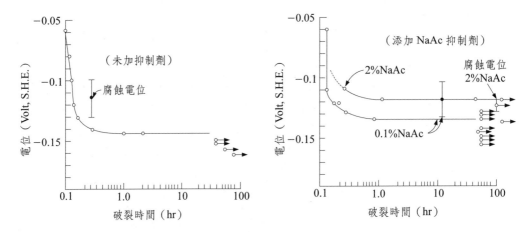

圖 11.7　冷加工 304 不銹鋼在 130℃沸騰　MgCl₂溶液中施加電位與應力腐蝕破裂時間之關係

2. 陽極溶解模式（anodic dissolution model）

　　陽極溶解模式主要強調在應力作用下，材料會形成一些腐蝕的有利路徑，由於對此腐蝕有利路徑的說明方式不同，至少有三種理論可歸屬於此陽極溶解模式：

(1)膜破裂溶解理論（film rupture dissolution theory）

　　膜破裂溶解理論最初分別由 Champion 於 1984 年及 Logan 於 1952 年提出，並由 Swann 與 Embury 於 1965 年加以修正，此理論認為應力腐蝕破裂機制是材料先在表面形成鈍態膜，接著由於應力作用使材料產生結晶滑動，並因而造成鈍態膜破裂，其暴露出的材料發生隧道形式之腐蝕，並發展成管狀蝕孔，最後蝕孔之間的材料以延性破壞方式斷裂，圖 11.8 說明此理論，注意圖上結晶滑動面大約沿應力軸 45°，而管狀蝕孔則垂直於應力軸。

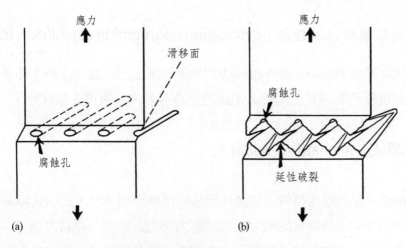

圖 11.8　膜破裂溶解理論

(a)管狀蝕孔形成(b)蝕孔間材料延性斷裂

(2)機械化學溶解理論（mechanochemical dissolution theory）

機械化學溶解理論是由 Hoar 與 Hines 於 1956 年所提出，此理論認為局部腐蝕所形成之腐蝕間隙在應力作用下尖端附近會產生塑性變形，此塑性變形之材質較易腐蝕，而使腐蝕間隙向前推進，其尖端繼續產生塑性變形，並重複前述之步驟，直到材料發生斷裂。對於塑性變形加速腐蝕反應之論點，Hoar 與 Scully 並加以證實，他們將 SAE 304 不銹鋼在 42% $MgCl_2$ 沸騰溶液中固定電位於 140mV，研究應變速率對陽極電流密度之影響，得到表 11.2 之結果，表中可明顯看出陽極電流密度隨應變速率提高而增加。

表 11.2　應變速率對陽極電流密度之影響（SAE304 不銹鋼於 42% 沸騰 $MgCl_2$ 溶液中，維持電位在 140mV）

	應變速率（pct/min）	陽極電流密度（mA/cm²）
應力腐蝕破裂	0	0.13
	4	0.24
	13	0.35
一般腐蝕	40	－
	107	3.0

(3)差排偏析溶解理論（dislocation segregation dissolution theory）

此理論是由 Tromans 與 Nutting 於 1963 年所提出，認為由應力所產生之差排會吸引雜質元素在其上偏析，如此將使這些差排位置優先被腐蝕。

3. 機械模式（mechanial model）

機械模式強調應力腐蝕之裂縫進展是以機械作用為主，此模式導源於 Pugh 與 Jones 於 1961 所發表有關鋁合金沿晶應力腐蝕之研究，根據其結果，鋁合金由於粒界含有析出物，較晶粒部位易於腐蝕，因此在粒界形成腐蝕間隙，當材料受到應力作用時，此間隙尖端之應力集中將藉著粒界鄰近之無析出區（PFZ）產生塑性變形以獲得鬆弛，如此將使粒界區域之表面氧化層破裂，而造成腐蝕仍固定於此局部位置，經由此一粒界局部腐蝕與無析出區的塑性變形，最後造成材料沿晶斷裂。

機械模式可擴展作為一般沿晶應力腐蝕破裂之描述，亦即對於一些沿晶腐蝕趨勢較強之材料，其腐蝕破壞集中在粒界，而應力作用僅用以幫助裂縫打開，對於腐蝕反應並無影響，這顯然是一種最簡單的應力破裂破裂機制。

4. 氧化層破裂模式（tarnish rupture model）

Forty 與 Humble（1963）在解釋α-黃銅應力腐蝕破裂時提出了此一氧化層破裂模式，圖 11.9 為此模式之示意圖，α-黃銅在腐蝕液中表面會生成一層硬脆的黑色氧化層，一般稱之為「tarnish」，此氧化層在應力作用下發生破裂，由於材料本身具延性，此裂縫並不直接傳播進入材料內部，而以塑性變形方式使裂縫張開並且尖端鈍化，如此將使此部位之新鮮材料暴露於腐蝕液，而重複前述步驟，直到材料斷裂；根據此模式，材料破斷面在垂直裂縫傳播方向應有階梯狀之特徵，Mc Evily 與 Bond（1965）的研究證實了此一特徵（圖 11.10）。

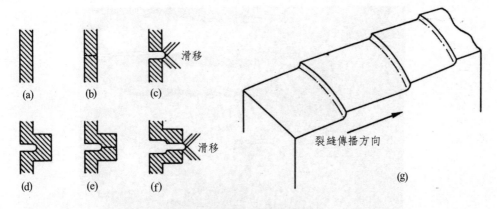

圖 11.9　氧化層破裂模式

圖 11.10　α-黃銅應力腐蝕破斷面（注意平行條紋）（McEvily & Bond 1965）

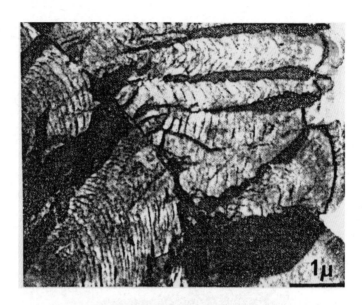

圖 11.11　奧斯田鐵不銹鋼之應力腐蝕破斷面（Nielsen）

　　由於氧化層破裂模式成功的解釋了黃銅應力腐蝕破裂機制，一些過去已發現的應力腐蝕破裂系統自然的被聯想到是否亦可利用此模式加以說明，有跡象顯示γ-鈾合金在某些水溶液中之應力腐蝕破裂與其氧化層破裂有密切關係，而特別是 Nielsen 所發表的奧斯田鐵不銹鋼在沸騰 $MgCl_2$ 溶液中之應力腐蝕破裂，在其破斷面上可明顯看到許多平行條紋特徵，如圖 11.11 所示，在當時，Nielsen並不能解釋這些條紋的來源，但是目前似乎可以假設這是由類似於黃銅應力腐蝕破裂之「氧化層破裂模式」所造成。

5. 應力吸附模式（stress sorption model）

　　以上各種機制均明顯強調應力腐蝕破裂與其環境之腐蝕性具有直接關聯，此論點與某些應力腐蝕破裂系統不甚相符，表 11.1 已證實對於一些材料，會造成其產生應力腐蝕破裂之環境因子並不一定對此材料具有很強的腐蝕性；另外，以一個敏感化之 SAE 304 不銹鋼為例，其對大部分電解液均會形成嚴重的沿晶腐蝕，但是此材料在沸騰 $MgCl_2$ 溶液中之應力腐蝕破裂卻是穿晶斷裂形態。這些疑點顯示以上各種理論並不能完全解釋各種應力腐蝕破裂。

　　Coleman 等人於 1961 年提出應力吸附模式，亦即應力腐蝕斷裂是由於金屬吸附特定環境因子而造成其表面金屬原子間鍵結力之減弱，由於表面吸附具選擇性，此模式可解釋表 11.1 中應力腐蝕破裂材料對其環境因子之選擇性。

6. 氫脆模式（hybrogen embrittlement model）

　　由於局部腐蝕所造成之腐蝕間隙或其他因素所造成之預置裂縫在受到應力時，裂縫尖端形成應力集中，此應力集中作用將吸引氫原子之吸附，其吸附量可根據 Chu 等人（1981）之研究結果加以估計：$C = Co\,exp(\sigma_n V_H / RT)$，前式中 C 為平衡氫濃度，Co 為平均濃度，$\sigma_n = \dfrac{1}{3}(\sigma_x + \sigma_y + \sigma_z)$，此吸附之氫離子將類似前述「應力吸附模式」之效應使裂縫尖端之金屬原子鍵結力減弱，而導致材料破裂。圖 11.12 為氫脆模式應力腐蝕破裂機制之示意圖。

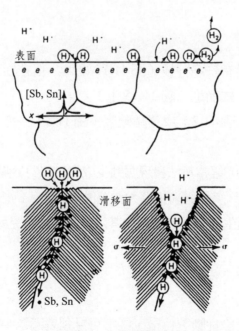

圖 11.12　氫脆模式

㈢應力腐蝕破壞特徵

應力腐蝕破裂的特徵可由三方面加以鑑定：

1. 破壞外觀

⑴對於高延展性材料亦無明顯變形現象，但鄰近之材料部位亦無脆性跡象，如圖 11.13 所示。

⑵裂縫起始點常有多處，並沿應力垂直方向傳播，如圖 11.14 所示。

⑶破壞面有時並無腐蝕痕跡，但有時亦可見到明顯腐蝕傷害（尤其是孔蝕）。

2. 截面金相觀察

⑴裂縫傳播通常有許多分枝（圖 11.15 上），但在極少數情況，亦可能以直線無分枝方式前進（圖 11.15 下）。

⑵可能為沿晶（圖 11.2）或穿晶破壞（圖 11.3），亦可能沿晶與穿晶混合發生。

⑶在金相觀察上亦經常無法發現腐蝕生成物。但對於陽極溶解模式所造成的應力腐蝕破裂，其裂縫會填塞大量腐蝕生成物，例如圖 11.2 的鍋爐鋼板在鹼性溶液中產生應力腐蝕破裂，其沿晶裂縫內可見到大量腐蝕生成物。

3. 破斷面觀察

⑴宏觀上，除了脆性斷裂特徵，經常可見到裂縫以半橢圓形方式自材料外圍（與腐蝕液接觸部位）以一處或多處起始向材料內部傳播。

⑵微觀上，如為穿晶破斷，常顯現準劈裂破壞特徵，並且在其裂縫進展方向可見到許多羽毛狀結構，如圖 11.16a 及 b 所示；如為沿晶破斷，斷裂

圖 11.13　應力腐蝕破裂外觀

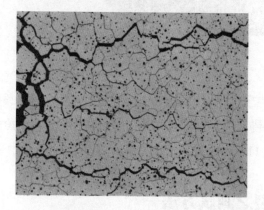

圖 11.14　應力腐蝕破裂之裂縫起始點（沿晶破壞）

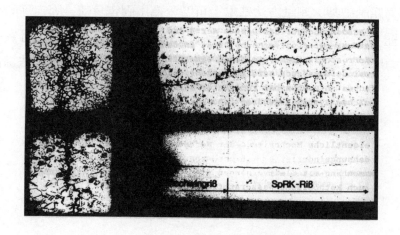

圖 11.15　應力腐蝕破裂之裂縫分枝

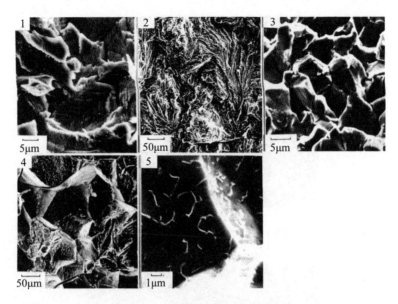

圖 11.16　應力腐蝕破斷面形態

面可見到晶粒形狀光滑表面，如圖 11.16c 所示；如為氫脆機制破斷，大都是沿晶斷裂，但光滑晶粒表面上會有許多小洞或魚刺狀類似眼角皺紋結構，如圖 11.16b 及 e 所示。

㈣應力腐蝕破裂之測試方法

應力腐蝕破裂之測試方法基本上可區分為：固定負荷、固定變形及固定應變率三種，此三種基本測試法均可另外以電化學控制其腐蝕極化行為，亦可利用破壞力學對裂縫傳播進行更直接之探討，圖 11.17 將這些測試方法綜合整理。

圖 11.17　應力腐蝕破裂測試方法

1. 固定負荷測試法（constant load test）

　　將材料依特定規格（例如 ASTM-E8 及-G49）製成板狀或圓棒狀試件，置於腐蝕液中，並施加固定負荷，量測在各種負荷下材料發生應力腐蝕斷裂之時間，同時找出應力腐蝕免疫之最小應力，一般施加負荷的方式有利用應力環（圖 11.18）、垂懸荷重以及負荷（圖 11.19）等；固定負荷測試法設備低廉、操作簡單、數據直接並且解釋容易，但極為費時，同時實驗再現性較差。

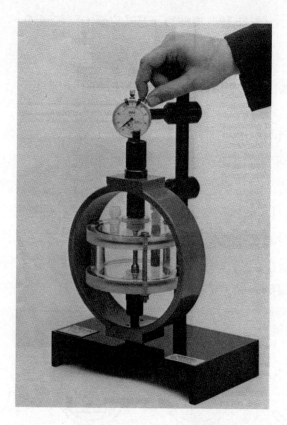

圖 11.18　應力環固定負荷之應力腐蝕測試

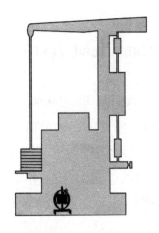

圖 11.19　槓桿負荷方式之應力腐蝕測試

2. 固定變形測試法（constant deflection test）

　　主要是將試件彎曲成 C 形環或 U 形彎件（ASTM-G30-79），置於腐蝕液中，觀察其發生應力腐蝕破裂之時間，圖 11.20 及圖 11.21 分別為 C 形環與 U 形彎件之固定方式。固定變形測試法簡單經濟，特別適用於評估下列條件下材料之應力腐蝕敏感性：(1)不同金屬在相同環境；(2)不同熱處理之同種金屬在相同環境；(3)同種金屬在不同環境。由於固定變形測試法之試件應力很難估計，而且在同一試件各部位有不同應力分佈，因此很明顯的此法不適用於評估不同外加應力對應力腐蝕破裂之影響，同時由於實驗之靈敏度較差，對於僅對破裂造成微小效應的一些變數無法加以檢測。

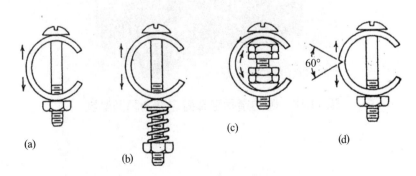

圖 11.20　C 形環應力腐蝕測試

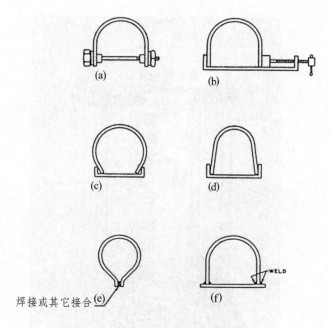

焊接或其它接合(e)

圖 11.21　U形彎件應力腐蝕測試

3. 固定應變率測試法（constant strain rate test）

　　材料同樣依 ASTM-E8 及 G49 規範製成板狀或圓棒狀試件，於腐蝕液中以固定伸長率方式（亦即連續增加應變）拉伸此試件，直到斷裂為止，如同一般拉伸試驗量測試件之斷裂應力、伸長量及面積收縮率，藉以評估應力腐蝕破裂行為及其破裂機制；固定應變率測試結果與其拉伸速率（應變率）有密切關係，當應變率太快時，斷裂主要由機械力作用所造成，化學力來不及參與作用，而當應變率太慢時，材料腐蝕保護膜有充分時間癒合，亦無法形成應力腐蝕條件，只有在特定之應變率，材料對應力腐蝕破裂最為敏感，所得到的實驗資料才能作為應力腐蝕的評估依據。固定應變率測試法可在較短之試驗時間得到再現性較佳之實驗結果，目前相當受歡迎，主要缺點是設備較昂貴，此種固定應變率試驗機必須可精確維持在 $10^{-5}\,\mathrm{sec}^{-1}$ 至 $10^{-8}\,\mathrm{sec}^{-1}$ 之慢速拉伸速率，圖 11.22 為一典型之此種慢應變率試驗機。

圖 11.22 慢速拉伸試驗機

4. 破壞力學測試法

　　由於應力腐蝕破裂行為屬於次臨界脆性破裂（subcritical brittle fracture），可適用於線性彈性破壞力學等理論描述材料在機械應力與腐蝕環境共同作用下的裂縫傳播，其測試法稱為 Compact Toughness Testing，圖 11.23 為一典型的測試樣品及其構造，利用破壞力學可計算出樣品的應力強度係數（K_I），實驗量測裂縫在腐蝕液的傳播速率，以評估應力腐蝕破裂的敏感性。

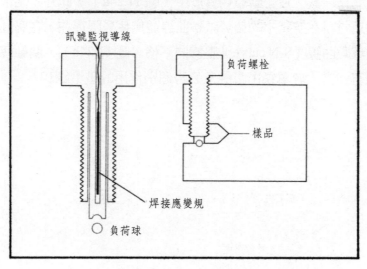

圖 11.23 破壞力學測試塊

二、腐蝕疲勞破裂

㈠定義與特性

　　腐蝕疲勞破裂（Corrosion Fatigue Cracking）是指材料在腐蝕環境中受到重複循環應力，其疲勞壽命減少的破損現象。例如體心立方晶體構造之鋼鐵材料在空氣中進行疲勞試驗會出現疲勞限（Fatigue Limit），其值大約為抗拉強度的一半，但是在腐蝕環境中，疲勞限將不存在，亦即不論施加應力多低，只要達到一定的循環數，疲勞斷裂均會發生（圖 11.24a），此外，鋁合金等面心立方結晶構造材料在空氣中的疲勞試驗曲線並無疲勞限存在，在腐蝕環境其疲勞應力與循環數曲線（S-N curve）整體向下移（圖 11.24b）。腐蝕疲勞對材料所造成的損害通常大於單獨由腐蝕及疲勞個別作用的破壞總和。

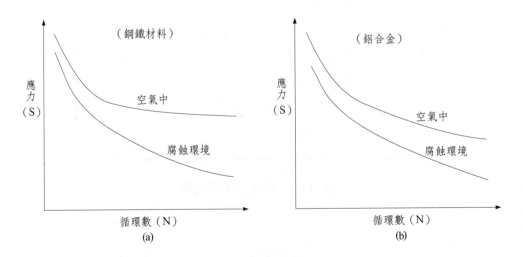

圖 11.24　鋼鐵材料及鋁合金在空氣中及腐蝕環境進行疲勞試驗之應力（S）與循環數（N）曲線

通常金屬在大氣環境進行疲勞試驗多少會受到氧或水分的影響，因此試驗結果總會摻雜一部分腐蝕疲勞破壞，例如銅在真空氣氛的疲勞限比在大氣環境中會高大約 14%，軟鋼增加大約 5%，黃銅增加 26%，此外，無氧銅在 10^{-5}mm 汞柱壓力真空環境的疲勞壽命比在一大氣壓力空氣中要長 20 倍，這些結果主要的影響是氧，氧對裂縫的產生影響較小，但對於裂縫傳播確有很大的作用。純鋁的疲勞壽命也受空氣的影響，但是和銅的情況相反，它在沒有空氣的水蒸氣中也受到同樣的影響。金對氧不產生化學吸附也不被氧化，因此在大氣環境或真空中的疲勞壽命相同。高強度鋼（$>165,000\,\text{psi}\sigma_Y$）在濕空氣中比乾空氣中的疲勞壽命要短很多，但軟鋼（$68,000\,\text{psi}\sigma_Y$）的疲勞壽命只要不發生水氣的凝結（露點以上），不會受到空氣中濕度的影響。新鮮水和鹽水對鋼的疲勞壽命影響比對銅大，而銅是比較能耐腐蝕的。不銹鋼和鎢或鎳合金也都比碳鋼為佳。一般說來，金屬能耐腐蝕疲勞破裂的能力是和金屬本身具有的耐腐蝕能力有關，而無關金屬的機械強度。

表 11.3 列舉了一些常用金屬材料的疲勞限與腐蝕疲勞強度，綜合表中的數據可歸納出以下結論：

1.腐蝕疲勞強度和抗拉強度之間沒有關係。

2.中合金鋼比碳鋼有稍高的腐蝕疲勞強度。

3.熱處理並不能改進碳鋼或中合金鋼的腐蝕疲勞強度，殘餘應力對腐蝕疲勞強度有害。

4.耐蝕鋼，尤其是含鉻的，比其他鋼的腐蝕疲勞強度為高。

5.所有鋼的腐蝕疲勞強度在鹽水中比在鮮水中為低。

表 11.3 　各種金屬材料的疲勞限及腐蝕疲勞強度（McAdam）

金屬	空氣中疲勞限（psi）	腐蝕疲勞強度（psi）		損傷比值	
		井水	鹽水	井水	鹽水
退火 0.11C 碳鋼	25,000	16,000	—	0.64	—
回火 0.16C 碳鋼	35,000	20,000	7,000	0.57	0.20
退火 0.19C 碳鋼	42,000	23,000	—	0.55	—
退火 3.5Ni0.3C 鋼	49,000	29,000	—	0.59	—
退火 0.9Cr0.1V0.5C 合金鋼	42,000	22,000	—	0.52	—
回火 13.8Cr0.1C 不銹鋼	50,000	35,000	18,000	0.70	0.36
熱軋 17Cr8Ni0.2C 不銹鋼	50,000	50,000	25,000	1.00	0.50
760℃ 退火 98.96%鎳	33,000	23,500	21,500	0.71	0.65
760℃ 退火 67.5Ni29.5Cu 蒙鎳爾合金	36,500	26,000	28,000	0.71	0.77
760℃ 退火 21Ni78Cu 合金	19,000	18,000	18,000	0.95	0.95
650℃ 退火銅	9,800	10,000	10,000	1.02	1.02
退火 99.4%鋁	5,900	—	2,100	—	0.36
Al1.2Mn 合金	10,700	5,500	3,800	0.51	0.36
回火 Al-Cu 合金	17,000	7,700	6,500	0.45	0.38
退火六四黃銅	21,000	18,000	—	0.86	—

井水成份：$2ppmCaSO_4$，$200ppmCaCO_3$，$17ppmMgCl_2$，$140ppmNaCl$

鹽水成份：近海之河水，內含 1/6 海水鹽度

腐蝕疲勞強度：每分鐘 1450 循環，取 10^7 至 10^8 循環之強度

損傷比值（damage ratio）：腐蝕疲勞強度／空氣中疲勞限

造成腐蝕疲勞的水溶液環境很多，並不需要特定的環境因子，與前述應力腐蝕破裂的情況不同，例如碳鋼只有在 NO_3^- 或 OH^- 離子環境才會發生應力腐蝕破裂（表 11.1），但是在純水、海水、燃燒物凝聚水膜以及各種化學環境中都能造成腐蝕疲勞破裂，因此一般針對腐蝕疲勞的通則是：均勻腐蝕速率越高，在重複循環應力下，材料的疲勞壽命越短，亦即腐蝕疲勞越嚴重。

㈡腐蝕疲勞破損機制

根據上述腐蝕疲勞的特性，可以了解腐蝕疲勞破損機制基本上是機械疲勞作用力與腐蝕作用力的協和效應（Synergestic Effect），因此兩者會有競爭關係，當機械疲勞作用力占優勢時，破損行為接近單純疲勞斷裂，其破裂面會有明顯的蚌殼狀條紋疲勞特徵（圖 11.25），反之，如果腐蝕作用力占優勢時，破損行為接近應力腐蝕破裂，其破斷面可能看不到蚌殼狀條紋疲勞特徵（圖 11.26），因此，不能因為觀察不到蚌殼狀條紋破斷面特徵而否定腐蝕疲勞破損的存在，在特殊情況，機械疲勞作用力與腐蝕疲勞作用力優勢相當時，也可能出現沿晶應力腐蝕破斷混雜著蚌殼狀條紋疲勞特徵（圖 11.27）。

圖 11.25　X10CrNiTi189 不銹鋼渦輪葉片在機械疲勞作用力占優勢情況所產生的腐蝕疲勞破斷面

圖 11.26　X5CrNiTi189 不銹鋼渦輪葉片在腐蝕作用力占優勢情況所產生的腐蝕疲勞
　　　　　破斷面

圖 11.27　X10CrNiTi189 不銹鋼渦輪葉片在機械疲勞作用力與腐蝕疲勞作用力優勢
　　　　　相當時所產生的腐蝕疲勞破斷面

㈢腐蝕疲勞破壞特徵

　　腐蝕疲勞破裂的宏觀特徵是破壞表面會出現眾多的初期裂紋（圖 11.28），其微觀特徵最重要的是斷裂模式幾乎都是穿晶型態，德國工業標準規範（DIN）甚至將此一穿晶特徵納入腐蝕疲勞破裂的定義中：「腐蝕疲勞是材料在腐蝕環境受到重複循環應力所形成的穿晶破裂」。而一般應力腐蝕破裂或者單純疲勞破裂可能沿晶或穿晶。此外，應力腐蝕破裂與腐蝕疲勞破裂通常在整體材料會呈現多裂紋平行傳播，但是應力腐蝕破裂常出現分枝，而腐蝕疲勞破裂則無分枝，對於單純疲勞破裂則大多是單一裂紋傳播，並且裂紋無分枝。腐蝕疲勞破裂由於均發生在腐蝕環境，因此其裂縫內部會有腐蝕生成物堆積（圖 11.29），除非材料本身屬於鈍態（圖 11.30），相對的，應力腐蝕破裂由於是裂縫瞬間不穩定傳播形成，其裂縫內部通常無腐蝕生成物堆積（圖 11.14），但有時亦可能有腐蝕生成物堆積（圖 11.2）。綜合以上說明，表 11.4 歸納比較應力腐蝕破裂、腐蝕疲勞破裂及單純疲勞破裂的特徵。

圖 11.28　X5CrNiTi189 不銹鋼渦輪葉片腐蝕疲勞破裂外觀

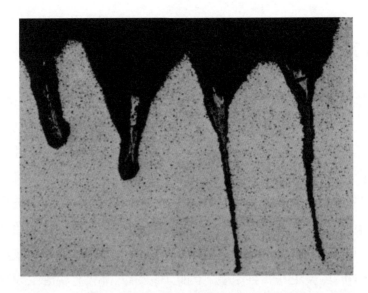

圖 11.29　碳鋼活性腐蝕疲勞破裂的裂縫內堆積腐蝕生成物

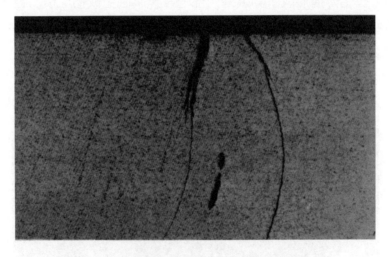

圖 11.30　碳鋼鈍態腐蝕疲勞裂縫無腐蝕痕跡

表 11.4　應力腐蝕破裂、腐蝕疲勞破裂與單純疲勞破裂之特徵比較

應力腐蝕	腐蝕疲勞	疲勞
多裂紋平行 分枝 沿晶或穿晶	多裂紋平行 無分枝 穿晶	單一裂紋 無分枝 沿晶或穿晶
無腐蝕生成物	鈍態：無腐蝕生成物 活性：有腐蝕生成物	無腐蝕生成物
無蚌殼狀條紋	鈍態：有蚌殼狀條紋 活性：無蚌殼狀條紋	蚌殼狀條紋
	S-N 曲線 BCC 晶格材料有平台 FCC 晶格材料無平台	S-N 曲線無平台

㈣腐蝕疲勞破裂的防制

1. 軟鋼在含鹽溶液中完全除氣，可恢復其在空氣中的正常疲勞限。

2. 加入抑制劑對降低腐蝕疲勞也有效果，例如在自來水中加入 20ppm $Na_2Cr_2O_7$，可減少正常化處理碳鋼的腐蝕疲勞破裂。

3. 在鋼鐵表面電鍍 Sn，Pb，Cu 或 Ag 也能防止腐蝕疲勞，這可能是由於它們很有效的使鋼和環境絕緣。此外，在鋼鐵表面鍍 Zn 或 Cd，利用犧牲陽極效應也能有效抑制腐蝕疲勞。

4. 含有 ZnCrO4 的有機塗層對腐蝕疲勞破裂也有抑制效果。

5. 利用珠擊法（shot peening）或其他能產生壓應力的方法也是防制腐蝕疲勞的方法之一。

三、氫脆裂

(一)氫原子來源及氫擴散

　　氫脆裂（Hydrogen Embrittlement）是指氫原子（H）侵入材料內部並且在一些晶格缺陷聚集而形成氫分子（H_2），體積膨脹導致材料內部破裂。造成材料氫脆裂的氫原子來源很多，在這些氫原子來源中，有的是材料加工或製造過程無意產生的：

1. 電鍍：電鍍過程隨著金屬離子的還原，會有氫離子（H^+）產生，這些氫離子先以氫原子吸附在材料表面（H_{ads}），進而擴散進入材料內部。如果在電鍍完成，及時烘烤（baking）使侵入材料內部的氫原子再擴散出，就可避免氫脆裂發生，否則超過特定時間，氫原子在材料內部差排、晶界或夾雜物表面聚集，將會結合成氫氣，而導致裂紋產生，此時再進行烘烤已經來不及。

2. 酸洗：為了去除金屬表面氧化物，酸洗過程亦會在金屬表面產生氫離子及吸附氫原子。

3. 陰極保護：陰極保護是將金屬電位移至陰極反應，過度陰極保護將在受保護金屬表面形成大量氫離子及吸附氫原子。

4. 鑄造與熔接：水蒸氣在大氣中的熱分解，與熔融金屬反應（$Fe + H_2O \rightleftarrows FeO + 2H_{ads}$）產生吸附氫原子。

5. 脫碳或滲碳：$Fe_3C + 4H \rightleftarrows 3Fe + CH_4$

6. 氣體的熱分解：$H_2 \rightleftarrows H + H$, $NH_3 \rightleftarrows N^{3-} + 3H^+$

7. 酸氣環境：$H_2S \rightleftarrows H^+ + HS^-$
$$2HS^- + Fe \rightleftarrows FeS + H_2S + 2e^-$$
$$2H^+ \rightleftarrows (2H_{ads} \rightleftarrows 2H_{ads}) \text{ or } 2H_{ads} \rightleftarrows H_2 \uparrow$$

　　氫原子在金屬晶格的溶解度（CH）與氫氣壓力成平方根正比，在室溫及大氣壓力下的氫原子濃度大約 5.4×10^{-4}ppm，相當於每 10^8個鐵原子溶入 1 個氫原子，這種濃度通常不會對金屬造成很大影響，但是在上述各種狀況，氫原子濃度很容易達到 1 至 100ppm 以上。

　　由於氫原子體積很小，在金屬晶格內的擴散速率極高，圖 11.31 為許多文獻所報導氫原子在α-Fe的晶格擴散係數，由圖上可得到室溫氫原子在鐵的擴散速率大約 10^{-4}至 10^{-9}cm²/s，相對的，碳原子與氮原子的擴散速率分別為 2.0×10^{-15}與 8.8×10^{-15}cm²/s，均遠小於氫的擴散，圖 11.31 室溫氫原子擴散係數散佈在 10^{-4}至 10^{-9}cm²/s 之間，主要是由於氫原子在金屬內部晶格被捕捉的位置不同所造成，這些位置包括孔洞、差排、粒界以及夾雜物或二次相。

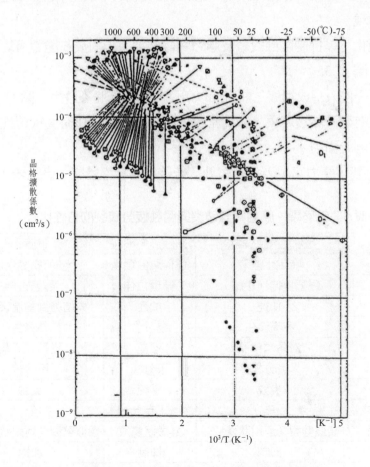

圖 11.31　氫原子在α-Fe 的晶格擴散係數

(二)氫脆裂特性

材料發生氫脆裂破損具有以下特性：

1. 材料的強度越大，對於氫脆裂的敏感性越高，但是強度低的鋼，也可以與金屬內部的夾雜物共同作用，產生氫致氣泡與氫脆裂。

2. 氫濃度增加則破斷應力或是金屬的延展性降低，圖 11.32 可見到隨著充氫濃度提高，金屬的延展性大幅降低到未充氫的大約 20%。

3. 氫脆裂主要發生在溫度-100℃至 100℃之間（圖 11.33）。

4. 應變速率增加會減輕氫脆的影響（圖 11.33），此不同於應力腐蝕破裂，圖 11.34 說明在慢速拉伸試驗，應力腐蝕破裂只有在特定應變速率範圍才會顯現。

5. 陰極極化可以抑制腐蝕疲勞及應力腐蝕破裂，但對於氫脆裂可能反而會增強（圖 11.35）。

6. 在氫原子侵入造成損傷之前可加以清除，避免氫脆裂發生（圖 11.36）。

7. 氫脆會有延遲斷裂現象，亦即常在外加應力施加一段時間或塑性變形發生後才開始斷裂。

對於氫脆裂、應力腐蝕破裂及腐蝕疲勞破裂的特性差異，參見表 11.5：

表 11.5　氫脆裂、應力腐蝕破裂與腐蝕疲勞破裂的特性比較

特性	應力腐蝕破裂	腐蝕疲勞破裂	氫脆裂
環境	特定水溶液	任何腐蝕環境	任何腐蝕環境
應力	靜態拉伸（壓縮）	循環拉伸	靜態拉伸
溫度上升	加速	加速	先增強到室溫後減弱
純金屬	不易發生	易發生	易發生
裂縫傳播	沿晶或穿晶	穿晶	沿晶或穿晶
裂縫分枝	有分枝	不分枝	不分枝
裂縫頂端	尖銳	平鈍	尖銳
裂縫內腐蝕生成物	無	有	無
裂縫破斷面	類似劈裂（河川狀條紋）	蚌殼狀條紋	類似劈裂（河川狀條紋）
陰極極化	抑制	抑制	加速
接近極限強度	會破裂但氫脆優先發生	加速破壞	加速破壞

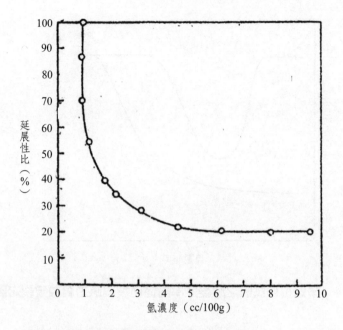

圖 11.32　鋼鐵不同充氫濃度情況與未充氫的延展性比（Soialowski, 1962）

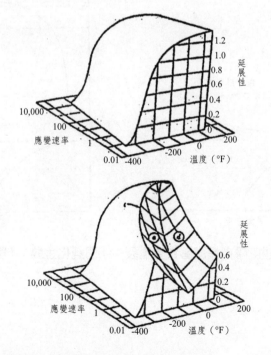

圖 11.33　SAE1020 碳鋼的延展性與溫度及應變速率關係：(a)退火狀態；(b)在硫酸溶液陰極充氫 1 小時

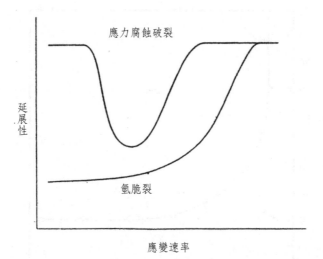

圖 11.34　慢速拉伸試驗之應變速率對氫脆裂與應力腐蝕破裂之影響

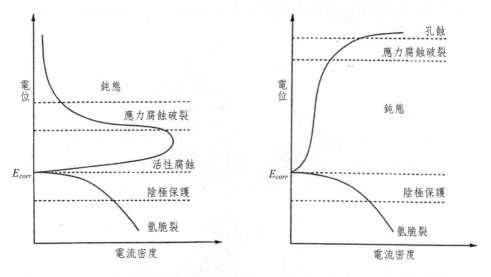

圖 11.35　過度陰極保護導致氫脆裂：(a)弱鈍化金屬；(b)強鈍化金屬

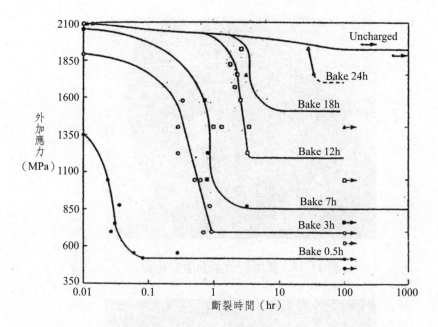

圖 11.36　AISI4340 合金鋼陰極充氫後，經過 150℃不同時間烘烤除氫對破斷的影響

㈢氫脆裂破損機制與破斷面特徵

1. 膨脹壓力理論

　　氫原子在材料內部晶格缺陷聚集並結合成氫原子，體積膨脹產生極大內壓，此局部內壓與外加應力及殘留應力加成而導致裂紋形成。經由此種機制所產生的破斷面會出現魚眼組織（圖 11.37）或鱗片組織（圖 11.38）。

2. 氫原子吸附理論

　　氫原子在材料破斷面吸附，降低材料表面能，使裂縫容易形成。

圖 11.37　氫脆裂破斷面魚眼組織

圖 11.38　氫脆裂破斷面鱗片組織

3. 鍵結力降低理論

　　在氫原子聚集位置，氫會與金屬原子結合，導致金屬本身的原子間相互排斥，因而降低破斷所需應力。

4. 塑性變形促進理論

　　氫原子降低材料內部差排滑移所需局部應力，因而促進材料破損。

　　經由其他 3 種機制所產生的破斷面可能沿晶或穿晶，但穿晶氫脆破損通常會由特定結晶面裂縫結合而成，因此會呈現圖 11.39 的羽毛狀分佈劈裂階梯面，而沿晶氫脆破損則在裸露的粒界面會出現塑性變形的窩穴組織（圖 11.40），有時亦可見到粒界面出現微小孔洞及粒界分離溝槽（圖 11.41）。

圖 11.39　穿晶氫脆裂破斷面呈現羽毛狀分佈之劈裂階梯面

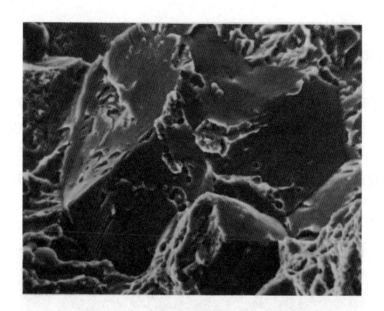

圖 11.40　沿晶氫脆裂破斷面窩穴組織

圖 11.41　沿晶氫脆裂破斷面粒界表面微孔及粒界分離溝槽

㈣氫脆裂的防制

避免氫脆裂發生的最根本方法是將氫原子完全阻隔，然而實際情況常很難避免材料與氫原子來源接觸，下列措施也可以有效減少或防止氫脆破損：

1. 選擇較延性材料

一般面心立方材料可避免氫脆裂，其他例如：沃斯田鐵不銹鋼、軟鋼或Inconel 合金等亦可抵抗氫脆裂。

2. 減少有害合金元素

將鋼鐵中硫含量降低至 0.015%以下可大幅降低氫脆裂敏感性。

3. 添加合金元素

強度越高的鋼鐵對於氫脆裂越具有敏感性，加入 Ni 和 Mo 元素可減少鋼鐵的氫脆裂。清淨鋼中添加 Cu 含量至 025~0.3%，亦可明顯降低氫致裂縫及泡腫的發生。

4. 表面塗裝

在金屬表面被覆金屬、有機化合物及無機化合物塗層，可以降低氫滲透的機會。例如：鋼鐵表面被覆沃斯田鐵系不銹鋼或鎳金屬常被利用來降低氫脆的破壞，使用 Pd 離子崁入鋼鐵表面及電漿噴覆 Ni 層也可有降低氫原子的吸附。

5. 適當的焊接方式

　　使用低氫系列的焊條可降低焊道的氫含量，避免氫脆裂，利用預熱或焊道熱處理等步驟減少焊接熱量或經由消除殘留應力等，均可降低氫脆裂破損。

6. 烘烤除氫

　　在100℃至150℃烘烤（baking）足夠時間，使材料中可逆補集位置所含之氫原子從材料內部擴散出去，減少材料的氫含量，可以有效防止氫脆裂。

7. 留意環境「毒素」

　　硫化物、砒霜、氰化物及含磷之離子會使得氫分子之鍵結打斷，而變成吸附氫原子進入材料內部，在石化工業環境常含有這些化合物，容易造成氫脆裂，應該特別留意。

8. 添加腐蝕抑制劑

　　添加腐蝕抑制劑可以有效降低金屬腐蝕速率氫離子的還原，減少氫脆裂發生，但是此法只適用在封閉式系統。

四、液態金屬脆裂

　　液態金屬脆裂（Liquid Metal Embrittlement）是指固態金屬在受應力狀態與另一液態金屬接觸，導致液態金屬滲入固態金屬內部而產生脆裂。然而，有關液態金屬脆裂的破損機制有兩種截然不同的理論，這兩種機制模式分別呈現

出沿晶與穿晶的破斷特徵。

㈠液態金屬沿晶破裂理論

　　主張液態金屬沿著固態的粒界滲入材料內部造成粒界鍵結力喪失而導致沿晶脆裂，此一模式所形成的破斷面裸露粒界會有凝固的液態金屬堆積（圖11.42），而裂縫區域的材料橫截面也可看到分離粒界填滿液態金屬（圖11.43），有時候，這些液態金屬也可能與固態金屬的晶粒物質反應形成介金屬化合物。沿晶液態金屬脆裂的破斷面形貌與一般凝固脆裂（Hot Cracking）以及由晶界偏析或粒界熔融所造成沿晶脆斷的特徵很容易加以區分。

㈡液態金屬穿晶脆裂理論

　　較嚴格的定義液態金屬脆裂是指此種穿晶破損模式，其破壞特性除了穿晶破斷面以外，更特殊的是具有材料選擇性，由表11.6可看出對於固態金屬只有在遭遇到特定的液態金屬才會發生液態金屬脆裂，此特性針對材料應用相當有趣，例如選擇盛裝水銀（汞，常溫液態）的容器，除了玻璃（易碎）可考慮廉

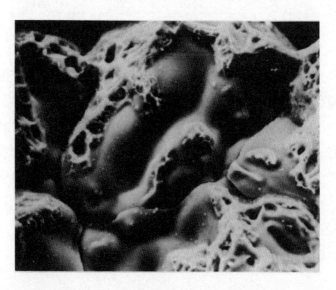

圖11.42　鋼管銅焊接造成液態金屬沿晶脆裂可見到破裂粒界面上堆積液態金屬凝塊

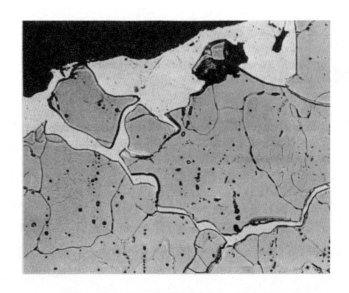

圖 11.43　液態金屬沿晶脆裂橫截面可見到液態金屬滲入粒界

表 11.6　各種金屬對液態金屬脆裂敏感性之選擇性組合

液態金屬→	鋰	汞	鉍	鎵	鋅
鋼鐵	脆裂	安全	安全	安全	脆裂
銅合金	脆裂	脆裂	脆裂	—	—
鋁合金	安全	脆裂	安全	脆裂	脆裂
鈦合金	安全	脆裂	安全	安全	安全

價的鋼鐵材料，反而採用高價的鈦合金材質會有液態金屬脆裂的顧慮。

　　液態金屬穿晶脆裂的典型破斷面如圖 11.44 所示，其破裂起源於材料表面，最初會呈現一平坦區（圖 11.44 下方），在此平坦區可見到發散狀稜線，接著材料以劈裂方式進行，其劈裂河川狀條紋亦呈發散狀。液態金屬脆裂可造成原本延性材質產生脆性劈裂破壞，例如圖 11.45 的鋁合金在一般情況是不可能出現劈裂破壞，但是在液態鎵作用下其晶格鍵結減弱，使得材料沿著 {100} 劈裂面及 〈110〉 方向產生穿晶脆斷。

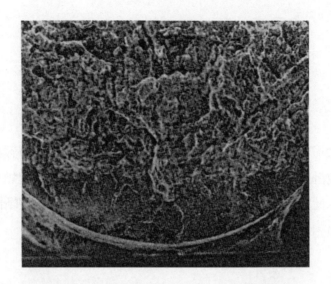

圖 11.44　典型的液態金屬穿晶脆裂破斷面

（張棟、鍾培道、陶春虎、雷祖經：失效分析）

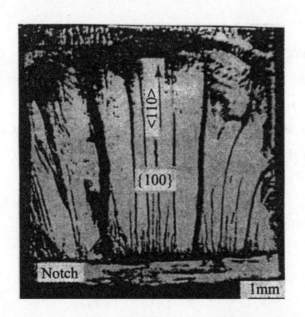

圖 11.45　鋁在液態鎵發生液態金屬脆裂之破斷面

（張棟、鍾培道、陶春虎、雷祖經：失效分析）

五、總結

　　材料、機械應力與環境共同構成特殊的加速破損模式，導致材料發生應力腐蝕破裂、腐蝕疲勞破裂、氫脆裂及液態金屬脆裂，這些破壞類型來自不同的破損機制，因此呈現一些可資區分的特性，其裂縫形成以及破斷面特徵亦有差異，提供了材料破損分析重要線索。

參考資料

1. The Appearance of Cracks and Fractures in Metallic Materials，德國冶金協會、德國材料檢驗學會、德國金屬學會共同出版，Verlag Stahleisen mbH, Dusseldorf (1983)。
2. Systematische Beurteilung Technisher Schadensfalle, ed. By G. Lange，德國金屬學會（DGM），Oberursel, Germany (1983)。

CHAPTER *12*

高溫破壞

>>>>>>>>>>>>>>>>>>>>>>>>>>>>>>>>>>>>

　　高溫破壞包括高溫化學力（腐蝕）破壞與高溫機械力破壞，高溫腐蝕破壞是指金屬在高溫環境中使用，由於大氣中的氧氣或硫氣作用，所造成表面的氧化或硫化；此外，由於低熔點鹽類或其他燃燒產物附著，金屬表面將有熱鹽腐蝕現象的產生。高溫氧化及熱鹽腐蝕的型態（乾式腐蝕）雖然不同於水溶液中的腐蝕（濕式腐蝕），但其破壞機制同樣是電化學反應。高溫機械力破壞主要針對材料在高溫環境使用，受到機械應力作用發生斷裂，同時也包含材料在製造過程經歷高溫條件形成破損肇因，後續在常溫環境使用演生出破斷結果。材料在高溫破斷大多與「粒界」有關，因此高溫機械力破壞鑑定應從「粒界」分析著手，其破壞機制通常與粒界性質密切關聯，重要的粒界性質包括粒界偏析、粒界析出、粒界擴散、粒界運動、粒界滑移、粒界熔解。高溫機械力破壞常發生類型包括：潛變、回火脆裂、粒界疫害、凝固破裂、冷卻破裂、磨擦破裂、熱震破裂、敏化破壞等。

一、高溫氧化機制

　　如同濕式腐蝕，高溫氧化亦為一電化學反應，金屬氧化層是由金屬離子或氧離子擴散至氣體／金屬（或氧化物）之界面，並在此處發生氧化還原反應所生成的（見圖 12.1），故若金屬在反應前表面為新鮮無氧化的狀態，則在氧化初期，系統主要為氧化反應控制（此時氧化反應速率小於離子擴散速率，故系統整體反應速率將由氧化反應速率所主宰），若金屬氧化層結構緻密且不易剝落，隨著反應持續進行，氧化層將逐漸增厚，氧離子與金屬離子的擴散阻力將隨著氧化層的增厚而逐漸增加，此時，系統將由原先的氧化反應控制轉為擴散控制（離子擴散速率開始小於氧化反應速率）；但若所生成的氧化層太過鬆散或易剝落，氧化層則始終無法增厚，系統將持續維持氧化反應控制，P-B 比值（金屬氧化物與金屬的體積比）為一評估氧化層是否具有保護性之重要參數：

$$\text{P-B 比值} = \frac{W}{w}\frac{d}{D}$$

W：氧化物分子量　　w：金屬原子量　　d：金屬比重　　D：氧化物比重

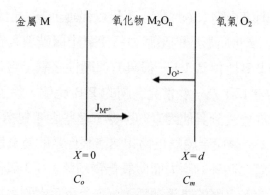

圖 12.1　金屬氧化機制示意圖

表 12.1　常見金屬的 P-B 比值

氧化物	氧化物與金屬的體積比值
K_2O	0.45
MgO	0.81
Na_2O	0.97
Al_2O_3	1.28
ThO_2	1.30
ZrO_2	1.56
Cu_2O	1.54
NiO	1.55
FeO (on a-Fe)	1.68
TiO_2	$1.70-1.78$
CoO	1.86
Cr_2O_3	2.07
Fe_3O_4 (on a-Fe)	2.10
Fe_2O_3 (on a-Fe)	2.14
Ta_2O_5	2.50
Nb_2O_5	2.68
V_2O_5	3.19
WoO_3	3.30

若P-B比值小於1則氧化物太過鬆散，不足以保護金屬；但若P-B比值遠大於1，則氧化物太密，氧化所形成的壓應力將使氧化層破裂且剝落，亦無法保護內部金屬，理想的P-B比值為1，一般具有保護性之氧化層，其P-B比值通常介於1與2之間，表12.1為一些常見金屬的P-B比值，除了P-B比值以外，氧化層的氧化阻力亦會受到其他因素的影響，這些因素包括：1.金屬與金屬氧化物間的附著力；2.金屬與金屬氧化物間熱膨脹係數的差異度（若兩者熱膨脹係數差異太大，將產生額外的應力而使氧化物剝落）；3.氧化物的熔點（高熔點的氧化物通常具有較良好的高溫塑性）；4.合金元素的添加與否（添加某些合金元素，將可提升金屬氧化物的附著性）。

㈠氧化反應熱力學

金屬與大氣中的氧分子反應，形成金屬氧化物：$2M + O_2 \rightarrow 2MO$，從熱力學的觀點，反應前後自由能的改變：$\Delta G = \Delta G_0 + RT\ln\left(\dfrac{a^2_{MO}}{a^2_M \cdot P_{O_2}}\right)$，假設固態的金屬（M）與氧化物（MO）為純物質，則$a_M = a_{MO} = 1$，故當氧化反應達到平衡時，自由能改變$\Delta G = 0$，標準狀況反應自由能改變$\Delta G^0 = RT\ln P_{O_2}$，式中$P_{O_2}$為金屬氧化物在平衡狀態的分解壓，在定溫下，分解壓為定值，若大氣環境中的氧氣分壓大於此分解壓，則金屬容易氧化，相反的，若外界氧分壓小於分解壓，金屬較不易氧化，反而金屬氧化物會分解成金屬及氧。如果金屬有多種氧化物同時存在，例如鐵的氧化物包含FeO、Fe_2O_3及Fe_3O_4，這些氧化物各有其分解壓，此時，氧含量較高的氧化物會先分解成氧含量次高的氧化物，而非直接分解成金屬。

在標準狀況下，自由能改變（ΔG^0）與反應熱（ΔH^0）及熵改變（ΔS^0）之間的關係：$\Delta G^0 = \Delta H^0 - T\Delta S^0$，其中$\Delta H^0$與$\Delta S^0$雖與溫度有關，但在有限的溫度範圍內，其變化極小，可視為常數，因此ΔG^0對溫度（T）作圖將成一直線，其縱軸截距為ΔH^0，直線斜率為$-\Delta S^0$。反應前後純金屬與金屬氧化物的熵變化極小，影響反應過程熵變化主要是由於一莫爾的氧氣在反應後消失，由於氧氣的熵大約為 40kcal/mol，故氧化反應的熵改變（ΔS^0）約為-40kcal/

mol。

　　氧化反應標準自由能改變（ΔG⁰）與溫度（T）之關係作圖即為Ellingham's Diagram（圖 12.2），此圖提供了金屬及非金屬氧化的重要熱力學資料。由圖上可看到除了碳以外，所有金屬氧化的標準自由能改變（ΔG⁰）均隨溫度上升而增加，各直線幾乎平行，亦即表示其標準熵改變（ΔS⁰）大致相同，當溫度高於金屬熔點，由於液態金屬的熵仍小於氧氣的熵，因此斜率的改變不甚明

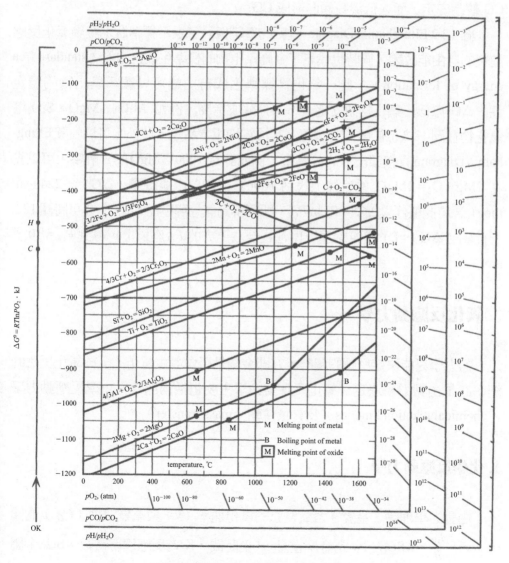

圖 12.2　各種金屬氧化反應的 Ellingham's Diagram

顯，但是當溫度高於金屬的沸點時，屬於氣態金屬氧化，斜率將有明顯改變。碳的氧化反應較為特殊，包含兩種情況：(1) $C + O_2 = CO_2$，(2) $2C + O_2 = 2CO$，在第 1 種情況，反應前後均為 1 莫爾氣體，反應前後的熵變化極小（ΔS^0趨近於 0），因此在圖 12.2 的碳氧化直線平行橫軸（斜率接近 0），而在第 2 種情況，反應後增加了一莫爾氣體，亦即熵改變$\Delta S^0 = 40$kcal/mol，斜率（$-\Delta S^0$）$= -40$kcal/mol，因此在圖 12.2 的碳氧化直線隨溫度上升而下降。故在高溫時，CO 較為安定，而在低溫較傾向形成 CO_2。

　　圖 12.2 Ellingham's Diagram 縱軸的ΔG^0值除了表示標準狀況金屬氧化反應前後的自由能改變，同時也代表了金屬氧化物的標準生成自由能（standard free energy of formation），此一氧化物標準生成自由能可以顯示氧化物的穩定性，ΔG^0愈低，氧化物愈安定，不易分解成金屬，例如 Al_2O_3、MgO、SiO_2等氧化物在圖 12.2 位於較下方位置，其性質均相當穩定。此外，可以由圖 Ellingham's Diagram 直接讀出氧的分解壓，例如計算 1000℃ MgO 的分解壓，可以先在 $2Mg + O_2 = 2MgO$ 的直線上找到 1000℃時的自由能改變（$\Delta G^0 = -224$kcal/mol），將此值代入$\Delta G^0 = RT\ln P_{O_2}$，即可得到氧分解壓（$P_{O_2}$），亦可將圖 12.2 上此點（$\Delta G^0$，T）與原點連線再延長至右下方的$P_{O_2}$座標上，得到$P_{O_2} = 10^{-37}$ atm。

㈡氧化反應動力學

　　熱力學只能決定反應的趨勢，亦即金屬是否會發生氧化，至於氧化反應的速率必須由動力學決定。氧化反應動力學主要包括兩部分：化學反應動力學（chemical reaction kinetics）及質量傳輸（mass transfer）。

1. 化學反應動力學

　　由動力學理論，金屬在含氧氣氛的氧化速率（v）與氧氣濃度（C_{O_2}）的關係：$v = \dfrac{dw}{dt} = KSC_{O_2}$，w 為金屬重量，t 為時間，K 為反應速率常數，S 為金屬

表面積。由於金屬氧化屬於活化控制反應，故其反應速率常數與溫度成 Arrhenins 關係：$K = K_0 \exp\left(-\dfrac{Q}{RT}\right)$，因此氧化反應速率 $v = k_0 S C_{O_2} \exp\left(-\dfrac{Q}{RT}\right)$，Q 為氧化反應活化能。

2. 質量傳輸

(1)緻密氧化層擴散

在氧化層緻密且不易脫落的情況下，假定氧化層的厚度為 T_h，金屬離子的濃度在新鮮表面為 C_o，在氧化物的表面則為 C_m（見圖 12.1 之氧化反應示意圖），n 價的金屬元素，失去外圍電子後，形成陽離子 M^{n+}，且其離子半徑將變小；相對的，氧原子將獲得電子，而形成氧離子 O^{2-}，且其離子半徑將變大，使得氧離子相較於金屬離子較難在氧化層中擴散，故氧離子與金屬離子相比，其擴散速率相對較小，故在緻密氧化層的情況下，金屬離子的擴散為系統反應速率的主要控制機制。

在固定的離子擴散通量（單位時間內通過單位面積的質量）的假設下，系統為穩態擴散（steady-state diffusion）的狀態，此時金屬離子在氧化層間的擴散通量，可以 Fick 第一定律表示：

$$J = J_M{}^{n+} = -D \frac{dC}{dx}$$

$J_M{}^{n+}$：金屬離子擴散通量　　D：金屬離子擴散係數

$\dfrac{dC}{dx}$：金屬離子濃度梯度

若氧化層很薄，則可假定金屬離子在氧化層中的濃度分佈呈線性關係，將上式積分後：

$$J_M{}^{n+} \int_0^{Th} dx = -\int_{C_o}^{C_m} D dC$$

在 C_m 及 C_o 不變的情況下，可將上式改寫為：

$$J_M{}^{n+} = \frac{-1}{Th} \int_{C_0}^{C_m} D dC = \frac{D}{Th}(C_o - C_m) = \frac{k}{Th}$$

上式中 k 為常數，單位為 mol/cm-sec，另外由於氧化層的增厚速度與金屬離子擴散通量成正比關係：

$$J_M{}^{n+} \propto \frac{dTh}{dt}$$

合併上二式：

$$ThdTh = akdt = k'dt$$

兩邊積分並化簡後：

$$\int_0^{Th} ThdTh = \int_0^t k'dt \Rightarrow Th^2 = 2k't = k_0 t$$

由上式可知，若氧化層為緻密狀態，則反應時間與氧化層厚度將呈拋物線關係，然而，實際上大部分的擴散狀態以非穩態居多，也就是說，氣體的擴散通量和濃度梯度將隨時間而改變，此時 Fick 第一定律將不再適用，金屬離子的擴散行為須改以 Fick 第二定律表示：

$$\frac{\partial C}{\partial t} = \frac{\partial}{\partial x}\left(D\frac{\partial C}{\partial x}\right)$$

若上式中擴散係數與成分無關，則可簡化為

$$\frac{\partial C}{\partial t} = D\frac{\partial^2 C}{\partial x^2}$$

在下列的假設情況下，可定出上式之邊界條件，並獲得上式之解：

(a)在擴散前的瞬間，反應時間定為 0

(b)在擴散前擴散物種以固定濃度均勻散佈在固體當中（$C(x, t) = C_0$，在 $t = 0$ 時）

(c)固體表面 x 值定為零，越往內部 x 值越大，當 x 無限大時，擴散物種濃度為初始濃度（$C(x, t) = C_0$，在 $x = \infty$ 時）

(d)長時間擴散後，固體表面擴散物種濃度為一固定值（$C(x, t) = C_s$，在 $t = \infty$、$x = 0$ 時）

藉由上述假設之邊界條件，可求出上式之解：

$$\frac{C_x - C_0}{C_s - C_0} = 1 - erf\left(\frac{x}{2\sqrt{Dt}}\right)$$

t：反應時間　　x：固體深度　　C_0：固體中擴散物種之初始濃度

C_x：擴散時間t後，固體深度x處之擴散物種濃度

D：擴散物種之擴散係數　　$erf\left(\dfrac{x}{2\sqrt{Dt}}\right)$：高斯誤差函數

分別將x、D、t代入並配合表 12.2 可求出$erf\left(\dfrac{x}{2\sqrt{Dt}}\right)$項之值，利用前式搭配已知參數可求出在反應時間$t$後，固體（氧化物或金屬）$x$深度處之擴散物種（氧離子或金屬離子）濃度，圖 12.3 為擴散物種在非穩態擴散情況下，反應時間對擴散物種濃度分佈圖。

(2)多孔隙氧化層擴散

若金屬氧化後，其氧化層屬於多孔或易剝落的的型態，氧氣將可藉由這些孔洞或是裂縫處快速的向內部擴散，進行氧化反應，氣體在多孔隙氧化層中具有兩種擴散機制：

表 12.2　高斯誤差函數值表

z	$erf(z)$	z	$erf(z)$	z	$erf(z)$
0	0	0.55	0.5633	1.3	0.9340
0.025	0.0282	0.60	0.6039	1.4	0.9523
0.05	0.0564	0.65	0.6420	1.5	0.9661
0.10	0.1125	0.70	0.6778	1.6	0.9763
0.15	0.168	0.75	0.7112	1.7	0.9838
0.20	0.2227	0.80	0.7421	1.8	0.9891
0.25	0.2762	0.85	0.7707	1.9	0.9928
0.30	0.3286	0.90	0.7970	2.0	0.9953
0.35	0.3794	0.95	0.8209	2.2	0.9981
0.40	0.4284	1.00	0.8427	2.4	0.9993
0.45	0.4755	1.10	0.8802	2.6	0.9998
0.50	0.5205	1.20	0.9103	2.8	0.9999

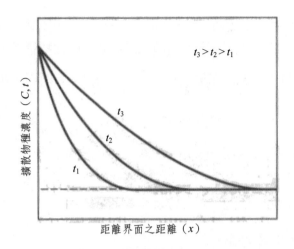

圖 12.3　非穩態擴散示意圖

(a)分子擴散（Molecular diffusion）

當氣體通過孔徑甚大的孔隙時，孔洞兩邊的壓力差將會影響氣體在孔隙中的傳送速率，對於兩種混合的氣體，可用 Fuller 關係式表示其擴散係數：

$$D_{AB} = \frac{(1 \times 10^{-3})\, T^{1.75}}{P\left(V_A^{\frac{1}{3}} + V_B^{\frac{1}{3}}\right)^2} \sqrt{\frac{1}{M_A} + \frac{1}{M_B}}$$

上式中 T 為絕對溫度，P 為氣體壓力（atm），M_A 與 M_B 分別為 A 氣體與 B 氣體之分子量，V_A 與 V_B 則為 A 氣體與 B 氣體之擴散體積，可藉由表 12.3 查得，一般混合氣體的擴散係數通常介於 0.1~10cm²/sec 之間（見圖 12.4）

但由於孔洞內路徑曲折，氣體實際擴散路徑將較外觀長了許多，並與孔洞的數量有關，故需將上式做修正：

$$D_{AB,\,efr} = \frac{D_{AB} \cdot \omega}{\tau}$$

表 12.3　一般常見氣體之擴散體積

氣體分子	擴散體積	氣體分子	擴散體積
H_2	7.7	D_2	6.7
He	2.9	N_2	17.9
O_2	16.6	Air	20.1
Ne	5.6	Ar	16.1
Kr	22.8	CO	18.9
CO_2	26.9	N_2O	35.9
NH_3	14.9	H_2O	12.7
Cl_2	37.7	SO_2	41.1

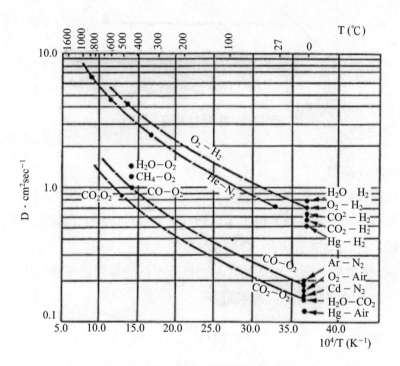

圖 12.4　一般混合氣體之擴散係數

ω 為孔洞率，τ 則是與固體晶粒大小、形狀、分佈率有關的折曲率（tortuosity），τ 無法直接算出，只能就相似材料之已知數據作一合理估算，常見材料之 τ 值見圖 12.5。

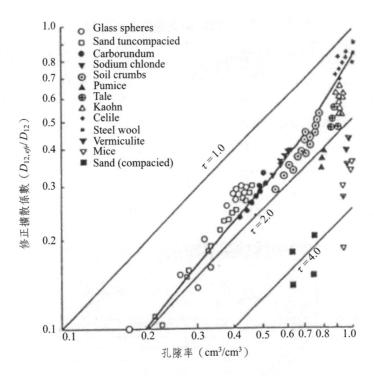

圖 12.5　常見材料之 τ 值

(b)Knudsen 擴散

當孔徑極細或氣體密度很小時，氣體分子與孔洞壁碰撞的機率將遠大於氣體分子間彼此碰撞的機率，氣體分子將受孔洞壁的影響而使流動速率減緩，此類型擴散稱為 Knudsen 擴散，藉由 Fick 第一定律可推算出 Knudsen 擴散，假設一孔洞其兩端具有不同的氣體濃度而形成一濃度梯度，則氣體擴散通量可表示如下：

$$J = \frac{2}{3} rV(\frac{dC_A}{dx})$$

r：孔徑　V：分子平均速度 $= (\frac{8RT}{\pi M})^{0.5}$　M：平均分子量

將上式與先前 Fick 第一定律公式互相比較後即可得到 Knudsen 擴散係數：

$$D_K = 9700r(\frac{T}{M})^{0.5}$$

與分子擴散相同，此係數亦需要做修正：

$$D_{K,eft} = \frac{D_k \cdot \omega}{\tau}$$

ω 為孔洞率，τ 為折曲率

㈢氧化速率量測

　　要直接且即時地量測氧化層厚度並不容易，重量增加法為量測高溫氧化速率之主要方式，利用熱重分析儀（TGA）紀錄試片重量隨著氧化反應進行的變化程度，便可獲知試片在高溫下的氧化速率。單位面積下試片重量的變化量與氧化層密度的關係如下：

$$\frac{\Delta W}{A} = ThP_O$$

ΔW：因氧化而增加的重量　　A：試片面積

Th：氧化層厚度　　P_O：氧化層密度

代入前式：

$$(\frac{\Delta W}{A})^2 = 2k_0 P_0{}^2 t = k_p t$$

其中 $\frac{\Delta W}{A}$ 可藉由 TGA 測得，將測得數據帶入上式便可求出 k_p 值（拋物線氧化速率常數）；一般金屬的氧化速率大多與反應時間呈拋物線氧化關係，如：鐵、鈷、銅等，但由於金屬氧化物的結構與密度、環境溫度與環境氣體成分等參數，都將對氧化反應造成一定程度的影響，故金屬氧化速率除上述的拋物線氧化關係外，尚有線性型與對數型等其他的速率法則（見表12.4），各法則的數學表示式與其使用時機，詳述如下：

表 12.4　常見金屬氧化模式隨溫度變化之情形

Temp°C	100	200	300	400	500	600	700	800	900	1,000	1,100	1,200
Mg	log		par	paralin	lin							
Ca	(log)		par	lin	lin							
Ce	log	log-lin	lin	accel								
Th			par	lin	lin							
U	par	paralin	lin-occ									
Ti			log	cubic	cubic	paralin			paralin			
Zr			log	cubic	cubic			cubic	cubic-lin			
Nb		par	par		paralin		lin	lin		accel.	asym	
Ta	log	inr. log		par	paralin		lin	lin			delayed	
Mo			par	paralin	paralin		lin	lin				
W				par	por		paralin	paralin	paralin			
Fe	log	log	par	par	par		par		par		par	
Ni		log	log	cubic	par				par		par	
Cu	log	cubic	(par)		par	par	par					
Zn		log	log	par	par							
Al	log	inr. log	(log)	par	(asym)(lin)							
Ge				par	paralin							

1. 直線型速率法則（linear-rate law）

　　反應速率與反應時間無關，主要由氣／固界面反應速率所控制，此反應法則主要適用於薄氧化層或沒有保護性氧化層（P-B比值＜1 或P-B比值≫1）的情況下，此類氧化反應之重量變化與反應時間成線性關係

$$\frac{\Delta W}{A} = k_l t$$

$\dfrac{\Delta W}{A}$：單位面積材料重量變化　　k_l：直線型速率常數　　t：反應時間

2. 拋物線型速率法則（parabolic-rate law）

　　若金屬氧化物緻密且不易剝落（P-B 比值介於 1 與 2 之間），則其高溫氧化之動力學反應主要依據拋物線型法則，此類型反應速率與反應時間的平方根

成反比，拋物線型反應之速率由氣體或金屬原子在氧化層間之擴散速率所控制；另外，速率常數（k_p）與擴散常數相似，可以 Arrhenius 關係式表示：

$$k_p = k_0 \exp\left(-\frac{Q}{RT}\right)$$

k_0：常數　Q：氧化所需活化能　R：氣體常數　T：反應溫度

合併上式後可改寫為$\left(\frac{\Delta W}{A}\right)^2 = k_0 \exp\left(-\frac{Q}{RT}\right)t$

3. 對數型速率法則（logarithmic-rate law）

反應依循對數型法則時，反應初期具有較快的反應速率，而後趨於平緩，對數型反應大都出現在反應溫度低於 400℃ 的反應初期（此時氧化膜僅 20Å~40Å）。

$$\frac{\Delta W}{A} = k_{\log} \log\left(t + t_0\right) + B$$

$\dfrac{\Delta W}{A}$：單位面積材料重量變化　$k_{\log}$：對數型速率常數

t_0：時間常數　t：反應時間

上述三種氧化法則之氧化行為比較可見圖 12.6。

㈣合金高溫氧化

純金屬的氧化理論同樣可以應用在合金的氧化現象，但由於下列幾個因素，使得合金的氧化機制較純元素複雜。

1. 合金內各元素具有不同的氧親和力，不同氧化物的生成自由能亦有所不同。
2. 不同金屬離子在氧化層中的擴散能力有所差異。
3. 合金內不同的氧化物有相互影響的可能性，某些氧化物甚至相互固溶。
4. 若氧固溶在合金內，內部氧化將生成次表層氧化物。

以下為影響合金高溫氧化行為之重要參數：

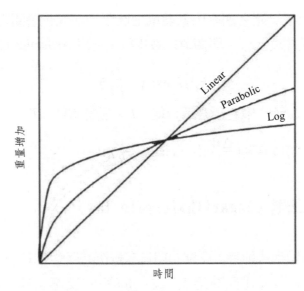

圖 12.6 不同氧化機制之速率比較

1. 溶質元素對合金高溫氧化行為的影響

當 A-B 二元合金氧化時，可能出現下列三種情況：(1)只出現單相 A 金屬氧化物（氧化物內可能含有 B 金屬的陽離子）；(2)只出現單相 B 金屬氧化物（氧化物內可能含有 A 金屬的陽離子）；(3) A 金屬氧化物與 B 金屬氧化物同時出現，A, B 兩種金屬氧化物的生成比例通常取決於 A,B 兩金屬元素在合金中的擴散速率與對氧親和力之差異。

在單相氧化物的情形下，若金屬氧化物之導電性因第二元素的溶入而有所提升，則金屬的氧化速率將會因此而提高，如 Li^+ 在 NiO 中；相對的若因第二元素的溶入而降低了金屬氧化物的導電性，那麼金屬的氧化速率也會因此而下降，如 Li^+ 在 ZnO 當中。

但當 A 金屬氧化物與 B 金屬氧化物同時出現時，兩種氧化物有可能會相互影響，使得合金氧化機制更為複雜，例如 Cu-Al 合金（Al < 10%）在 800℃時，Cu^{2+} 離子將快速的穿越合金與氧化層的界面，並與 O^{2-} 離子進行氧化還原反應生成 Cu_2O，隨著 Cu^{2+} 離子不斷的往氧化層擴散，在合金與氧化層界面處

的鋁原子濃度將因此而持續上升，並生成具有保護性的氧化鋁層，此時 Cu^{2+} 離子將很難穿越過氧化鋁至外面的 Cu_2O 層，故原先的 Cu_2O 層將進一步氧化成 CuO，在 Cu-Al 合金（Al<10%）的氧化系統當中，鋁原子向界面的擴散速率為控制系統速率的主要因子，因此隨著合金中鋁含量的上升，Cu-Al 合金的氧化將因 Cu^{2+} 越早被阻擋而越早被停止（見圖 12.7）。但當降低 Cu-Al 合金的氧化溫度時，鋁原子將因反應溫度的降低而無法及時到達界面，此時雖然氧化鋁依然會生成，但卻是呈顆粒狀的型態散佈在合金中，而非連續狀的保護膜，故將無法有效阻止銅離子的擴散，合金的氧化將持續進行。除了 Cu-Al 合金外，Fe-Al 合金中的鋁亦可有效的阻止合金的氧化（見圖 12.8），但由於 Fe-Al 合金很脆，實用性不佳，故通常以鋁化擴散塗覆或以電漿噴鍍等方式，將鋁塗覆於鐵的表面，利用表面高溫氧化所生成的氧化鋁達成保護內部鐵件的目的。

當二元合金中的溶質元素較溶劑元素不易氧化時，溶質元素將傾向在合金與氧化物的界面處集結，如 Fe-Ni 合金氧化時，鎳離子將參差在氧化鐵中，當

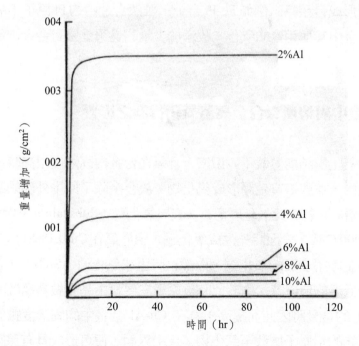

圖 12.7　不同鋁含量的 Cu-Al 合金在 800℃ 下的氧化行為

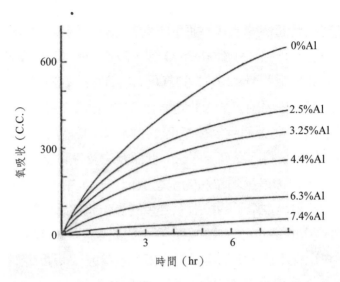

圖 12.8　不同鋁含量的 Fe-Al 合金在 900℃下的氧化行為

鎳離子一旦形成氧化鎳，將馬上被合金中的鐵還原，最後鐵的氧化物中將夾雜一層鎳層（見圖 12.9），此鎳層將可阻止合金繼續的氧化；另外，當金屬與少量的貴金屬形成合金時，例如 Fe-Pt 合金，雖然合金中的 Pt 原子不氧化，但並無法阻止合金中其他元素的氧化，故添加少量的貴重金屬對合金抗氧化的效用有限。

2. 氧於合金中固溶度對合金高溫氧化行為之影響

　　若合金氧化層結構鬆散不夠緻密，且氧在合金內固溶度很高時，氧將很容易滲入合金內，並與溶質金屬形成氧化物，故合金除了原本外部的氧化層外，內部將多一層氧化物，此氧化層稱為次表層氧化物（Subscale）。例如 Cu-0.1% Si 合金在 1000℃時，表面將先生成氧化銅，由於氧在 Cu-0.1%Si 合金內固溶度頗高，故合金除了表面的氧化銅，內部也將生成氧化矽（SiO_2），當 Cu-0.1% Si 合金處於低溫的環境時，由於此時氧原子主要藉由晶界做為擴散的途徑，故晶界處 SiO_2 的含量將因此而提高；氧在 Cu-Al 合金中的固溶度雖然也不低，但只要有足夠的鋁原子擴散至氧化物／合金界面，便可形成具有保護性的氧化鋁，因此 Cu-Al 合金較無次表層氧化物的產生。

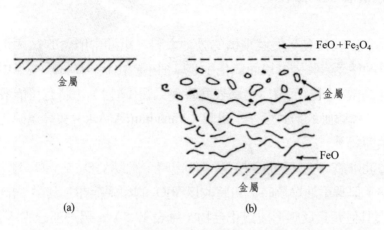

圖 12.9　Fe-Ni 合金氧化行為示意圖：(a)氧化前，(b)氧化後

3. 複合物對合金高溫氧化行為的影響

　　合金氧化後，若形成兩種以上的氧化物，則這些氧化物將有可能形成複合物，如果形成的複合物為矽酸鹽（Silicates）結構，則因矽酸鹽結構與玻璃相似，而將阻礙金屬或氧離子在合金中移動；但若合金中金屬為兩價或三價的元素，則其複合物通常為 $MO \cdot Al_2O_3$ 的 spinel 結構，若 spinel 結構中具有陽離子空孔，則此複合物將失去抗氧化的作用，例如 Al-Mg 合金中的 $MgO \cdot Al_2O_3$ 具有很好的抗氧化性，但 Al-Zn 合金中的 $ZnO \cdot Al_2O_3$ 則因結構中的缺陷，而不具有抗氧化的功效。

4. 氧氣分壓對合金高溫氧化行為的影響

　　當 A-B 二元合金氧化時，若外界的氧氣分壓小於 A 金屬氧化物的分解壓力（Dissociation pressure）時，則 A 金屬氧化物將不穩定而傾向分解，合金中將會只有 B 金屬氧化物的存在，此現象稱為選擇性氧化（Selective Oxidation），例如在還原性氣體中（氧分壓極低）的 Ag-3Be 合金，高溫反應後，因選擇性氧化的關係，合金中將只會產生 BeO 氧化層。

二、高溫熱鹽腐蝕機制

　　重油為氣動渦輪發電機與飛機的動力燃料，重油中所含的鈉、釩、鉛、硫、鉀等腐蝕性元素將因燃燒而氧化，並以細小顆粒狀，懸浮於空氣中，當這些具腐蝕性的微小顆粒沉積於金屬表面時（見圖 12.10），將有可能發生熱鹽腐蝕反應，熱鹽腐蝕的形式眾多，釩擊（Vanadium Attack）與高溫硫化為常見的熱鹽腐蝕型式。

　　釩為重油中最具有腐蝕性的元素，低溫時，釩以 V_2O_3 或 V_2O_4 的型態存在於重油當中，但當重油燃燒時，釩將改以 V_2O_5 的型式存在，其中一部分的 V_2O_5 將直接與其他元素反應形成釩化合物（見表 12.5），另一部分的 V_2O_5，則沉積至金屬表面，並與表面的保護層（Cr_2O_3、NiO 等）形成 $Cr_2O_3 \cdot V_2O_5$（熔點：665℃，見圖 12.11）與 $NiO \cdot V_2O_5$（熔點：640℃，見圖 12.12）等低熔點複合物，金屬表面保護層將因此而遭受破壞，使得腐蝕反應加速進行，重油中的鉛與鉀亦以此方式，使金屬遭受腐蝕破壞。

　　重油中的鈉則以下面的化學反應式與燃氣中的硫形成 Na_2SO_4（熔點：884℃）：

$$NaCl + H_2O \Leftrightarrow NaOH + HCl$$
$$2NaOH + SO_3 \Leftrightarrow Na_2SO_4 + H_2O$$

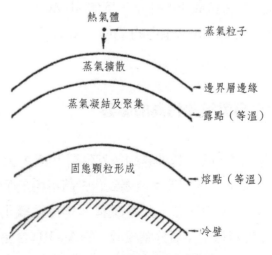

熱氣體　　　　　　　蒸氣粒子

蒸氣擴散　　　　　　邊界層邊緣

蒸氣凝結及聚集　　　露點（等溫）

固態顆粒形成　　　　熔點（等溫）

冷壁

圖 12.10　鹽類粒子沉積機制

表 12.5　重油燃燒可能生成的釩化合物與其融點

化合物	融點（℃）
V_2O_5	690
$3Na_2O - V_2O_5$	850
$2Na_2O - V_2O_5$	640
$10Na_2O - V_2O_5$	574
$Na_2O - V_2O_5$	630
$2Na_2O - 3V_2O_5$	565
$Na_2O - 2V_2O_5$	614
$5Na_2O - V_2O_5 - 11V_2O_5$	535
$Na_2O - 3V_2O_5$	621
$Na_2O - V_2O_4 - 5V_2O_5$	625
$Na_2O - 6V_2O_5$	652
$2NiO - V_2O_5$	>900
$3NiO - V_2O_5$	>900
$Fe_2O_3 - V_2O_5$	860
$Fe_2O_2 - 2V_2O_5$	855
$MgO - V_2O_5$	671
$2MgO - V_2O_5$	835
$3MgO - V_2O_5$	1191
$CaO - V_2O_5$	618
$2CaO - V_2O_5$	778
$3CaO - V_2O_5$	1016

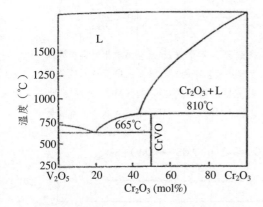

圖 12.11　$V_2O_5 - Cr_2O_3$ 之平衡相圖

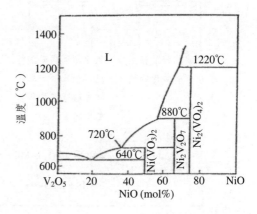

圖 12.12　$V_2O_5 - NiO$ 之平衡相圖

　　當燃氣中 Na_2SO_4 分壓小於其平衡壓力時，Na_2SO_4 將以氣態存在，由於氣態的 Na_2SO_4 無法形成活化能梯度（Activity Gradient），因此腐蝕反應將不會發生；但當燃氣中 Na_2SO_4 分壓大於其平衡壓力時，Na_2SO_4 將改以液態的形式附著在金屬表面，並與表面的 Cr_2O_3 保護層，形成 $Na_2O \cdot Cr_2O_3$ 等低熔點複合物破壞金屬表面，而反應後放出的硫，將因金屬表面保護層的破壞而滲入內部，並與內部金屬形成硫化物（Cr_xS），合金中的鉻含量將因此而降低，隨著鉻含量的下降，合金中具保護性的 Cr_2O_3 氧化層也將減少，在如此的惡性循環下，材料終將破壞（高溫硫化機制見圖 12.13）。

　　熱鹽腐蝕可分為兩個時期，分別為剛開始的初期（initial stage）與後續的腐蝕加速期（propagation stage）。

　　在反應的初期，合金依據熱力學與動力學定律，在表面上生長出穩定的氧化物，在氧化物生長的同時，空氣中的鹽類顆粒以液態或以固態的形式沉積在氧化物的表面，但並不馬上與氧化物發生反應（見圖 12.14），此時合金可視為單純的氧化，此時期可視為熱鹽腐蝕的潛伏期（incubation period）。

　　接著進入腐蝕加速期，沉積在金屬表面的鹽類開始與氧化層反應，使得具有保護性的氧化層開始遭受破壞，氧離子與硫離子將因此有機會深入金屬內部，造成金屬腐蝕破壞。

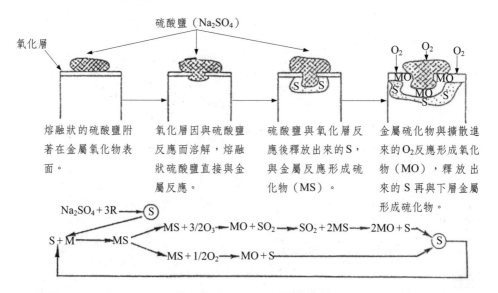

圖 12.13　高溫硫化反應機制

㈠氧化層熱鹽溶解

　　金屬氧化層因鹽類而破壞的機制有兩種：鹼性溶解（basic fluxing）與酸性溶解（acidic fluxing）。

1. 鹼性溶解

　　氧化層因與鹽類中的氧離子反應成錯離子（Complex anion）而溶解破壞的現象稱為鹼性溶解。以 Ni 為例，由於 Ni 氧化生成 NiO 而消耗了鹽類中的氧離子，使得鹽類中氧離子活性下降（物種的莫爾分率越低，其活性也越低），隨著氧離子活性的減少，鹽類中硫的位能勢（potential）開始提高，因此促使鹽類中的硫往金屬內部移動，並與金屬在合金與氧化層的界面處生成硫化物（NiS），由於硫化物的生成，氧化層與熔融鹽界面處 S 的活性將開始下降，

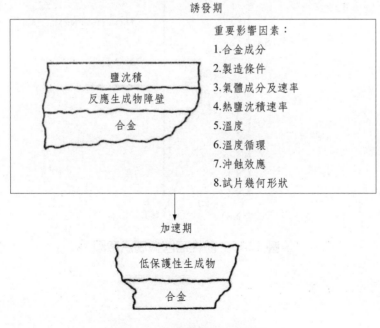

誘發期

重要影響因素：
1.合金成分
2.製造條件
3.氣體成分及速率
4.熱鹽沈積速率
5.溫度
6.溫度循環
7.沖蝕效應
8.試片幾何形狀

鹽沈積
反應生成物障壁
合金

加速期

低保護性生成物
合金

圖 12.14　熱鹽腐蝕示意圖

並提升氧化層與熔融鹽界面處氧離子的活性，因此將促使氧離子與NiO反應形成 NiO 溶解（NiO+O₂→NiO_2^{2-}）。溶解出來的 NiO_2^{2-} 錯離子而使層狀 NiO 溶解（$NiO+O_2\rightarrow NiO_2^{2-}$）。溶解出來的 NiO_2^{2-} 錯離子將往熔融鹽與氣體界面處擴散，並分解成氧離子與不具保護性的顆粒狀 NiO（鹼性溶解機制見圖 12.15）。鹼性溶解的現象通常可藉由鉻的添加來減緩，添加鉻於金屬中將使氧化層與熔融鹽界面處生成 Na_2CrO_4，因而降低界面處氧離子的活性，減少 NiO_2^{2-} 錯離子的生成機會，隨著鉻添加量的增加，抗鹼性溶解的效果將因 Cr_2O_3 保護層的生長而有所提升。

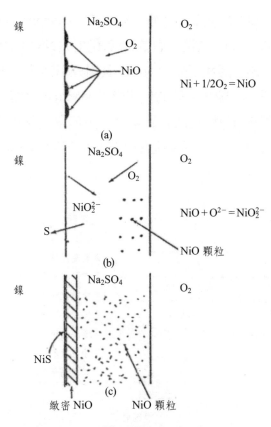

圖 12.15　鹼性溶解機制示意圖

2. 酸性溶解

氧化層因鹽類中的氧離子活性下降而解離的現象（$MO \rightarrow M^{2+} + O^{2-}$）稱為酸性溶解，此現象通常發生在熔融鹽含有 WO_3、V_2O_5、MoO_3 等氧化物，或含有 W、V、Mo 等元素的合金金屬。以 Ni-31 Al-Mo 合金為例，反應初始時，合金表面將生成連續狀的 Al_2O_3 並有 Na_2SO_4 沉積在 Al_2O_3 的上方，由於 Na_2SO_4 中的氧離子與合金中的 W、V、M 等元素生成錯離子（WO_4^{2-} 與 VO_3^-）的傾向大於 Al_2O_3 中的氧離子，故 Na_2SO_4 中的氧離子活性將因錯離子的生成而下降，隨著 Na_2SO_4 中氧離子活性的下降，Al_2O_3 開始解離成 Al^{3+} 與 O^{2-} 而解離，但由於合金中的 MoO_3 的揮發，使得再度析出的 Al_2O_3 呈多孔性網狀，Al_2O_3 的保護性將因此而消失，隨著原生的 Al_2O_3 不斷遭解離溶解，合金與氧化層的界面開始出現不規則狀，並有富 Ni 的塊狀物（Ni-rich island）在此處析出（酸性溶解機制見圖 12.16）。除了上述的機制，燃油中的 W、V、M 等元素氧化後，形成 WO_3、V_2O_5、MoO_3 等氧化物沉積在合金氧化層表面，並與原生氧化層形成低熔點的化合物如 $CrVO_4$（熔點：810℃）、$AlVO_4$（熔點：695℃）與 NiV_2O_7（熔點：875℃），也將因此而造成酸性溶解。目前研究顯示：Al_2O_3 在硫酸鹽中的溶解度最大，最易因酸性溶解而破壞，Cr_2O_3 的溶解度次之，SiO_2 則完全無法溶解於硫酸鹽中，使得 SiO_2 較不易因酸性溶解而遭受到破壞。

(二)高溫熱鹽腐蝕影響因素

許多因素都將影響熱鹽腐蝕行為，包括：溫度、壓力、鹽類成分、合金組成元素與機械應力等。

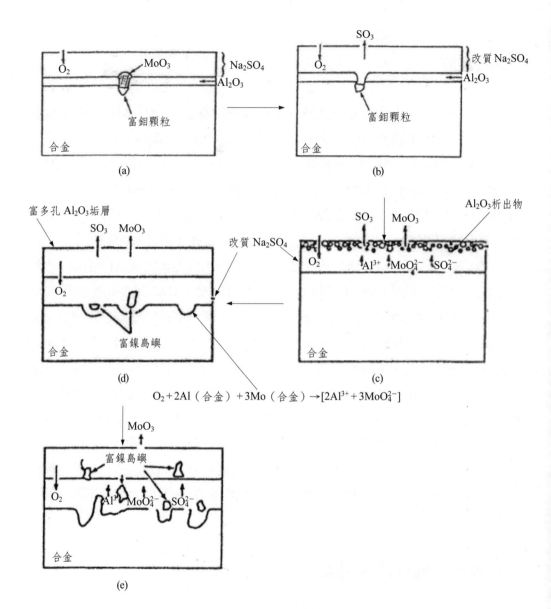

圖 12.16　酸性溶解機制示意圖

1. 溫度

圖 12.17 為熱鹽腐蝕行為與溫度之間的關係：當反應溫度較低時，鹽類以固態的型式沉積在氧化物表面，此時，鹽類幾乎不與氧化層反應，這個階段可視為單純的高溫氧化；但當反應溫度提高時，鹽類開始以液態型式披覆在氧化層表面，而加速與氧化層反應，使氧化層解離破壞，此時，材料的腐蝕破壞最為嚴重；若持續提高反應溫度，鹽類將開始不穩定而使腐蝕速率下降，若反應溫度提高至鹽類的汽化點，鹽類將因汽化分解而無法再覆蓋在金屬氧化層的表面，腐蝕行為又將轉回原先的高溫氧化，高溫氧化的速率將隨著反應溫度的提高而持續增加。

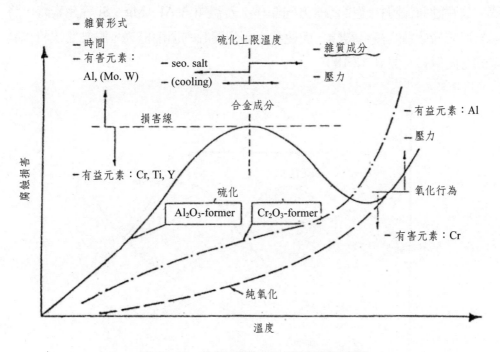

圖 12.17　高溫腐蝕行為與溫度之關係

2. 壓力

根據 Clapeyron 方程式（$\frac{dP}{dT} = \frac{\Delta H}{T \Delta V}$），外界壓力越大時，鹽類的熔點將因此而提高，故鹽類將在較高的溫度下才開始與氧化層產生劇烈的反應，故在較高的壓力下，圖 12.17 中的腐蝕曲線，將往溫度較高的方向偏移。

3. 鹽類成分

若 Cl、Na、V 等元素存在於鹽類中時，這種複合鹽類將很容易與氧化層反應形成低熔點的化合物，而使氧化層破壞，發生劇烈腐蝕的溫度將因此而降低，故腐蝕曲線將往溫度低的方向偏移；若鹽類含 Al、Mg、Si 等元素時，將容易形成高熔點的複合鹽類，而使發生劇烈腐蝕的溫度提高，腐蝕曲線將往高溫的方向偏移（見圖 12.18）。

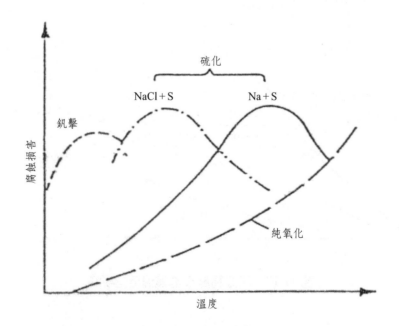

圖 12.18　鹽類成分對高溫腐蝕行為之影響

4. 合金組成元素

　　由於超合金材料組成元素眾多，所形成的氧化物種類也相當繁雜，因合金中每種氧化物間的熱膨脹係數與彈性係數均有差異，故當外在溫度變化時，氧化物需承受因熱膨脹係數的不匹配所引起的熱應力，氧化物將因此而遭受到破壞並加速金屬腐蝕反應的進行；目前研究顯示：若在鎳基超合金中添加鉻（通常約 15%），則可延長合金熱鹽腐蝕破壞的潛伏期（見圖 12.19），但若添加過度，雖可提升合金的抗腐蝕性，但有可能因此而使合金的機械性質下降。

5. 機械應力

　　若合金材料所承受到的應力超過臨界值（Critical Stress Level）時，所承受到的應力將會使氧化層與金屬接觸不良，而使氧化層容易龜裂、剝落，使得新鮮未氧化的材料連續暴露在大氣下，將因此而加速腐蝕反應的進行。

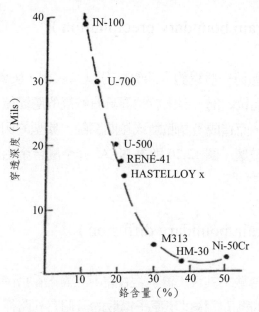

圖 12.19　鉻含量對合金氧化行為之影響

三、高溫斷裂機制

　　一般工程材料均為多晶（polycrystalline）組織，其晶粒與晶粒之間的交界面稱為晶界（grain boundary），粒界相當於結晶構造之二維缺陷，存在有較高應變能，因此將顯現一些特殊的物理或化學特性，材料在高溫的斷裂多半由這些粒界特性所造成，粒界特性及其所關連之高溫斷裂機制說明如下：

㈠**粒界偏析**（grain boundary segregation）

　　材料在高溫熱處理過程，某些特定的雜質元素傾向在粒界聚集，其偏析範圍只有幾個原子層厚度，但卻會造成粒界區域兩邊晶粒原子的鍵結力減弱而導致沿晶脆斷現象。典型的例子即為鋼鐵回火脆裂。

㈡**粒界析出**（grain boundary precipitation）

　　材料經由相變態使一些過飽合溶質成分以二次相（second phase）析出，其析出位置通常在晶粒內部，但由於粒界具有較高的應變能，這些二次相亦可能在粒界位置析出，而造成沿晶脆斷或粒間腐蝕，典型的例子為鋁合金過時效脆斷或不銹鋼敏化破壞。圖 12.20 則為 Ni_3Al 介金屬合金由於粒界析出造成沿晶脆斷的實例。

㈢**粒界擴散**（grain boundary diffusion）

　　原子經由粒界傳輸，其速率高於經由晶格缺陷移動所產生的體擴散（volume diffusion），亦即晶界提供了原子擴散的一個有利路徑，因而加速材料的變形，在高溫應力作用下，晶格空孔（vacancies）也會相對於原子擴散而沿著

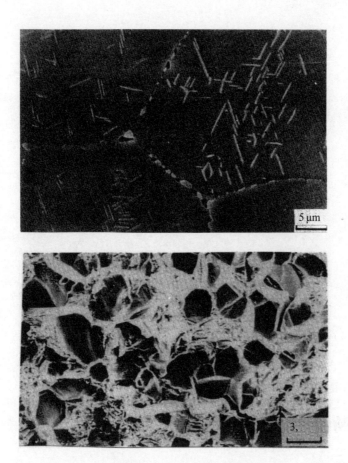

圖 12.20　Ni21Al1Zr0.2B 介金屬合金在 750℃ 空氣爐長時間熱處理粒界產生析出物
　　　　（上圖）導致沿晶脆斷現象（下圖）

粒界傳輸，聚集成為粒界空孔（圖 12.21），這是潛變的重要機制。此外在大
氣加熱，環境中的氧原子亦可能經由粒界擴散快速侵入材料內部而造成嚴重的
沿晶脆斷，例如針對 Ni₃Al 介金屬合金沿晶脆斷，通常稱為粒界疫害（grain
boundary pest），其破壞機制被認為是大氣環境中的氧或氮沿著粒界擴散進入
材料內部所造成。

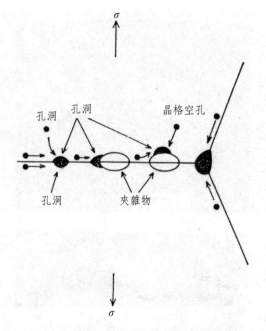

圖 12.21　晶格空孔沿粒界擴散造成粒界空孔

㈣**粒界運動**（grain boundary migration）

粒界沿著其垂直方向移動，因而造成晶粒粗化，使材料硬度及強度降低而容易斷裂，典型的例子是積體電路元件打線接合（wire bonding）金線或鋁線熱影響區的局部晶粒粗化現象（圖 12.22），此晶粒粗化甚至形成竹節狀晶粒結構而斷裂（圖 12.23），使用銅線由於熱傳導較佳，此一現象可以避免。

㈤**粒界滑移**（grain boundary sliding）

粒界兩邊的晶粒平行於粒界面相對運動，可能造成晶粒旋轉，這是一般超塑性變形的主要機制，此外圖 12.24 說明當粒界存在有一些析出物或夾雜物時，粒界滑移會產生孔洞，同樣的粒界滑移也會在次晶界及三粒界交叉點形成孔洞，這些都會造成材料高溫破壞，典型的例子即是潛變破壞，而粒界孔洞及三粒界交叉點孔洞正是潛變的重要特徵。

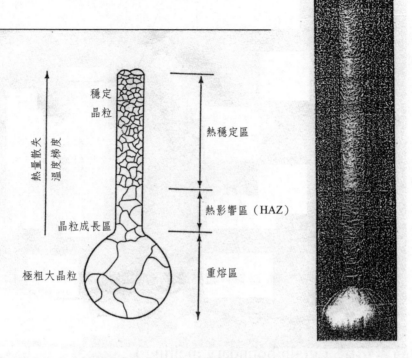

圖 12.22 積體電路元件進行打線接合局部晶粒粗化現象

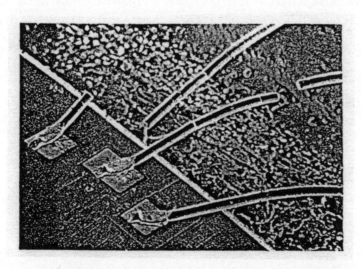

圖 12.23 積體電路元件進行鋁線打線接合形成竹節狀晶粒而斷裂

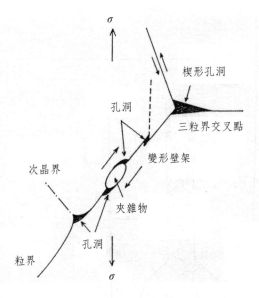

圖 12.24　粒界滑移形成粒界孔洞

㈥晶界熔融（grain boundary melting）

　　粒界由於雜質聚集或其他相變態反應，可能熔點略低於晶粒內部材料，在高溫狀態，晶粒尚未達到熔點而保持固態，但粒界已經發生熔融現象，因而造成材料沿晶界斷裂。典型的例子是圖 12.25 的 Ni21Al1Zr0.2B 介金屬合金在1,200℃空氣爐長時間熱處理過程，粒界上的Ni_5Zr析出物與Ni發生共晶反應，熔點降低，而發生粒界熔融及沿晶脆斷。

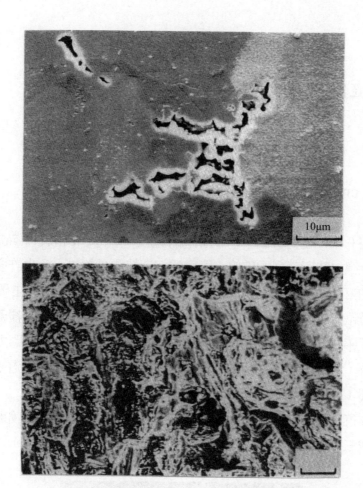

圖 12.25　Ni21Al1Zr0.2B 介金屬合金在 1,200℃空氣爐長時間熱處理發生粒界熔融
現象（上圖）導致沿晶斷裂

四、高溫斷裂及其破壞特徵

㈠潛變（creep）

　　材料在 0.5Ts 溫度以上（Ts 為固相線溫度，0.5Ts 相當於再結晶溫度）受長時間固定應力時所產生的破壞。潛變的初期特徵是粒界上產生許多小洞（圖 12.26）或在三粒界交叉點形成楔形裂縫（圖 12.27），其反應主要由擴散控制，而以沿粒界破壞型態進行。由於高溫反應，潛變破壞面通常覆蓋一層反應物，斷口呈平台狀，並可在附近發現附屬裂紋（圖 12.28）。當應力達到材料高溫強度時（潛變後期，截面積因粒界孔洞而減少時），沿粒界潛變型態會轉為穿晶熱裂（hot fracture），此時反應改由塑性變形控制。

　　材料進行固定負荷的高溫潛變試驗時，應變與時間關係曲線如圖 12.29 所示，可分成三個區域：

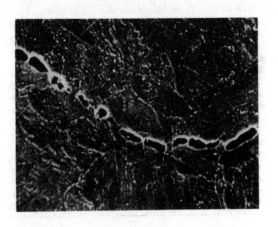

圖 12.26　潛變破壞特徵：粒界孔洞

圖 12.27　潛變破壞特徵：三粒界交叉點

圖 12.28　潛變破壞斷面形貌

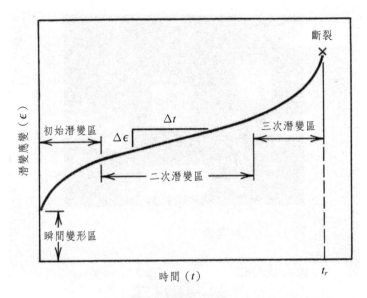

圖 12.29　高溫潛變過程材料拉伸應變與時間關係

1. 初始潛變區 (Primary Creep)

此時材料為變形強化機制，在較低溫低應力條件，應變量與時間之關係為：$\varepsilon = \alpha \ln t$（稱為 α 潛變），在較高溫條件，應變量與時間之關係為：$\varepsilon = \beta t^{1/3}$（稱為 β 潛變）。

2. 二次潛變區 (Secondary Creep)

此時材料的變形強化機制與強化解除機制達到平衡，應變速率與溫度之關係為：$\dot{\varepsilon} = $ 固定值 $= Af(\sigma, T)e^{-\frac{Q}{RT}} = A\left(\dfrac{\sigma}{E}\right)^n e^{-\frac{Q}{RT}}$，對於金屬材料，上式 n 值大約等於 5。

3. 三次潛變區（Tertiary Creep）

此時材料發生頸縮，同時變形強化機制減弱或解除，其原因包括析出物粗化及差排回復，材料加速斷裂。對於特定材料受到特定應力作用，其潛變斷裂壽命（t_r）與溫度有關：$T(C+\log t_r)=$ 固定值，式中 C = 20，此一關係 $T(C+\log t_r)$ 稱為 Larson-Miller 參數，以 S-590 鐵為例，在 800°C 受到應力 140MPa 情況，圖 12.30 可讀出其 Larson-Miller 參數 $T(C+\log t_r)=1073(20+\log t_r)=24\times10^3$，由此得到潛變壽命（$t_r$）為 233 小時。

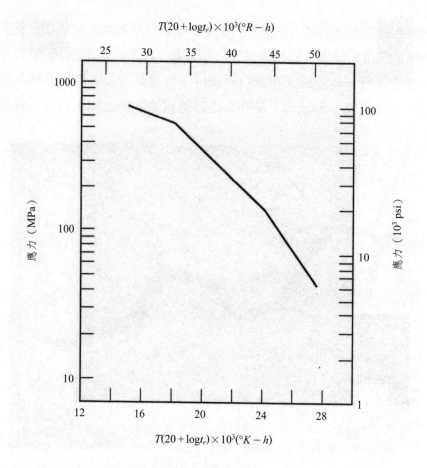

圖 12.30　S-590 鐵的高溫潛變應力與 Larson-Miller 參數關係

㈡回火脆裂（Temper Embrittlement）

　　鋼鐵淬火形成麻田散鐵，強度及硬度極高，延展性及韌性均較低，為了改善麻田散鐵組織的硬脆性進行回火處理，此時晶粒內部的延展性提升，但是一些雜質元素（P、Sb 等）會在粒界偏析，因而造成沿晶脆斷（圖 12.31），利用歐傑光譜儀分析破斷面可得到極高的磷含量（圖 12.32）。

㈢粒界疫害（Grain Boundary Pest）

　　材料在高溫大氣環境，空氣中的氧原子或氮原子可能沿粒界擴散進入材料內部，並且在粒界偏析，如此將造成沿晶脆斷。典型的例子為 Ni_3Al 介金屬合金，在常溫會有一些氧原子在其粒界偏析，造成其沿晶脆性，此稱為粒界疫害，然而添加微量（500ppm）硼同時進行適當的熱機處理，可以大幅提高其

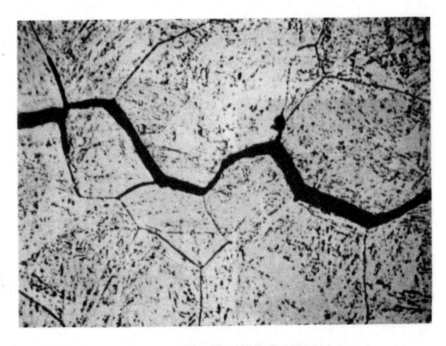

圖 12.31　鋼鐵回火脆化造成沿晶斷裂

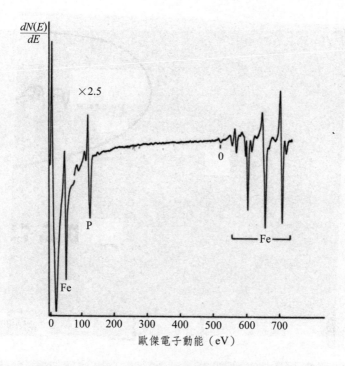

圖 12.32 鋼鐵回火脆化破斷面的歐傑光譜分析

延展性，圖 12.33 為此合金樣品在歐傑光譜儀內直接打斷，其截面產生極大縮頸（圖 12.33 上），破斷面主要為延性穿晶破壞模式（圖 12.33 下），由圖 12.34 歐傑光譜分析沿晶破斷區可看到硼的成分（圖 12.34a），而穿晶破斷區則無硼元素（圖 12.34b），由此可證明硼取代氧原子在此合金的粒界偏析，這是粒界偏析一種很特殊的有益效應。可是，如果將此合金在 1200℃ 空氣爐中熱處理 100 小時，材料呈現很嚴重的沿晶脆斷（圖 12.35），歐傑光譜分析發現其破斷面有極大的氧訊號（圖 12.36a），經過離子濺射後，氧訊號消失，可見此一沿晶脆斷現象是由於大量氧原子在其粒界偏析，形成極嚴重的粒界疫害。

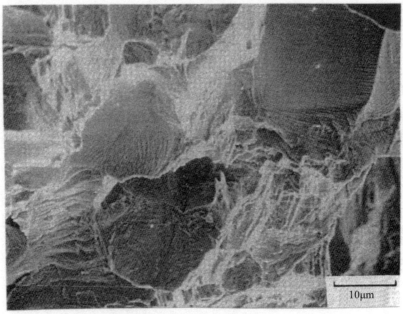

圖 12.33　添加微量硼的 Ni_3Al 介金屬合金具有良好的延展性

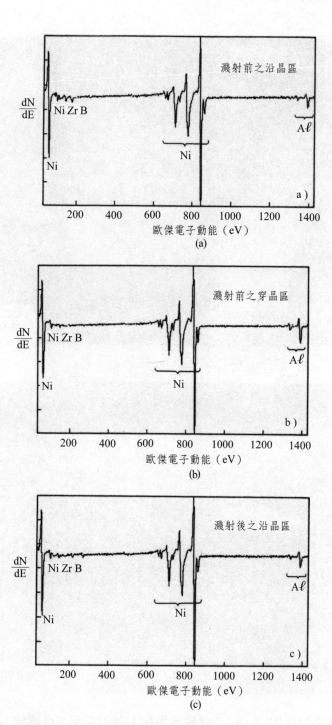

圖 12.34　添加微量硼的 Ni_3Al 介金屬合金破斷面歐傑光譜分析：(a)沿晶破斷區；(b)
穿晶破斷區；(c)沿晶破斷區經離子濺射後

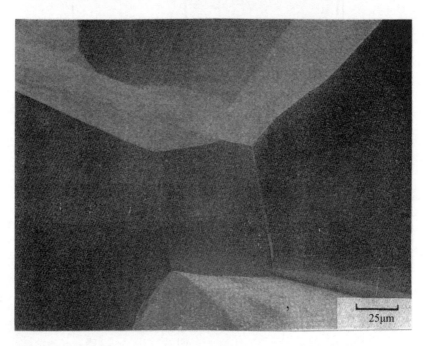

圖 12.35　添加微量硼的 Ni₃Al 介金屬合金在 1200℃空氣爐熱處理 100 小時呈現嚴重的沿晶脆斷

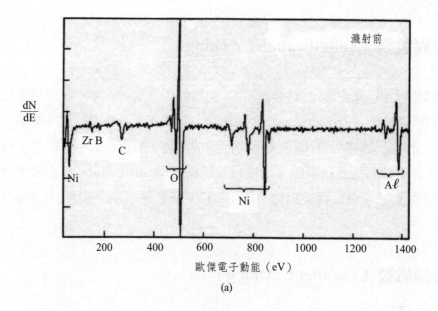

(a)

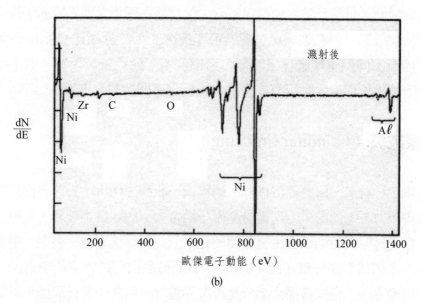

(b)

圖 12.36　添加硼的 Ni_3Al 介金屬合金 1200℃大氣中加熱 100 小時沿晶脆斷之破斷面歐傑光譜分析：(a)離子濺射前；(b)離子濺射後

㈣凝固破裂（Solidification Cracking）

鑄造凝固過程或焊接再融解過程，粒界偏析及凝固元素富集作用使粒界區之材質熔點較低，冷卻收縮或其他局部應力會使此尚未凝固部位被撕裂，同樣焊接亦會使此低熔點粒界區先融解，而形成熱裂。裂痕一般可直接從工件表面看出，其微觀特徵是破裂路徑沿樹枝狀結構（interdendritic）或沿粒界進行，其斷裂面上可見到耳狀突起物（圖 12.37）或各種形狀之樹枝狀結構物（圖12.38）。

㈤冷卻破裂（Cooling Cracking）

由於設計、材質及熱處理程序不當，使材料在硬化處理之冷卻過程中因內應力而發生破裂。與熱裂一樣，裂痕可直接從工件表面看出（圖 12.39），斷裂面可因為不同熱處理過程溫度變化而顯現不同顏色帶，裂縫一般沿粒界進行，但隨著脆化程度大小可有或多或少比例之劈開型破裂夾雜。

㈥磨擦破裂（Grinding Cracking）

在車工、銑工、研磨等機械加工過程或一般磨擦作用，工件表面所生之熱會造成內張力，當此內張力超過材料原子結合力，即會發生破裂，有時產生之熱太大會使材料表面結構發生變化而硬化，因此更促進磨裂之發生。磨裂可由工件表面之網狀裂紋分辨（圖 12.40），但有時裂紋可能垂直研磨方向，或完全平行研磨方向，裂紋傳播大部分是沿粒界進行，因此一般破裂面可見到沿粒界破壞之光滑粒界表面特徵。

圖 12.37　凝固破裂特徵：耳狀突起物

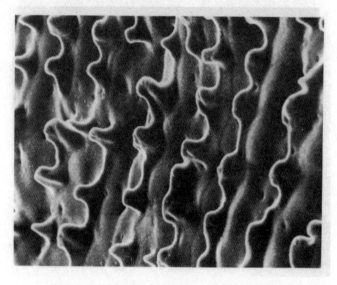

圖 12.38　凝固破裂特徵：樹枝狀結構物

圖 12.39　冷卻破裂

圖 12.40　磨擦破裂

(七)熱震破裂（Thermal Shock Cracking）

由於溫度急遽改變，而造成材料之破裂。尤其當材料溫度突降時，內部來不及降溫，而在材料表面形成張力，當張力足夠大時，即可成為裂縫向內部傳

播。熱震破裂之表面特徵與磨裂同為網狀裂痕（圖 12.41），其截面可見到許多裂縫（圖 12.42），但裂縫內部填塞著氧化物（圖 12.43）。

圖 12.41

圖 12.42

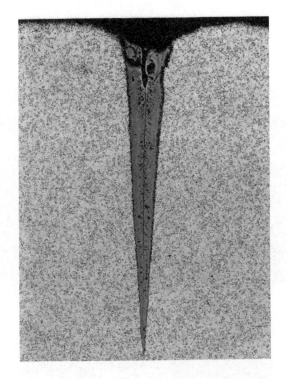

圖 12.43

(八)敏化破壞（Sensitization）

304 不銹鋼內含 18%Cr 及 8%Ni 合金元素，其中 18%Cr 為不銹鋼耐蝕性的主要元素，如果在 550℃至 650℃加熱或焊接熱影響區，Cr 元素會在粒界上產生 $Cr_{23}C_6$ 析出物，因而造成粒界鄰近區域的 Cr 含量遠低於 18%，如圖 12.44 所示，無法具備不銹鋼耐蝕條件，很容易形成粒間腐蝕（圖 12.45），因而造成材料受力發生沿晶破裂或者焊接熱影響區破裂。防止 304 不銹鋼敏化應避免在 550℃至 650℃加熱，或者使用含碳量較低的 304L 不銹鋼。

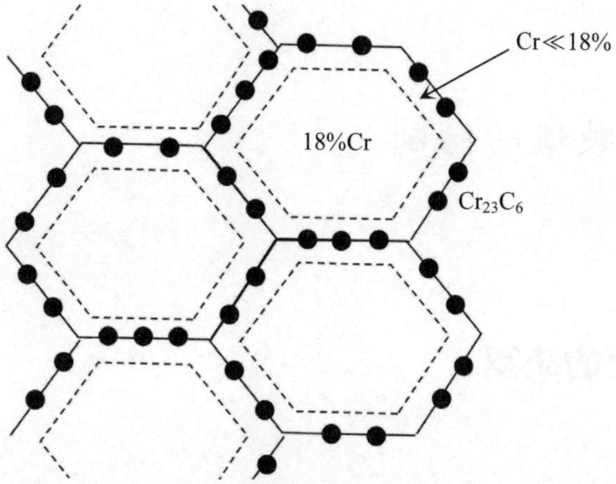

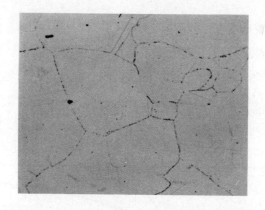

圖 12.44　不銹鋼敏化

圖 12.45　SAE304 不銹鋼敏化造成粒間腐蝕

五、高溫破壞的防制

㈠高溫氧化的防制

1. 保護性氧化層之性質

　　由圖 12.46 可發現氧化層性質將對氧化反應影響極大：由於氧化銅為緻密的保護性氧化層，故銅的重量增加量與時間呈拋物線關係，銅的氧化到反應後期明顯的被壓抑下來；相對的，因氧化鋅結構為多孔性而無法保護內部金屬，故鋅的重量增加量與時間呈線性關係，即氧化速率為一常數；通常具有保護性的氧化層需具備下列幾個特點：

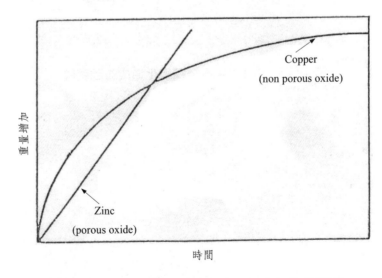

圖 12.46　不同氧化層結構對金屬氧化行為的影響

(1)在熱力學上為穩定的氧化物

氧化物的蒸氣壓越小或生成自由能越負，在熱力學上越穩定，蒸氣壓太高的氧化物在還原性氣氛中，將傾向分解而不以氧化物的形式存在，氧化物在不同溫度下的生成自由能可由 Ellingham's diagram 查得。

(2)氧化層具備良好的基材附著性

具有保護性的氧化層除了須具備高緻密性，也須具備良好的基材附著性，氧化物的剝落或裂紋通常由應力所造成，應力的來源主要包括熱應力（Thermal stresses）與成長應力（Growth Stresses）。熱應力通常因金屬與氧化物的膨脹與收縮而形成，成長應力則起因於氧化物的生長。

成長應力通常由金屬與氧化物間體積的差異所形成，因體積相差所造成的應力通常以P-B比值來表示，當P-B比值大於 1 時，氧化物受到壓縮應力，大部分金屬氧化物其 P-B 比值通常大於 1；當 P-B 比值小於 1 時，氧化物將受到張應力而無法維持下去，如 K、Na、Mg 等金屬。通常具有保護性的氧化層，其 P-B 比值介於 1 與 2 之間。另外如表 12.6 所示，金屬的熱膨脹係數通常較金屬氧化物為高，故當金屬與氧化物冷卻時，氧化物將因彼此收縮程度的不同而承受應力。應力的大小與兩者熱膨脹係數的差值成正比，熱膨脹係數相差太大將使氧化物剝落，如 Ni 基材與 Cr 的氧化物。

表 12.6　常見金屬與其氧化物之熱膨脹係數

系統	氧化物熱膨脹係數	金屬物熱膨脹係數	比值
Fe/FeO	12.2×10^{-6}	15.3×10^{-6}	1.25
Fe/Fe$_2$O$_3$	14.9×10^{-6}	15.3×10^{-6}	1.03
Ni/NiO	17.1×10^{-6}	17.6×10^{-6}	1.03
Co/CoO	15.0×10^{-6}	14.0×10^{-6}	0.93
Cr/Cr$_2$O$_3$	7.3×10^{-6}	9.5×10^{-6}	1.30
Cu/Cu$_2$O	4.3×10^{-6}	18.6×10^{-6}	4.32
Cu/CuO	9.3×10^{-6}	18.6×10^{-6}	2.00

(3)有效地阻止氧擴散

在氧化層不剝落的前提下，氧化層將隨著反應時間的增加而增厚，但若氧離子在此氧化層內的擴散常數過高，那麼儘管氧化層厚度隨著反應時間增加而增厚，依然無法有效阻止氧離子往內部擴散而與金屬離子結合；通常具有保護性的氧化層，氧離子在其內部的擴散速率均偏低，因此能有效的抑制氧離子向內部擴散，進而防止金屬的氧化，此類的氧化層包括 Al_2O_3、Cr_2O_3 等。

2. 高溫氧化的抑制方式

經由上述可知外部覆層性質對金屬的抗氧化性具有一定程度的影響，故要提升金屬的抗氧化性，通常先從外部被覆層著手，常見的改良方式如下：

(1)提升氧化層的附著力

目前提升氧化層的附著力有下列三種方式：(1)合金額外添加易氧化的元素如 Y，Hf 及稀土元素 La，Ce 等；(2)合金添加氧化物如 ThO_2；(3)合金中添加貴重金屬如 Pt 等，前兩項可合併使用，第三種方式除非添加量大，否則難有效果，但貴重金屬單價極高，故第三種方式通常只見於表面鍍層的應用。高溫合金添加微量（＜1wt%）的活性元素將可減少合金氧化層剝落的機率，其機制詳述如下：

(1)活性元素的添加可有效地阻止金屬陽離子空孔向內擴散，因此減少了氧化層與金屬間之孔洞面積，進而提升氧化層與金屬之接觸面積，減少了氧化層剝落的機會。

(2)活性元素的添加可改變氧化層的微結構，降低氧化層的應變能，使之容易塑性變形，降低了氧化層剝落的可能性。

(3)活性元素的氧化物顆粒可細化氧化層的晶粒尺寸，因此氧化層裂紋起始與成長所需的能量，將因活性元素的添加而提高。

圖 12.47 為 Ni-50Cr-xCe 合金之 TGA 分析結果，顯示活性元素（Ce）添加越多，合金抗氧化性越佳，這是由於 Ce 的氧化物不僅可以使 Cr_2O_3 成為連續狀

的保護膜，更可有效增進氧化物與基材間的附著力，因而降低了金屬的氧化速率。

(2)塗覆保護鍍層

保護鍍層材料需具備以下之特點：(1)抗高溫週期性氧化、(2)耐熱疲勞、(3)具有與基材相近的熱膨脹係數，以防剝落、(4)在任何溫度下皆不會對基材之機械性質有不良的影響。目前一般抗高溫氧化的鍍層方式有兩種，其中一種為以電漿噴焊（Plasma Spraying）的方式將特殊成分的覆層噴覆在基材上，例如，以 NiCrAlY 金屬粉末噴覆在超合金上，高溫氧化時，Al 與 Cr 可形成 Al_2O_3 和 Cr_2O_3 保護合金內部，Y 則可以改善氧化層的附著力，此抗氧化保護鍍層常用在渦輪組件上；另一種鍍層方法為擴散鍍層（Diffusion Coating），其原理為將基材表面滲入一種或多種元素，並形成抗氧化層，例如超合金利用鋁化鍍層，在表面形成 CoAl 或 NiAl，高溫氧化時，CoAl 或 NiAl 將可形成具保護性的 Al_2O_3 氧化層，保護內部機件。

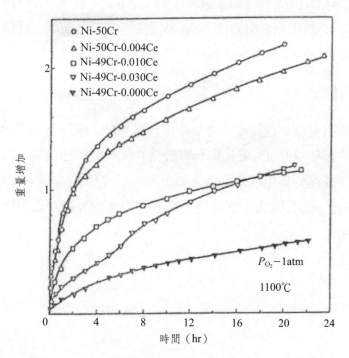

圖 12.47　Ce 添加量對 Ni-Cr 合金氧化行為之影響

㈡高溫熱鹽腐蝕的防制

目前常見的高溫熱鹽腐蝕的抑制方式有兩種，其中一種方式為在機件表面披覆上保護塗層，在重油中添加腐蝕抑制劑則為另外一種常見的抑制方式。

1. 保護塗層

使用溫度與周圍環境為保護塗層選擇之重要考量，目前常見的保護塗層材料有 Al_2O_3、Cr_2O_3、M-Cr-Al-Y（M＝Co，Ni，Fe）與 M-Cr-Si-B-Fe（M＝Co 與 Ni）等

⑴ Al_2O_3

由於 Al_2O_3 在高溫環境下相當穩定，且氧並不容易在 Al_2O_3 中擴散（由圖 12.48 可發現 Al_2O_3 的成長速率常數遠低於 Cr_2O_3），故 Al_2O_3 保護塗層相當適合在高溫環境下使用，但 Al_2O_3 相當容易因酸性溶解而破壞，且極易剝落，這些缺點在使用 Al_2O_3 作為保護塗層時，是需要被注意的。

⑵ Cr_2O_3

目前許多研究結果已證實：在反應溫度較低的情況下，因 Cr_2O_3 較不易與鹽類起反應，而使得 Cr_2O_3 氧化層具有較佳的抗熱鹽腐蝕效果，但若在高溫使用時，由於此時鉻的氧化速率加快，加上可能形成 $Cr_2O_{3(g)}$（在 1atm 氣化點：930℃）而揮發，這些因素，都將使得高溫下的 Cr_2O_3 趨向於不穩定而失去保護機件的作用。

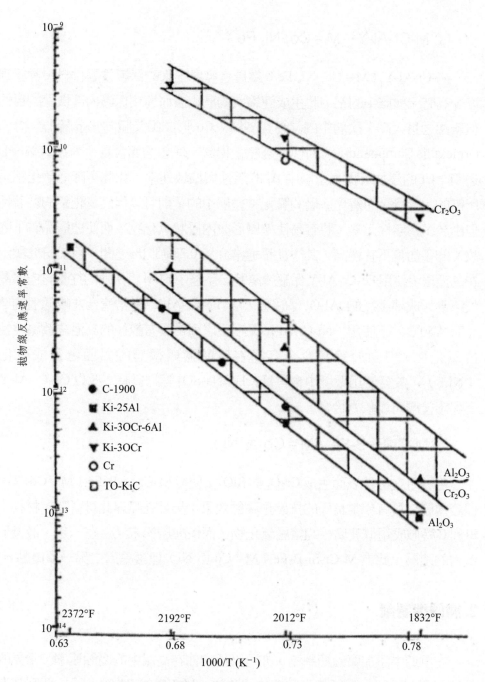

圖 12.48 不同合金生成 Al_2O_3 與 Cr_2O_3 氧化層時，
氧化層成長速率常數隨溫度變化之情形

(3) M-Cr-Al-Y（M＝Co, Ni, Fe）

M-Cr-Al-Y（M＝Co, Ni, Fe）為最近發展出來的保護塗層材料，當反應溫度升高時，塗層中的鋁，將生成連續狀的氧化層而達到保護內部機件的目的，但若鋁含量太高，塗層中的鋁易與 Ni 或 Co 形成硬又脆的介金屬化合物（Intermetallic Compound），而使塗層脆化損壞，理想的鋁含量大約在 10%～13% 之間；Cr 的添加可提高塗層中 Al 的活性與擴散速率，如此可降低氧化鋁生成所需的鋁含量，而避免塗層的脆化；塗層中的 Y 則可以提高氧化鋁的黏著性，但由於 Y 為活性元素，將容易使塗層形成內層狀氧化物，而使塗層品質下降，故 Y 的添加量不宜過高，其添加量通常介於 0.3% 到 1% 之間。目前研究顯示：在高溫環境使用 Fe-Cr-Al-Y 保護塗層時，塗層中的 Al 將快速的往基材內擴散，較不易形成連續狀的 Al_2O_3 保護層，故 Fe-Cr-Al-Y 通常適合在較低溫的環境（$T < 750°C$）下使用；Ni-Cr-Al-Y 保護塗層通常具有較佳的高溫擴散穩定性與抗氧化性，但由於鎳基合金容易在硫酸鹽與塗層的界面處生成硫化物（Ni_xS），故若使用環境中含有 NaCl 與 Na_2SO_4 等物質時，改以 Co-Cr-Al-Y 作為保護塗層可能較為恰當。

(4) M-Cr-Si-B-Fe（M＝Co 與 Ni）

由於可在機件表面生成 Cr_2O_3 與 SiO_2，使得 M-Cr-Si-B-Fe（M＝Co 與 Ni）保護塗層也具有相當良好的抗熱鹽腐蝕效果；另外在噴焊此材料時，材料中的 Si 與 B 將形成類似玻璃相的熔融氧化物，而使塗層粉末結合在一起，最後形成緻密的塗層，此為 M-Cr-Si-B-Fe（M＝Co 與 Ni）保護塗層之另一項優點。

2. 腐蝕抑制劑

在重油中添加腐蝕抑制劑，亦可降低機件在高溫中的腐蝕速率，常見的腐蝕抑制劑有兩種，一種為水溶性的硫酸鎂（$MgSO_4 \cdot 7H_2O$），另一種則為油溶性的有機鎂，兩種腐蝕抑制劑各有其優缺點：水溶性的硫酸鎂，國內可自行生產，價格較便宜，但容易含有 Na、K、Ca 等活性金屬，且因高溫時易分解出

結晶水，故並不適合長時間儲存，另外由於水溶性的硫酸鎂與重油混合不易，故需另外搭配機械性混合裝置；油溶性的硫酸鎂則較不易含有活性的金屬，也不需額外的混合裝置，但油溶性的有機鎂，目前大都仰賴國外進口，價格較為昂貴。

㈢高溫斷裂的防制

　　材料發生高溫機械力破壞，包括高溫使用時脆裂以及高溫製程導致常溫使用脆裂，大都與粒界脆化有關，因此針對高溫機械力破壞的防制一個基本概念即是避免各種有害的粒界特性產生（粒界偏析、粒界析出、粒界擴散、粒界運動、粒界滑移），包括材料成份中減少對粒界有害的元素、避免造成粒界脆化的加熱製程以及添加粒界強化合金元素。

　　而另一個解決之道即是減少粒界在材料內部所佔比例，亦即使晶粒粗化，甚至到單晶（無粒界）的境界，或者使粒界在單方向排列，並且垂直於受力方向，以一般要求高溫高應力的超合金結構件為例（渦輪葉片），傳統鑄造技術所得到凝固組織為等軸細晶粒（圖 12.49a），採用圖 12.50a 的單方向凝

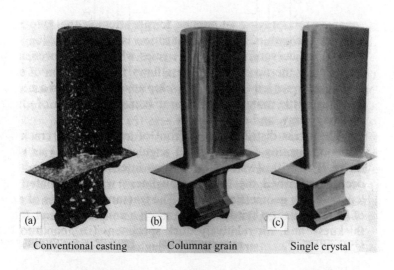

(a) Conventional casting　　(b) Columnar grain　　(c) Single crystal

圖 12.49　不同鑄造技術所得到超合金渦輪葉片晶粒組織：(a)傳統鑄造；(b)柱狀晶鑄造；(c)單晶鑄造

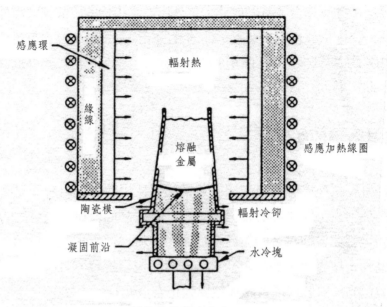

(a)柱狀晶鑄造方法

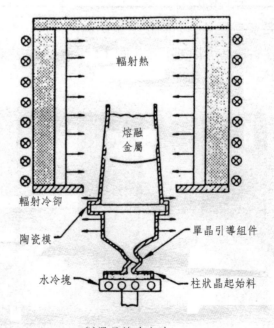

(b)單晶鑄造方法

圖 12.50　超合金渦輪葉片的柱狀晶鑄造技術(a)與單晶鑄造技術(b), (c)

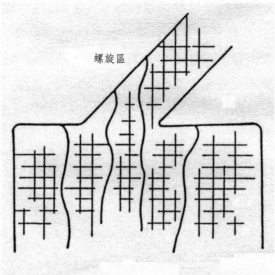

(c)柱狀晶起始料

圖 12.50 超合金渦輪葉片的柱狀晶鑄造技術(a)與單晶鑄造技術(b), (c)

固鑄造技術可以得到圖 12.49b 的單向柱狀晶粒組織，以渦輪葉片的受力狀態，此種單向柱狀組織將高溫脆化的弱點（晶界）平行排列於垂直受力方向，將可以有效減少高溫沿晶破斷的風險，而更佳的設計是採用圖 12.50b 的單晶凝固鑄造技術以獲得圖 12.49c 的單晶渦輪葉片，如此材料內部完全不含粒界組織，也就可以完全避免粒界脆斷問題，圖 12.50c 說明此一單晶凝固的原理。

六、總結

高溫腐蝕破壞包括高溫氧化與高溫熱鹽腐蝕，高溫氧化的反應趨勢可以由 Ellingham's Diagram 加以說明，高溫氧化速率根據反應動力學可區分為直線型、拋物線型及對數型三種氧化行為。高溫熱鹽腐蝕最常見的型式有釩擊與高溫硫化，熱鹽腐蝕反應可分為初期與加速期，在熱鹽腐蝕加速期的破壞機制包括鹼性溶解與酸性溶解兩種。不論高溫氧化或高溫熱鹽腐蝕最有效的抑制方法

均是施加適當的表面保護層，這些保護層除了要能阻隔材料與外界氧化或熱鹽環境，更必須與基材具有良好的附著性。高溫機械力破壞包括潛變、回火脆裂、粒界疫害、凝固破裂、冷卻破裂、磨擦破裂、熱震破壞及敏化破壞，材料在高溫發生破斷大多與粒界脆化有關，因此高溫破損分析應從粒界著手，鑑定其破壞機制是否與粒界偏析、粒界析出、粒界擴散、粒界運動、粒界滑移或粒界熔融有關。

參考資料

1. 顧鈞豪：金屬高溫氧化與熱鹽腐蝕，經濟部專業人員訓練中心講義。

2. 金屬材料之高溫氧化與腐蝕，日本腐蝕防蝕協會編。

3. 李鐵藩：金屬高溫氧化和熱腐蝕，中國腐蝕與防護學會。

4. 朱日彰、何業東、齊慧濱：高溫腐蝕及耐高溫腐蝕材料，上海科學技術出版社。

5. The Appearance of Cracks and Fractures in Metallic Materials，德國鋼鐵冶煉協會（VDE）、德國材料檢驗學會（DVM）、德國金屬學會（DGM）聯合編輯，Verlag Stahleisen mbH, Dusseldorf, (1983).

6. 莊東漢、潘湧川：On the Mechanism of High-Temperature Intergranular Embrittlements of Ni3Al-Zn Alloys, Metallurgical Transactions A, Vol.22A, (1992) 1187-1193.

7. 莊東漢、潘湧川、許樹恩：Grain Boundary Pest of Boron-Doped Ni3Al at 1200℃, Metallurgical Transactions A, Vol.22A, (1991) 1801-1809.

8. V. J. Colangelo and F. A. Heiser: Analysis of Metallurgical Failures, 2nd Edition, John Wiley & Sons, 1989.

9. A. U. Seybolt and J. H. Westbook, Acta Metall., Vol.12, (1964) 449-458.

10. P. A. Turner, R. T. Pascoe, and C. W. A. Newey, J. Mater. Sci., Vol.1, (1966) 113-115.

國家圖書館出版品預行編目資料

材料破損分析／莊東漢編著.一初版.一臺北市：
　五南圖書出版股份有限公司，2007 [民 96]
　面；　公分.
I S B N: 978-957-11-4688-1（平裝）

1.材料科學 - 分析

440.2　　　　　　　　　　　　96003165

5E37

材料破損分析
Failure Analysis

作　　者 － 莊東漢 (231.6)

發 行 人 － 楊榮川

總 經 理 － 楊士清

總 編 輯 － 楊秀麗

主　　編 － 高至廷

責任編輯 － 黃秋萍

文字編輯 － 施榮華

封面設計 － 杜柏宏

出 版 者 － 五南圖書出版股份有限公司

地　　址：106 台北市大安區和平東路二段 339 號 4 樓

電　　話：(02)2705-5066　傳　　真：(02)2706-6100

網　　址：https://www.wunan.com.tw

電子郵件：wunan@wunan.com.tw

劃撥帳號：01068953

戶　　名：五南圖書出版股份有限公司

法律顧問　林勝安律師事務所　林勝安律師

出版日期　2007 年 3 月初版一刷
　　　　　2021 年 8 月初版五刷

定　　價　新臺幣 680 元

經典永恆・名著常在

五十週年的獻禮——經典名著文庫

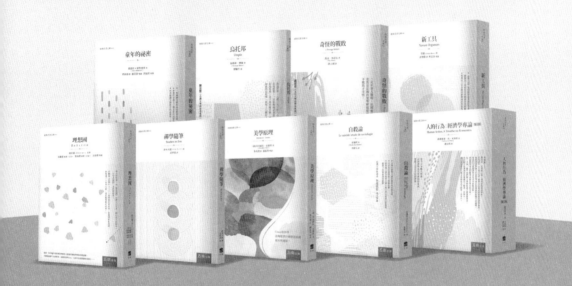

五南，五十年了，半個世紀，人生旅程的一大半，走過來了。

思索著，邁向百年的未來歷程，能為知識界、文化學術界作些什麼？

在速食文化的生態下，有什麼值得讓人雋永品味的？

歷代經典・當今名著，經過時間的洗禮，千錘百鍊，流傳至今，光芒耀人；

不僅使我們能領悟前人的智慧，同時也增深加廣我們思考的深度與視野。

我們決心投入巨資，有計畫的系統梳選，成立「經典名著文庫」，

希望收入古今中外思想性的、充滿睿智與獨見的經典、名著。

這是一項理想性的、永續性的巨大出版工程。

不在意讀者的眾寡，只考慮它的學術價值，力求完整展現先哲思想的軌跡；

為知識界開啟一片智慧之窗，營造一座百花綻放的世界文明公園，

任君遨遊、取菁吸蜜、嘉惠學子！